普通高等教育"十二五"规划教材

机电综合实验教程

牛雪娟　主编
杜玉红　刘　欣　副主编

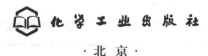

·北京·

本教程是为"液压与气压传动"、"机电传动"、"可编程控制器原理及应用"、"工业机器人"等课程配套的实验课程指导教材，讲解了液压缸、气缸、直流电机、步进电机以及交流电机等各种执行部件的工作原理、选型方法和驱动控制；单片机、PLC以及多轴运动控制卡等多种设备控制器的工作方式、编程控制和配套系统设计方法。

本教材适合本科、高职机械电子专业、机电一体化专业使用。

图书在版编目（CIP）数据

机电综合实验教程/牛雪娟主编．—北京：化学工业出版社，2014.1（2020.1重印）

普通高等教育"十二五"规划教材

ISBN 978-7-122-18955-4

Ⅰ.①机… Ⅱ.①牛… Ⅲ.①机电工程-实验-高等学校-教材 Ⅳ.①TH-33

中国版本图书馆 CIP 数据核字（2013）第 267176 号

责任编辑：刘　哲　崔俊芳　　　　　　　　　　　　装帧设计：史利平
责任校对：宋　夏

出版发行：化学工业出版社（北京市东城区青年湖南街 13 号　邮政编码 100011）
印　　装：北京七彩京通数码快印有限公司
787mm×1092mm　1/16　印张 15½　字数 384 千字　2020 年 1 月北京第 1 版第 2 次印刷

购书咨询：010-64518888　　　　　　　　　售后服务：010-64518899
网　　址：http://www.cip.com.cn
凡购买本书，如有缺损质量问题，本社销售中心负责调换。

定　价：30.00 元　　　　　　　　　　　　　　　　　　　　版权所有　违者必究

前　言

　　机械电子工程专业是将控制、微电子以及计算机等相关领域的技术应用于机械系统设计和制造过程。通过项目设计的手段，培养具有扎实的专业理论基础、实验技能、工程实践能力，满足科技发展需要的机电复合型和应用型工程技术人才。

　　本教程是为配套高等院校机械电子专业本科生的《液压与气压传动》、《机电传动》、《可编程控制器原理及应用》、《工业机器人》等多门课程编写的实验课程指导教材，是在紧密结合机电专业基础理论知识的同时，又综合考虑社会需求、学生动手能力和学生兴趣等多方面情况而编写的。

　　要保障机械电子专业学生的培养质量，达到预期的培养目标，实验教学是关键环节，尤其是综合实验的教学。本教程注重学生创新思维和能力的培养。一项综合控制实验，除了考虑专业知识和手段的综合性，还要突出实验内容的趣味性和应用性，即把课堂的理论知识与实际问题有效结合起来，提高学生的工程实践技能，使学生具备理论联系实际的工作能力，并使学生能够根据实验结果，通过理论分析，找出内在的联系，从而完成对实验有关参数的调整，使其符合性能指标的要求。通过实验，使学生能够对实验的数据和结果具有初步的分析能力，并能够根据测量出来的数据结果，绘制出工整的关系曲线及写出符合规范的实验报告及分析结果。

　　通过实验课的进行，使学生能够熟练掌握液压缸、气缸、直流电机、步进电机以及交流电机等各种执行部件的工作原理、选型方法和驱动控制，能够掌握单片机、PLC 以及多轴运动控制卡等多种设备控制器的工作方式、编程控制和配套系统设计方法。

　　参与本书撰写工作的有牛雪娟（第 1、6、7 章及附录 1、2、3）、杜玉红（第 4、5 章）、刘欣（第 2 章）和岳剑锋（第 3 章）。

　　由于编者的学识所限，教程中难免存在疏漏之处，恳请批评指正。

编者

2013 年 9 月

目 录

第1章 实验设备 ... 1

1.1 FESTO 气动实验台 ... 1
1.1.1 FESTO 气动平台概述 ... 1
1.1.2 可进行的实验项目 ... 2
1.1.3 实验装置组成 ... 3

1.2 机电一体化实训平台 ... 3
1.2.1 机电一体化实训平台概述 ... 4
1.2.2 可进行的实验项目 ... 4
1.2.3 实验装置组成 ... 5

1.3 机器人设备简介 ... 5
1.3.1 工业级六自由度机器人 ... 5
1.3.2 开放六自由度教学机器人 ... 8
1.3.3 竞赛型中小型移动机器人 ... 10

第2章 机电传动控制基础 ... 13

2.1 机电一体化实训平台认知 ... 13
2.2 交流电机控制与变频调速 ... 18
2.3 步进电机控制 ... 21
2.4 双闭环直流调速 ... 27
2.5 伺服电机控制与调速 ... 31

第3章 计算机控制技术 ... 38

3.1 键盘显示系统实验 ... 38
3.2 单片机的功率接口实验 ... 43
3.3 A/D 与 D/A 转换实验 ... 48
3.3.1 A/D 转换实验 ... 48
3.3.2 D/A 转换实验 ... 50
3.4 插补实验 ... 53

          3.4.1 步进电机插补实验 53
          3.4.2 圆弧插补实验 56
      3.5 倒立摆 PID 控制实验 60
          3.5.1 倒立摆数控平台 PID 位置控制实验 60
          3.5.2 一级倒立摆建模及控制 61

第 4 章 气压传动 65

  4.1 气动元件实验 65
      4.1.1 气动三（二）联件 65
      4.1.2 气缸 67
      4.1.3 单向节流阀 68
      4.1.4 快速排气阀 70
      4.1.5 机械控制换向阀 71
      4.1.6 气控换向阀 74
      4.1.7 延时阀 77
      4.1.8 梭阀和双压阀 79
  4.2 气动基本回路实验 82
      4.2.1 压力控制回路 82
      4.2.2 换向回路 85
      4.2.3 速度控制回路 87
      4.2.4 顺序动作回路 92
      4.2.5 安全保护回路 93
      4.2.6 计数回路 96
  4.3 气动程序系统设计实验 97
      4.3.1 无障碍回路 97
      4.3.2 有障碍回路 99
      4.3.3 有障碍回路 $A_1 A_0 B_1 B_0$ 103
  4.4 电控回路实验 106
      4.4.1 电磁换向阀元件 106
      4.4.2 电气控制系统 109
      4.4.3 PLC 控制回路 110

第 5 章 液压元件拆装和分析 114

  5.1 液压动力元件拆装和分析实验 114
      5.1.1 CB-B 型外啮合齿轮泵拆装 114
      5.1.2 BB-B 型内啮合齿轮泵拆装 116
      5.1.3 YB1 型双作用叶片泵拆装 118
      5.1.4 YBX 型内反馈式单作用变量叶片泵拆装 119
      5.1.5 SCY14 型手动变量轴向柱塞泵拆装 121

5.2 液压执行元件拆装分析实验 ················ 123
5.2.1 HSGL 型单杠双作用活塞缸拆装实验 ············ 123
5.2.2 柱塞缸拆装实验 ················ 125
5.2.3 CM-F 型齿轮马达拆装 ············ 126
5.3 控制元件拆装实验 ················ 127
5.3.1 P 型直动式中压溢流阀拆装实验 ············ 128
5.3.2 Y 型先导式溢流阀拆装实验 ············ 129
5.3.3 J 型减压阀拆装 ············ 130
5.3.4 XF 型顺序阀拆装 ············ 132
5.3.5 LA 型节流阀拆装 ············ 133
5.3.6 DIF 型单向阀拆装实验 ············ 134
5.3.7 A1Y 型液控单向阀拆装 ············ 135
5.3.8 34S 型三位四通手动换向阀拆装 ············ 136
5.3.9 34D 型三位四通电磁换向阀拆装 ············ 137

第 6 章　可编程控制器　　139

6.1 西门子 S7-200PLC 基础知识介绍 ················ 139
6.1.1 S7-200PLC 实验台简介 ············ 139
6.1.2 S7-200 PLC 的工作方式及内部资源 ············ 142
6.2 基本指令实验 ················ 145
6.2.1 常用基本指令 ············ 145
6.2.2 PLC 控制气动执行实验 ············ 146
6.2.3 定时器功能实验 ············ 148
6.2.4 计数器功能实验 ············ 150
6.3 PLC 之间 PPI 网络通信 ················ 152
6.4 工程应用实例 ················ 154
6.4.1 交通信号灯的自动控制 ············ 154
6.4.2 PLC 控制步进电机的实验 ············ 156
6.4.3 不同颜色工件分拣控制 ············ 163
6.4.4 天塔之光模拟实验 ············ 164
6.4.5 水塔水位模拟实验 ············ 166

第 7 章　工业机器人　　168

7.1 教学用六自由度机器人实验 ················ 168
7.1.1 六自由度机器人认知实验 ············ 168
7.1.2 六自由度机器人控制系统实验 ············ 175
7.1.3 机器人示教编程与再现控制 ············ 180
7.2 工业用六自由度机械手实验 ················ 182
7.2.1 FANUC 机器人 ············ 182

7.2.2	ABB 机器人	189
7.3	TVT-99D 机械手模型	197
7.3.1	TVT-99D 模型简介	197
7.3.2	控制原理及基本工作流程	198
7.3.3	四自由度机械手 TVT-99D 控制实验	200
7.4	移动机器人系统实验	202
7.4.1	两轮差动移动机器人系统 AS-R	202
7.4.2	全方位移动机器人系统 AS-RO	205
7.5	Robotics Toolbox for Matlab 的机器人仿真	212
7.5.1	机器人坐标系的建立	212
7.5.2	机器人正运动学分析	217
7.5.3	机器人逆运动学分析	218

附录 221

附录 1　Step7-Micro/Win 软件的使用说明 221

附录 2　S7-200 指令一览表 227

附录 3　特殊辅助继电器和数据寄存器表 230

参考文献 239

第1章 实验设备

DLMPS-727S2 机电一体化实训平台是基于西门子 S7-200PLC 控制系统基础上开发而成的，作为模块化生产线，对工业现场设备进行提炼和浓缩，有机地融合光、机、电、气于一体。

实训平台的执行机构包括送料单元、加工检测单元、搬运单元、装配单元和分类储存单元五部分，包含了直流电机、交流电机、三相异步电机、步进电机及气缸等多种执行装置。

实训平台的控制系统包括三台 PLC（其中有两台为 S7-200-224AC/DC/RLY，一台为 S7-200-224DC/DC/DC）、变频器模块、触摸屏模块、伺服驱动模块、双闭环调速模块和步进电机模块。

实训平台上的传感器有光纤放大器、光电传感器和电容传感器和限位开关等传感器。下面先介绍 FESTO 气动实验平台，如图 1-1 所示。

图 1-1 FESTO 双面气动实验台

1.1 FESTO 气动实验台

1.1.1 FESTO 气动平台概述

FESTO 气动实验台采用双面结构，即一个实验工作台配备两套气动元器件，如此，一个工作台可供两组学生同时进行各自独立的实验。实验室共有 4 个实验台，可供 8 组学生同时进行独立的实验。实验室的 4 个实验工作台（8 组独立实验系统）公用一个气泵，充分利用现有实验设备，实现资源共享。

该实验台为气动 PLC 控制综合教学实验台，除了可以进行常规的气动基本控制回路实验外，还可以进行模拟气动控制技术应用实验、气动技术课程设计等。实验设备采用 PLC 控制方式。利用 PLC 控制系统与电脑连接，从学习简单的 PLC 指令编程、梯形图编程，深入到 PLC 控制的应用，与计算机通信、在线调试等实验功能，是气动技术和电气 PLC 控制技术的充分结合。该实验台的特点主要有以下几点：

① 工作台采用双面结构，可以供两组学生同时进行实验，具有很高的产品性能价格比；
② 模块化结构设计搭建实验简单、方便，各个气动元件成独立模块，配有方便安装的底板，实验时可以随意在工业级 6063-T5 铝合金型材板上组装各种实验回路，操作简单、方便；
③ 可靠的连接接头，安装连接简便、省时；
④ 标准工业用元器件，性能可靠、安全；
⑤ 低噪声的工作泵站，提供一个安静的实验环境［噪声＜60dB］。

1.1.2 可进行的实验项目

① 用气动元件功能演示实验。
② 常见气动回路演示实验：
◇ 单作用气缸的换向回路；
◇ 双作用气缸的换向回路；
◇ 单作用气缸的速度调节回路（单向、双向）；
◇ 双作用气缸的速度调节回路（进口调速，出口调速）；
◇ 速度换接回路；
◇ 缓冲回路；
◇ 互锁回路；
◇ 过载保护回路；
◇ 卸荷回路；
◇ 单缸单往复控制回路；
◇ 单缸连续往复控制回路；
◇ 用用行程阀的双缸顺序动作回路；
◇ 用电气开关（磁性开关、接近开关）的双缸顺序动作回路；
◇ 三缸联动回路；
◇ 二次压力控制回路；
◇ 低压转换回路；
◇ 计数回路；
◇ 延时回路；
◇ 逻辑阀的应用回路；
◇ 双手操作回路。
③ 可编程序控制器（PLC）电气控制实验（机-电-气一体控制实验）：
◇ Omron CPM1A 系列 PLC 指令编程、梯形图编程学习；

◇ PLC 编程软件的学习与使用；
◇ PLC 与计算机的通信、在线调试；
◇ PLC 与气动相结合的控制实验。
④ 学生自行设计、组装的扩展回路实验（可扩展 80 多种）。

1.1.3　实验装置组成

实验装置由实验工作台、工作泵站、常用气动元件、电气控制单元等几部分组成。

（1）实验工作台

实验工作台由实验安装面板（工业级 6063-T5 铝合金型材——双面）、实验操作台等构成。安装面板为带"T"沟槽形式的铝合金型材结构，可以方便、随意地安装气动元件，搭接实验回路。

（2）工作泵站

① 气泵输入电压　AC 220V/50Hz，额定输出压力　0.8MPa。
② 气泵容积　20L，低噪声空气压缩机（WY5.2 双头静音气泵）。
③ 工作噪声　＜60dB。
④ 外形尺寸　1370mm×900mm×1750mm。
⑤ 质量　约 220kg。

（3）气动元件

配置两套元件，以台湾亚德客气动元件为主。气动元件均配有过渡底板（铝合金型材＋工程塑料），可方便、随意地将元件安放在实验面板（铝合金型材）上。回路搭接采用快换接头，拆接方便。

（4）电气控制单元

电气控制单元整体采用模块化设计，由电源模块、PLC 控制模块、输入模块、输出模块、继电器控制模块组成。

① 电源单元　输入电压：AC 220V 50Hz；输出：DC 24V/2A。
② 控制单元　采用日本欧姆龙 CPM1A-20CDR-A，I/O 口 20 点，继电器输出形式。
③ 输入模块　与 PLC 采用电缆 9 针 232 接口连接。连接后为 PLC 提供主令输入信号，通过信号插孔为 PLC 提供自动控制信号（如行程开关位置信号等）。
④ 输出模块　与 PLC 采用电缆 9 针 232 接口连接。通过输出接口插孔控制电磁阀通断。
⑤ 继电器控制模块　与电源模块连接后，进行主令信号控制，提供自动控制信号接口进行自动控制，通过接输出口插孔控制电磁阀通断。

另外，还有漏电脱扣器、直流 24V 电源、电磁阀输出控制口、接近开关、磁性开关、连接线缆、插座、按钮、指示灯等。

1.2　机电一体化实训平台

DLMPS-727S2 机电一体化实训平台由挂箱模块和实验桌组成。挂箱模块上挂接各实验组件，构成组件式结构的实验装置。使用此装置可完成 PLC 基本指令和功能指令的操作训练和各种 PLC 应用实验实训课题。

1.2.1　机电一体化实训平台概述

DLMPS-727S2 型光机电一体化实训装置是模拟工业现场的流程环境，对不同类型的工件进行识别检测并进行搬运与自动分拣的实训系统，其中大量应用的各种传感器实现对工件的检测识别，然后通过机械手臂和传送机构进行工件搬运，最终由分拣机构对搬运到位的工件完成分拣。

设备整体由铝合金实训平台、上料机构、搬运机械手、物料传送和分拣机构等部件构成。

控制系统采用模块组合式，由 PLC 模块、变频器模块、触摸屏模块、电源模块和各种传感器等组成，可按实训需要对模块进行灵活组合、安装和调试。

使用过程中需用到电机驱动、机械传动、气动控制、可编程控制器、传感器、变频调速等多项应用技术，为学生提供了一个典型的系统综合实训环境。

技术参数如下：
◇ 外形尺寸　1500mm×750mm×1750mm；
◇ 交流电源　单相 AC 220V±10%　50Hz；
◇ 温度　-10～40℃，环境湿度　≤90%（25℃）；
◇ 整机容量　≤1kV·A。

1.2.2　可进行的实验项目

(1) 传感器技术实验

实验台上包含有以下传感器：
◇ 磁力式接近开关（简称磁性开关）；
◇ 光纤光电接近开关；
◇ 光电开关；
◇ 电容式和电涡式接近开关。

(2) 气动技术实验

实验台上包含有以下气缸、电磁阀和气泵等装置：
◇ 旋转气缸；
◇ 笔形气缸；
◇ 手指气缸；
◇ 铝合金迷你气缸；
◇ 带接近开关的双作用气缸；
◇ 单作用气缸；
◇ 带吸盘的真空阀；
◇ 位 5 通双作用气控换向阀；
◇ 位 3 通单向气控阀；
◇ 气源过滤器；
◇ 气泵。

(3) 可编程控制器实验
◇ 触摸屏技术应用实验
◇ 系统通信技术应用实验

◇ 三菱 PLC 编程与控制实验
◇ 西门子 PLC 编程与控制实验

(4) 机电传动实验
◇ 变频器技术应用实验
◇ 交流异步电动机控制技术实验
◇ 交流伺服驱动器控制实验
◇ 步进电机控制实验

1.2.3　实验装置组成

如图 1-2 所示，实验台包括供料站、搬运站、加工站、安装站和仓储站等。

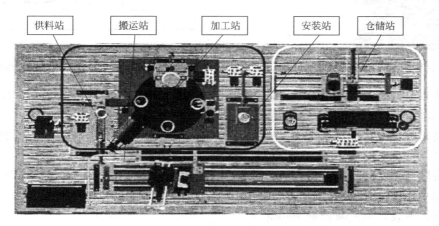

图 1-2　DLMPS-727S2 机电一体化实验平台布局图

① 供料站　用迷你气缸从料仓 1 中推出工件，为加工站提供待加工件。

② 加工站　传感器检测到工件到达转盘后，转盘旋转 90°把工件送到加工工位，钻孔加工工件内径，然后转盘旋转工件 90°到达该工作站的下一个工位，这一工位利用检测气缸检测工件内径是否钻孔且合格。如果气缸前进到底，说明加工正常，否则是次品。

③ 搬运站　完成加工站的工作之后，通过通信（CC-Link）开始搬运分拣站的工作。加工结束后搬运分拣站的气手爪选择把加工合格工件移送到下一站（安装站），加工不合格的工件放置在中间的滑轨为废料，处理完后重新回到初始位置。

④ 安装站　将搬运站的机械手传送来的工件 1 与另一工件仓的工件 2 进行装配和挤压成形。

⑤ 仓储站　用不同传感器通过检测装配件的材质和颜色等，识别工件的类别，将工件分类摆放，如第一列放金属工件，第二列放红色工件，第三列放黑色工件。工件入库原则从下到上、从左至右。

1.3　机器人设备简介

1.3.1　工业级六自由度机器人

(1) ABB 公司的 IRB6640-180-255 重型机器人（图 1-3）

IRB 6640 是一款高产能且适合各类应用的机器人产品，具有以下特点。

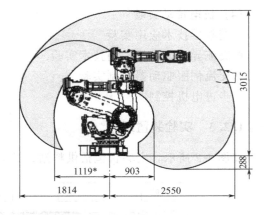

图 1-3　IRB6640 机器人本体结构　　　　图 1-4　IRB 6640-180-255 机器人工作空间表示

◇ 更高有效载荷。有效载荷 235kg，使其适合众多重型工件搬运。IRB 6640ID（internal Dressing）的有效载荷为 200kg，满足点焊应用的最大需求。

◇ 提高路径精度。IRB 6640 配备第二代 TrueMove 和 QuickMove 技术。机器人具备更精确的运动，使编程时间更少，且工艺效果更好。

◇ 安装维修简便。此种机器人有一些新特点，如简化的铲车叉槽和机器人底部空间更大，使维修变得更方便。

◇ 为方便吊装，质量减轻近 400kg。

◇ 机器人的具体性能参数如下：

自由度（关节数）　6；

最大臂展　2.55m；

承载能力　180kg；

腕部最大力矩输出　180N·m；

重复定位精度　0.07mm；

轨迹重复精度　0.7mm；

输入电源　200～600V，50/60Hz；

能耗　ISO-Cube 2.7kW；

本体质量　1310～1405kg。

◇ 各运动关节的关节角范围，见表 1-1。

表 1-1　IRB 6640-180-255 各关节运动范围

关节	关节运动范围	关节速度极限
Axis 1 Rotation	$+170°\sim-170°$	$100°/s$
Axis 2 Arm	$+85°\sim-65°$	$90°/s$
Axis 3 Arm	$+70°\sim-180°$	$90°/s$
Axis 4 Wrist	$+300°\sim-300°$	$190°/s$
Axis 5 Bend	$+120°\sim-120°$	$140°/s$
Axis 6 Turn	$+360°\sim-360°$	$190°/s$

◇ 工作空间，如图 1-4 所示。

（2）FANUC 公司的 ArcMate-M6iB 轻型机器人（图 1-5）

◇ ArcMate-M6iB 机器人的特点　FANUC M-6iB 型工业机器人为 6R 型工业机器人，即机器人的自由度为 6，且全部为转动关节。第 1 个关节即腰关节的运动，是由伺服电机传递动力和变速给腰关节，产生回转运动。腰关节上对称布置的 2 个伺服电机，之一通过轮系驱动大臂的俯仰运动，另一个通过轮系驱动小臂的俯仰运动。后 3 个关节的伺服电机驱动着手腕的回转、夹持器的摆动以及夹持器的周转运动。前 3 个关节 J1、J2、J3 控制着机器人末端执行器的位置，而后 3 个关节 J4、J5、J6 控制机器人末端执行器的姿态。如图 1-6 所示。

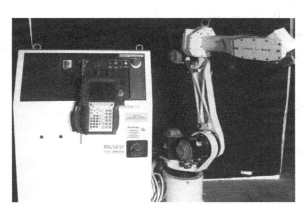

图 1-5　ArcMate-M6iB 轻型机器人　　　　图 1-6　FANUC 公司的 ArcMate-M6iB 结构图

FANUC M-6iB 型工业机器人综合了紧凑的结构、细长型手臂、更强的表现性等各种先进功能。FANUC M-6iB 型工业机器人的运动半径较之旧型号增加了 8%，这样机器人就能涉及到更远的地方，搬运工件到更广阔的空间。由于紧凑的结构、细长型手臂，使安装空间较之以往减少了 50%，机器人 J2 轴的干涉范围也减少了，这样就能利用到更有效的空间。同时机器人的运动速度增加，提高了生产率。

◇ 机器人的具体性能参数如下：

自由度（关节数）　6；

承载能力　6kg；

最大臂展　1.373m；

重复定位精度　±0.08mm；

本体质量　135kg。

◇ 各运动关节的关节角范围，见表 1-2。

表 1-2　FANUC ArcMate-M6iB 各关节运动范围

关节	关节运动范围	关节速度极限
Axis 1 Rotation	+170°～-170°	150°/s
Axis 2 Arm	+160°～-90°	160°/s
Axis 3 Arm	+70°～-170°	170°/s
Axis 4 Wrist	+190°～-190°	400°/s
Axis 5 Bend	+140°～-140°	400°/s
Axis 6 Turn	+360°～-360°	520°/s

◇ 工作空间，如图 1-7 所示。

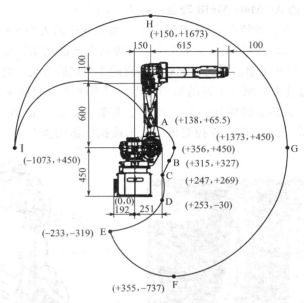

图 1-7　FANUC ArcMate-M6iB 机器人工作空间表示

1.3.2　开放六自由度教学机器人

(1) 设备简要说明

REBot-V-6R-650 机器人是专门为大中专院校、职业培训技术机构教学实验目的而设计的高精度多自由度机器人，适合机械制造及其自动化、机械电子工程、机械设计与理论、数控技术、机器人学、自动控制等相关专业的教学和培训，如图 1-8 所示。

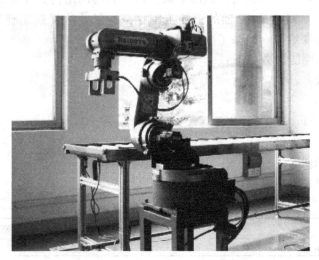

图 1-8　REBot-V-6R-650 机器人

REBot-V-6R-650 系列机器人提供了一个开放性、创新性的实验研究平台，学生可以通过对机器人的亲自组装、调试和应用开发等创新实验，全面掌握机电一体化技术的基本原理、典型应用、集成技术和应用开发，从机械结构整体设计、传动部件的选择、驱动电机的选择和使用、传感器的选用和集成、运动控制系统的搭建和调试、机器人的运动学和动力学分析、机器人的实际操作训练、机器人应用程序的二次开发和拓展等多层次、多角度地运用于教学研究和综合训练中。

REBot-V-6R 系列机器人具有 6 个自由度，结构上类似人的手臂，作业空间大，动作灵活，主要用于工件搬运、装配、模拟焊接等作业。

（2）机器人特点

① 创新结构设计　机器人本体创新结构设计，主要机构可拆装，更加便于教学实践。

② 开放体系结构　开放的机械、电气、控制、软件结构，便于二次开发和扩展。

③ 工业标准器件　进口交流伺服电机，工业级滚珠丝杠、谐波减速机、同步带、复合滚珠丝杠及齿轮，工业级传感器和电气元件，运动控制器核心。

④ 丰富软件配套　Windows GUI 机器人软件，REVision 机器视觉软件平台用于机器人视觉扩展平台，配套完善的实验指导书，可选配三维仿真实体模型软件用于机器人离线编程。

⑤ 具有 6 自由度空间姿态，作业范围大，姿态灵活。

⑥ 驱动部分采用绝对式交流伺服电机，不需要机器每次启动都实现回零动作。

⑦ 采用高精度精密谐波减速机作为传动部件。

⑧ 采用工业铝合金铸造结构，重量轻。

⑨ 高速高精度：速度可达 1.5m/s；重复定位精度：±0.1mm。

⑩ 系统采用 PC＋运动控制器，控制器为美国 GALIL 六轴嵌入式伺服控制卡，具有模拟量和脉冲量两种模式，模拟量用于动力学算法研究使用。

⑪ 机器人控制系统和计算机通过网线相连，便于实现局域网控制功能。

⑫ 配有电控柜和相关配套电缆。

⑬ 配机器人底座和电磁手爪。

⑭ 标准工具安装接口。

（3）设备主要参数

如表 1-3 所示。

表 1-3　REBot-V-6R-650 机器人性能参数

基本技术指标	机械结构	垂直多关节型（6 自由度）
	载荷质量	5kg
	定位精度	±0.1mm
	本体质量	68kg
	电源容量	220V　1kV·A
最大动作范围	作业半径	725mm
	S 轴（回旋）	±160°
	L 轴（下臂倾动）	＋45°～－135°
	U 轴（上臂倾动）	＋70°～－135°
	R 轴（手臂横摆）	±165°
	B 轴（手腕俯仰）	±115°
	T 轴（手腕回旋）	±360°

续表

最大速度	S轴	200°/s
	L轴	150°/s
	U轴	170°/s
	R轴	300°/s

1.3.3 竞赛型中小型移动机器人

(1) 中型移动机器人

两轮差动驱动机器人 AS-R 和全方位移动机器人 AS-RO，如图 1-9 所示。

(a) AS-R

(b) AS-RO

图 1-9 两款中型移动机器人

图 1-10 AS-R 上红外和声呐传感器的分布示意图

① AS-R 两轮差动移动机器人

AS-R 机器人采用模块化设计。功能模块分为传感、控制和动力三部分。集成 Windows 操作系统和 VC 开发环境，其中测距传感系统主要由声呐传感器和红外传感器组成。AS-R 移动机器人装备有 5 个声呐传感器和 4 个红外传感器，它们以 15°的间隔分布在机器人前半部分（图 1-10）。

声呐传感器具有处理速度快、受环境影响小和测距精度高的优点，其测距范围为 43～70cm；红外传感器具有方向性强和不发生串扰等优点，其测距范围为 10～80cm。对于超出测量范围的距离，传感器返回本设备的测量极值。因此，声呐和红外传感器的测距范围具有互补性，两者综合利用可以改善局部路径规划和避障性能。

该机器人上还加载了 GPS、数字罗盘和摄像头等传感器，使得该机器人成为机器人动态轨迹规划研究的良好平台。

② AS-RO 全方位移动机器人

AS-RO 机器人曾参加过 RoboCup 中型组比赛并取得好成绩。目前 RoboCup 机器人世界杯比赛已经涵盖了机器人足球、家庭机器人、机器人救援、人形机器人等多个项目。

RoboCup 中型组（Middle-Size League）是 RoboCup 机器人足球中极具科学研究性、技术挑战性、团队协作性和表演观赏性的比赛项目，技术难度大。AS-RO 机器人凭借其工业级智能全景视觉系统、高速全向移动能力、实时全局定位功能和优良的智能决策软件系统，在赛场上表现十分出色。

(2) 小型移动机器人

目前实验室现有的小型移动机器人主要有 AS-MF 和 AS-UII 两种，如图 1-11 所示。

(a) 灭火机器人AS-MF　　　　　　　　　(b) AS-UII小型移动机器人

图 1-11　小型移动机器人

① 灭火机器人 AS-MF

AS-MF2013 控制器：

- 32 位 120MHz 时钟主频 ARM12 处理器；
- 多达 22 个模拟口（速度达到 1000 万次每秒）和 6 个数字输出端口（兼容伺服电机），满足各项目对端口数量的要求；
- 触摸操作，彩色屏幕，使用方便直观；
- 6 个独立程序（程序 A～F）；
- 22 路模拟输入，6 个数字输出（兼容伺服电机）；
- 工业 485 总线连接复眼指南针等传感器，速度快，可靠性高；
- 6 个电机信号输出，4 个光电编码器，可连接各类电机驱动器；
- 高度集成，内置了无线通信下载模块、加速度传感器、麦克和蜂鸣器等；
- 255 个 EEPROM 数据存储器；
- 电压范围宽 4.5～25V，功耗极低，适合各类型电池供电的项目。

② AS-UII 小型移动机器人

传感器

该机器人上加载有碰撞传感器、红外传感器、光敏传感器、光电编码器和麦克等多种传感器。

- 碰撞传感器　AS-UII 机器人的下部安装有碰撞圈。碰撞圈能够检测到来自 360°范围内的物体碰撞，使 AS-UII 机器人遭遇到来自不同方向的碰撞后，能够转弯避开并保持正常活动。

- 红外传感器　由红外发射管和红外接收管组成。红外接收管位于机器人的正前方，两只红外发射管位于红外接收管的两侧。红外发射管发射的红外线在遇到障碍物后被反射回来，红外接收管接收到被反射回来的红外线，通过 A/D 转换器送入 CPU 进行处理。通过红外传感器，机器人能够看到前方 10～80cm，90°范围内的大于 210mm×150mm 面积的障碍物。太过细小的障碍物，或者可视范围以外的障碍物是看不到的。

- 光敏传感器　由两个光敏电阻组成，位于机器人的正前方。能够探测光线，可通过滤波纸让它看到特定的颜色，通过它的颜色来决定机器人能探测到什么颜色的光线。

- 光电编码器　由码盘和光耦组成。光耦通过检测随轮轴一起转动的码盘的转动角度，得到轮子所转动的圈数，从而测定距离。

•麦克　可以接收到一定频率范围内的声音（频率范围和人能听到的范围一致，大约16~20000Hz的机械波）并感受到声音的强弱，这样机器人可以接收人对其发出的操作命令。

执行构件

机器人的执行构件是指机器人执行具体功能时所用到的部件。AS-UII上的执行构件有4种。

•扬声器　可发出一定频率的声音，也可通过编程演奏歌曲。

•LCD　可以显示除中文以外的各种字符，可以显示单步程序执行过程的中间结果。

•主动轮及其驱动机构　有两个主动轮，能够通过两轮差动完成向前/向后直走、左转、右转和原地打转等技术动作。每个主动轮都配套有小型直流电机和减速箱。

•从动轮　有两个从动轮，分别通过弹簧安置在机器人底盘的正前方和正后方。可在垂直于地面的方向上下移动，以保持机器人动态平衡。

③ 小型机器人可提供的实验和实训

毕业实训、夏令营项目、机电一体化创新课程实验以及灭火机器人比赛等。

第2章 机电传动控制基础

机电传动是指以电动机为原动机驱动生产机械系统的总称。机电传动的目的是将电能转变成机械能，实现生产机械的启动、停止以及速度调节，满足各种生产工艺过程的要求，保证生产过程正常进行。机电传动的任务，从广义上说就是要使生产机械设备、生产线、车间甚至整个工厂都实现自动化；从狭义上说，则专指控制电动机驱动生产机械，实现产品数量的增加、产品质量的提高、生产成本的降低、工人劳动条件的改善以及能源的合理利用。

在现代工业中，为了实现生产过程自动化的要求，机电传动不仅包括拖动生产机械的电动机，而且还包括控制电动机的一整套控制系统，也就是说，现代机电传动是和各种控制元件组成的自动控制系统联系在一起的。

2.1 机电一体化实训平台认知

(1) 实验目的

① 了解实验机电一体化实训平台的基本构成。
② 了解光纤、光电、霍尔、机械式等不同传感器的工作原理。
③ 掌握按钮（带灯钮）、转换开关、限位开关在电路中的基本功能及相关电路设计方案。
④ 掌握各种电机传动特点。
⑤ 了解触摸屏功能原理，以及网络通信的工作机理等。

(2) 实验设备简介

① 各个功能模块简介

• 模块系统　该系统共分为五个工作单元：送料检测单元、加工检测单元、搬运单元、装配单元、分类存储单元，见图2-1。

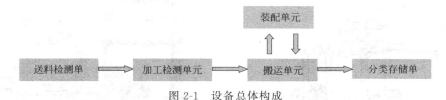

图2-1　设备总体构成

• 送料检测单元　料仓里的工件供给模块，是整个系统的第一个单元，也是整个工作中最基础的模块。供料工作单元的主要作用是为加工过程提供加工工件。供料过程中，供料气缸从料仓中推出工件，送料气缸推出工件。供料单元有三种传感器，可检测区分材质、颜色，供后面单元分类操作，见图2-2。

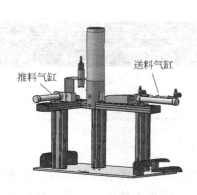

图2-2　送料检测单元示意图

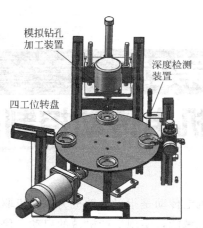

图2-3　加工检测单元示意图

• 加工检测单元　传感器确认到达转盘的工件之后，转盘旋转90°把工件送到相应的加工位置上。钻孔加工工件内径，然后转盘旋转工件90°到达下一个模块，这一模块利用深度检测气缸，检测工件内径是否钻孔且合格，如果气缸前进到底说明加工正常，否则是次品，见图2-3。

• 搬运单元　上一站合格工件到位，伸缩气缸、提升气缸、旋转气缸相互配合，测工件到位后，由传送机构传送到位。见图2-4。

• 装配单元　将搬运单元传送来的工件进行装配成形后，搬运到分类存储单元。当放料口有工件，拖料气缸将工

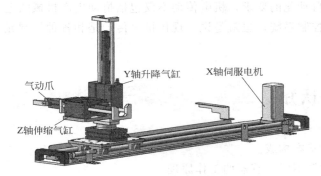

图2-4　搬运单元示意图

件拖回装配位，装配位中的顶料气缸缩回（装配盖落下），完成装配动作后，拖料气缸将装配完成的工件推出，等待搬运单元搬运。见图2-5。

图2-5　装配单元示意图

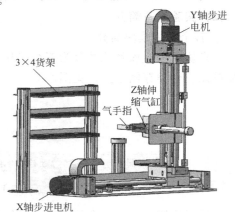

图2-6　分类存储单元示意图

• 分类存储单元 把不同的工件经过检测，分类放置。可检测材质、颜色等。按列分类法（可随意设定），例如第一列放金属工件，第二列放红色工件，第三列放黑色工件。工件入库原则从下到上、从左至右。见图 2-6。

② 控制电器

• 旋钮开关 如图 2-7 所示，它实质上是一种刀开关。主要作为电源引入开关，也可用来直接控制小容量异步电机非频繁启、停控制，较刀开关更灵巧方便。除通断外，还有转换功能。

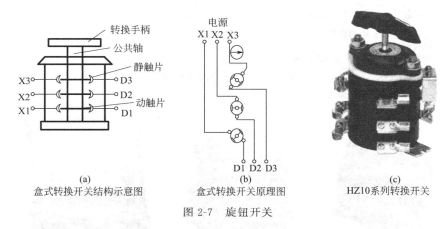

图 2-7 旋钮开关

• 按钮及带灯按钮 如图 2-8 所示。

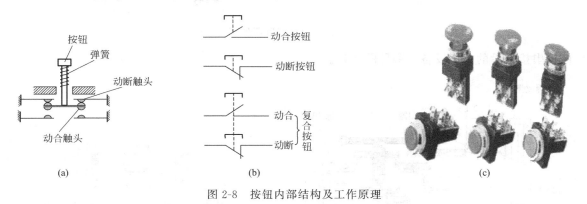

图 2-8 按钮内部结构及工作原理

• 继电器 图 2-9 所示是一种根据某种输入信号的变化，接通或断开控制电路，实现控制目的的自动控制电器。

• 接触器 接触器是一种在电磁力的作用下，能够自动地接通或断开带有负载的主电路（如电动机）的自动控制电器。接触器是继电器-接触器控制系统中最重要和常用的元件之一，它的工作原理如图 2-10 所示。当按钮揿下时，线圈通电，静铁芯被磁化，并把动铁芯（衔铁）吸上，带动转轴使触头闭合，从而接通电路。当放开按钮时，过程与上述相反，使电路断开。交流接触器外观见图 2-11。

• 自动空气断路器 可用于正常工作时手动通、断电路，而且当电路发生过载、短路或失压等故障时，能自动切断电路，有效地

图 2-9 继电器外观

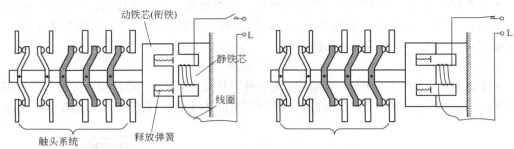

传感部分：线圈+静铁芯
执行部分：触头
触头按通过电流的大小分主触头和辅助触头两种。

图 2-10　接触器内部原理

图 2-11　交流接触器外观

保护串接在后的电气设备。参见图 2-12。

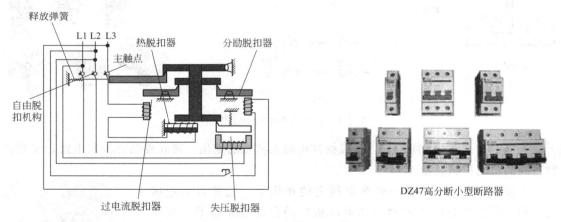

图 2-12　空气断路器原理及外观

③ 实训设备系统实现功能

供料单元有三种传感器，可检测区分材质、颜色，供后面单元分类操作。经过深度检测后，由搬运机械手进行搬运，在装配单元进行物料块的装配，最终通过机械手将银灰色、红色工件和黑色工件放置到仓库的不同位置层。

④ Profibus 485 总线结构

三台 PLC 操作站之间 RS485 通信接线：

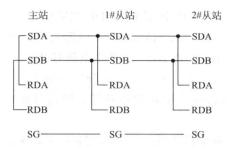

PPI 协议是 S7-200 CPU 最基本的通信方式，通过原来自身的端口（PORT0 或 PORT1）就可以实现通信，是 S7-200 CPU 默认的通信方式。PPI 是一种主从协议通信，主从站在一个令牌环网中。

⑤ 工业触摸屏特点及其工作原理

触摸屏是设备或系统的操作者与机器交流信息的最主要的工具，触摸屏的广泛应用是目前工业自动化发展的一个大趋势，随着触摸屏成本的不断降低，它已经成为自动控制系统中不可或缺的控制元件。人机界面是在操作人员和机器设备之间作双向沟通的桥梁，用户可以自由地组合文字、按钮、图形、数字等来处理或监控管理及应付随时可能变化的信息的多功能显示屏幕。触摸屏作为一种新型的人机界面，简单易用、强大的功能及优异的稳定性，使它非常适合用于工业环境。

⑥ 实训平台

主要技术指标

- 交流电源　单相 AC220V±10%，50Hz，直流调速用三相五线 380V±10%，50Hz。
- 温度：-10~40℃，环境湿度：≤90%（25℃）。
- 外形尺寸　1900mm×900mm×1220mm（长×宽×高）。
- 整机容量　≤3kV·A。

电气控制主要模块配置

序号	名称	主要元件及规格	数量	备注
1	西门子 PLC 模块 DL-SIM224XP01	6ES7214-2AD23-0XB8	1	按型号配置（每个模块均配双头国标电源线 D1-3 10A 250V）
2	西门子 PLC 模块 DL-SIM224R01	6ES7214-1BD23-0XB8＋200 223-1PH22	2	
3	变频器模块 DL-BPQ02	FR-D720S-0.4K-CHT	1	按型号配置（二选一）（每个模块均配双头国标电源线 D1-3 10A 250V）
4	变频器模块 DL-BPQ03	6SL3211-0AB13-7UA1	1	（配双头国标电源线 D1-3 10A 250V）
5	伺服驱动器模块	TSTE15C 400W	1	（配双头国标电源线 D1-3 10A 250V）
6	步进驱动器模块 DL-SMDS01	CW230	1	
7	触摸屏模块	eview MT4404T	1	Eview
8	电源模块	DL-DY2402	1	（配双头国标电源线 D1-3 10A 250V）
9	双闭环直流调速模块	DL-ZLTS01	1	

(3) 实验内容及步骤要求

① 连接四相电源插头，合闭刀闸；打开气泵开关，至气泵压力达到 0.4~0.6MPa。

② 直流电机模块部分依次电源开启，急停检查是否松开，控制电路 SA1 旋钮接通，主电路旋钮 SA2 接通，启动按钮 SB1 按下，调节电机速度。

③ 伺服模块 DL-TSTE15C01 和 PLC 模块 DL-SIM224R01 电源按钮按下，接通电源；步进电机模块 DL-SMD01 和 PLC DL-SIM224T01 电源打开；电源模块 DL-DY2404 和变频器模块 DL-BPQ001S 和 PLC 模块 DL-SIM224R01 电源打开。

④ 检查设备放置物料是否正确，各个机械部分是否处于安全位置。

⑤ 按下电源模块 DL-DY2404 上面的启动按钮，则设备运行，按下停止/急停按钮，则设备停止运行。

⑥ 做完实验，注意关闭各个模块电源，关闭气泵开关，关总闸。

（4）实验思考题

① 试用框图画出实验平台的基本构成。

② 按钮和刀开关有何不同？按钮开关和拨钮开关应用场合是什么？

③ 机械式限位开关和接近开关原理有何不同？使用场合有何不同？

④ 分析电磁式继电器和接触器的区别。

⑤ 自动空气断路器有什么功能和特点？

2.2 交流电机控制与变频调速

（1）实验目的

① 掌握西门子 G110 变频器的基本操作面板（BOP）的使用，通过 BOP 面板观察变频器的运行过程。

② 学会 G110 变频器基本参数的设置。

③ 学会用 G110 变频器输入端子 DIN0、DIN1 对电动机正反转控制。

④ 熟练掌握变频器用模拟量设定频率的操作方法。掌握 PLC 的模拟量应用。

（2）实验设备

名称	数量	模块型号
变频器模块	1	DL-BPQ001S
三相异步电动机	1	25W 1250r/min
电源模块	1	DL-DY2402
S7-200 PLC 模块	一台	DL-SIM224R01（继电器输出）
导线	若干	K2 K4

（3）实验内容

① 变频器基本操作 BOP 面板对电机的操作。

② 变频器电动机的正反转控制实验。

③ 变频器与 S7-200 PLC 的模拟量控制。

（4）实验步骤

① 实验接线，把变频器的三相电源的输出端接到电动机的输入端；熟悉面板上的按钮如图 2-13 所示；设定变频器参数，首先使它恢复出厂设定（P0010＝30 P0970＝1）。

② 完成启动变频器、停止变频器、电机反转、电动机点动。

在缺省状态下，面板上的操作按钮 、 、 被锁住。要使用该功能，需要把参数

P0700 设置为 1，并将 P1000 的参数设为 1。

图 2-13 变频器操作面板

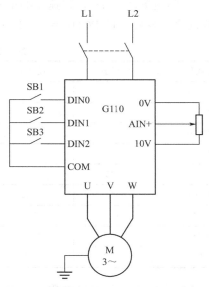

图 2-14 电位器控制正反转接线图

为启动按钮。按下此按钮可以启动变频器。为增加数值按钮，按此按钮可以增加变频器输出频率；为减少数值按钮，按此按钮可以减小变频器输出频率。测得相应数据填入表 2-1。

表 2-1 不同频率时输出电压和电流

f/Hz	10	20	30	40	50
U/V					
I/A					

输出电压和电流可在变频器屏幕上显示，但需设定对应的功能参数，将 P0005 的参数设为 25，即可观测到电压值，将 P0005 的参数设为 27，即可观测到电流值，调节输出频率，记录对应的电流和电压值，分析其变化规律。

为停止按钮。按此按钮，变频器将按确定好的停车斜坡减速停车。为反转按钮。按此按钮可以改变电动机方向。

为点动按钮。在变频器无输出的情况下，按此按钮，电动机按预定的点动频率运行（点动频率需设定 P1058，但必须首先修改 P0003 为 3）。

③ 使用电源模块上的按钮 SB1 和 SB2 控制 G110 变频器，实现电动机正转和反转功能。电机转速由电动电位器确定。DIN0 端口设为正转控制，DIN1 端口设为反转控制。AIN＋为电动电位器输入端口。

电路接线如图 2-14 所示，检查无误后合上开关。恢复变频器工厂默认值。设定 P0010＝30 和 P0970＝1，按下 P 键，开始复位，这样就保证了变频器的参数恢复到工厂默认值。

• 设置电动机的参数　为了使电动机与变频器相匹配，需要设置电动机的参数。电动机型号 WDJ24（实验室配置），其额定参数如下：额定功率为 40W，额定电压 380V，额定电流 0.2A，额定频率 50Hz，转速 1420r/min，三角形接法。电动机参数设置见表 2-2。电动机参数设置完成后，设 P0010＝0，变频器当前处于准备状态，可正常运行。

表 2-2　电动机参数设置

参数号	出厂值	设置值	说明
P0003	1	3	设用户访问级为专家级
P0010	0	1	快速调试
P0100	0	0	工作地区：功率以 kW 表示，频率为 50Hz
P0304	230	380	电动机的额定电压(V)
P0305	3.25	0.2	电动机的额定电流(A)
P0307	0.75	0.02	电动机的额定功率(kW)，按 Fn 可编辑指定位
P0310	50	50	电动机额定频率(Hz)
P0311	0	1250	电动机的额定转速1250r/min
P3900	0	1	快速调试结束

设置数字输入控制端口参数，如表 2-3 所示。

表 2-3　数字输入控制端口参数

参数号	出厂值	设置值	说明
P1000	2	2	模拟输入设定值
P1080	0	0	电动机的最低运行频率(Hz)
P1082	50	50	电动机运行的最高频率(Hz)
P0700	2	2	命令源选择由端子排输入
P0003	1	3	设用户访问级为专家级
P0004	0	7	命令和数字 I/O
P0701	1	1	ON 接通正转,OFF 停止
P0702	1	2	ON 接通反转,OFF 停止

• 操作控制　当接通 SB1 时，变频器数字输入端口 DIN0 为"ON"，电动机按 P0701 所设置的正向启动，频率为电动电位器输入值。当接通 SB2 时，变频器数字输入端口 DIN1 为"ON"，电动机按 P0702 所设置的反向启动，频率为电动电位器输入值。在接通 SB1 或 SB2 的同时，旋转电动电位器，观察电机转速变化。

④ 将 PLC 模块后端的 I/O 插头拔下，通过 PLC 和 G110 变频器联机，实现用 PLC 模拟量调节转速的控制。按下启动按钮 SB1，变频器启动，按下 SB2 变频器停止。按一下 SB3，变频器频率升高 10Hz，按一下 SB4 变频器，频率降低 10Hz。

I/O 分配：

I0.0　电动机启动按钮　　　　Q0.0　电动机启动/停止
I0.1　电动机停止按钮　　　　V　　AIN＋　模拟量＋
I0.2　加速　　　　　　　　　M　　0V　　模拟量－
I0.3　减速

电路接线图如图 2-15 所示。变频器参数设置如表 2-4 所示。

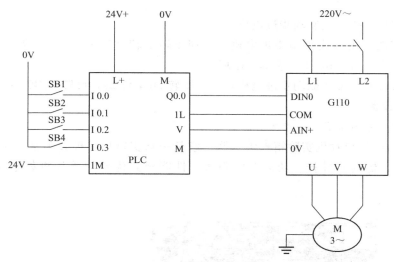

图 2-15　PLC 模拟量控制电动机接线图

表 2-4　变频器参数设置

参数号	出厂值	设置值	说明
P0700	2	2	命令源选择由端子排输入
P0003	1	3	设用户访问级为专家级
P0701	1	1	ON 接通正转，OFF 停止
P0010	0	1	快速调试
P1000	2	2	模拟输入设定值
P1080	0	0	电动机的最低运行频率(Hz)
P1082	50	50	电动机运行的最高频率(Hz)
P0010	0	0	默认调试方式
P0719	0	2	模拟量输入

（5）思考题

① 简述变频调速的基本原理。
② 变频器模拟量输入值对应变频器的运行频率是多少？
③ 怎样调整 PLC 模拟量输出值的大小？

2.3　步进电机控制

（1）实验目的
① 加深对步进电机结构及工作原理的了解。
② 熟悉步进电机驱动的控制方法，掌握单片机步进电机控制系统的硬件连接。
③ 熟悉步进电机驱动程序的设计与调试。

（2）实验内容
① 熟悉实验硬件平台及软件环境。

② 正确连接实验电路。

③ 编程实现 3 拍方式驱动步进电机。

④ 编程实现 6 拍方式驱动步进电机，实现正转 2 转（5r/min），正转 1 转（1r/min），停 2s，反转 3 转（15 r/min），停 2s，循环。

⑤ 编程实现 6 拍方式驱动步进电机，实现正转 90°，停 2s，反转 45°停 2s，循环。

(3) 实验设备

① 实验硬件系统简介

• DICE-5203K 单片机实验箱＋仿真器　它是一款实验项目极其丰富、实验方式灵活、实验模块开放、仿真器外挂、功能非常强大、性能极其优异的单片机教学实验仪。见图 2-16。

图 2-16　单片机实验箱与仿真器

• 系统组成　系统采用外挂式性能优异的 DICE-3000 型 51/96 通用单片机仿真器，适应 Windows98/2000/XP 等操作平台的调试软件。实验电路部分有多种接口，配套丰富。

主要特点如下：

a. 该实验仪基于一种灵活多变开放式的构思，为适应多种方式实验提供可能；

b. 数控式实验演示装置；

c. 主机板留有扩展卡座；

d. 该实验仪系统集成 DICE-3000 型 51/96 通用单片机仿真器，64K 数据空间、64K 程序空间全部开放，不占用 CPU 资源，采用双 CPU 模式。仿真 CPU 和实验 CPU 独立运行，软件支持汇编、PL/M、C 语言，性能极好。

主要利用该实验箱完成步进电机驱动脉冲的生成，实现步进电机的速度控制及方向控制。

• 步进电机及驱动模块　本次实验将利用多功能控制实验台上的一块步进电机及驱动模块。模块上有一台 3 相 6 线步进电机（图 2-17）。其中三相的"A-B-C-"连在一起，在模块上该端连接到＋12V 电源＋端，板上配有步进电机驱动电路，由单片机系统输出的脉冲驱动信号经板上 A、B、C 三个输入插座送入，经驱动电路放大后的脉冲驱动步进电机转动。

本实验利用 AT89S52 单片机 P1 口的三条 I/O 线提供驱动脉冲信号，具体连接关系是：

P1.0 ——— A，P1.1 ——— B，P1.2 ——— C

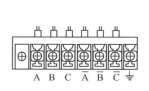 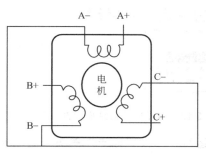 

图 2-17　步进电机与接线端子

三相步进电机可以采用三种驱动方式工作：单相工作方式（三相单 3 拍）；双相工作方式（三相双 3 拍）；单、双相工作方式（三相 6 拍）。则对应的驱动脉冲编码分别为 P1.2～P1.0，见表 2-5。

表 2-5　步进电机驱动脉冲编码

正向时	001		010		100	
反向时	001		100		010	
正向时	011		110		101	
反向时	011		101		110	
正向时	001	011	010	110	100	101
反向时	001	101	100	110	010	011

② 实验软件平台简介

DICE-51 编译软件如图 2-18 所示。启动该软件，出现编辑界面，调入源程序，或直接在上面编辑源程序，最后以 .ASM 保存文件。

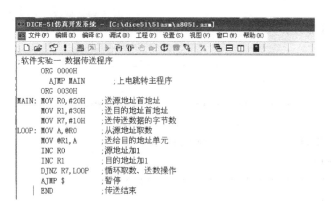

图 2-18　DICE-51 仿真开发环境

源程序编辑完以后，按下"编译"按钮，开始编译该软件。如果软件没有语法错误，则编译成功，弹出如图 2-19 所示的信息框；若有错误，则根据错误的提示行返回源程序，重新修改再进行编译，直到编译通过为止。通过以后，即生成 .HEX 文件，这是单片机下载程序所需要的文件格式。

图 2-19 编译成功信息提示框

可以采用"连续运行"、"单步运行"、"设置断点"等方式运行程序。在程序运行当中，可根据信息窗口及时查看变化的数据，以便及时判断出程序的对错。发现程序有错，要返回源程序进行修改，再进入调试程序。

(4) 实验步骤

① 连接 PC 机串口至实验箱仿真器串口，将实验箱上 P1.2～P1.0 连接到步进电机及驱动模块驱动脉冲输入端。

② 步进电机及驱动模块加电，打开实验箱电源。

③ 启动 PC 机，启动 DICE-51 编译软件。

④ 编辑驱动程序源文件，编译源程序并下载，运行程序，观察结果。

⑤ 分析问题原因，修改程序。

参考实验程序（结构）

```
ORG   0000H
      …              ;初始化程序
LOOP:                ;主循环
      ;驱动脉冲输出程序
      ;信息显示程序
   SJMP  LOOP
   ;子程序
```

参考实验程序（部分）

```
ORG 0000H
;**********************************
;主循环
;**********************************
DOJ6:
    ACALL SETP_6        ;调 6 拍方式驱动
    SJMP DOJ6
;**********************************
;6 拍方式驱动
;**********************************
SETP_6:
    MOV R1,#00H
    MOV R2,#200      ;200x6=1200 个脉冲，2 圈（步距角 0.6）
SETP_6_0:
    MOV A,R1
```

```
            MOV DPTR，#SETP_6_TAB
            MOVC A，@A+DPTR
            MOV P1，A
            ACALL DELY5MS    ；控制转速
            INC R1
            CJNE R1，#08，SETP_6_0
            MOV R1，#00H
            DJNZ R2，SETP_6_0
            MOV R1，#00H
            MOV R2，#100     ；100x6＝600个脉冲，1圈
    SETP_6_1：
            MOV A，R1
            MOV DPTR，#SETP_6_TAB
            MOVC A，@A+DPTR
            MOV P1，A
            ACALL DELY5MS    ；控制转速
            ACALL DELY5MS
            ACALL DELY5MS
            ACALL DELY5MS
            ACALL DELY5MS
            ACALL DELY5MS
            INC R1
            CJNE R1，#08，SETP_6_1
            MOV R1，#00H
            DJNZ R2，SETP_6_1
            ACALL DELY1S
            ACALL DELY1S
            MOV R1，#07H
            MOV R2，#300     ；300x6＝1800个脉冲，3圈
    SETP_6_2：
            MOV A，R1
            MOV DPTR，#SETP_6_TAB
            MOVC A，@A+DPTR
            MOV P1，A
            ACALL DELY1MS    ；控制转速
            ACALL DELY1MS
            DEC R1
            CJNE R1，#0FFH，SETP_6_2
            MOV R1，#07H
            DJNZ R2，SETP_6_2
            ACALL DELY1S
            ACALL DELY1S
            RET
    SETP_6_TAB：
```

```
                DB 01H, 03H, 02H, 06H, 04H, 05H
; ********************************************
; 延时子程序
; ********************************************
DELY1S:  PUSH    05H
         PUSH    06H
         PUSH    07H
         MOV     R5, #0AH
LY1S_23: MOV     R6, #64H
LY1S_22: MOV     R7, #0C7H
LY1S_21: NOP
         NOP
         NOP
         DJNZ    R7, LY1S_21
         DJNZ    R6, LY1S_22
         DJNZ    R5, LY1S_23
         POP     06H
         POP     05H
         POP     07H
         RET
DELY5MS:
         PUSH    05H
         PUSH    06H
         MOV     R5, #0AH
DL4:     MOV     R6, #0AFH
DL3:     DJNZ    R6, DL3
         DJNZ    R5, DL4
         POP     06H
         POP     05H
         RET
DELY1MS:
         PUSH    05H
         PUSH    06H
         MOV     R5, #02H
DL41:    MOV     R6, #0FFH
DL31:    DJNZ    R6, DL31
         DJNZ    R5, DL41
         POP     06H
         POP     05H
         RET
END
```

(5) 思考题

① 步进电机的运转是由脉冲信号控制的,为什么还要驱动电路?

② 为什么实际应用中要选比较小的步距角?

③ 在单片机控制系统软件设计中要提高脉冲频率的精确度可以采用什么方法？

2.4 双闭环直流调速

(1) 实验目的
① 了解他励直流电机调速系统的原理、组成以及各主要单元部件的原理。
② 掌握晶闸管直流调速的一般调试过程。
③ 认识双闭环反馈控制系统的基本特性。

(2) 实验设备相关部件及其工作原理
① 电路模块的认识

整个直流调速模块，左侧为"操作单元"，右侧为"电路单元"。

操作单元左上角为"电源指示灯"和"故障指示灯"。当直流调速模块引入三相四线电源后，电源指示灯 HL1 亮。在实训过程中发生"缺相、过流、短路"等故障时，故障指示灯 HL2 亮。操作单元上部为"直流电压表"、"直流电流表"和"转速表"。操作单元中部为"双闭环直流调速系统框图"，直流调速各模块电路之间的关系在该框图中清晰地展现。操作单元下部为"继电控制线路中各操作开关"，在设备上有明确标识，其中最右侧的电位器为系统模拟给定，范围"0～10V"。

电路单元上半部分为"3个控制电路板"，下半部分为"继电控制主电路和晶闸管主电路"。"3个控制电路板"从左往右分别为"电源板"、"系统调节与测速电路板"和"系统触发电路"。

"继电控制主电路和晶闸管主电路"靠操作单元中的各开关实现顺序控制主电路与控制电路的通电和断电。该部分主电路还增加了"缺相检测电路"、"同步信号 $Usu/Usv/Usw$" 和"直流电动机励磁电源电路"。

② 直流电机调速

目前调速系统分交流和直流。由于直流调速系统的调速范围广、静差率小、稳定性好以及具有良好的动态性能，因此在相当长的时期内，高性能的调速系统几乎都采用了直流调速系统。

根据直流电动机的转速公式：

$$n = \frac{E}{C_F \phi} = \frac{U - IR}{C_F \phi}$$

可知，直流电动机的调速方法有三种：a. 调节电枢供电电压 U，对一定范围内无级平滑调速的系统来说，这种方法最好；b. 改变电动机主磁通 ϕ，可以实现无级平滑调速，但只能减弱磁通进行调速（简称弱磁调速），从电机额定转速向上调速，属恒功率调速方法；c. 改变电枢回路电阻 R，设备简单，操作方便，但是只能进行有级调速，调速平滑性差，机械特性较软。

直流电机常用的控制方式有开环控制、电压负反馈闭环控制、转速负反馈闭环控制和双闭环负反馈控制等。开环控制的作用是给定一个信号，使电机以一定的速度运行，电机的稳定运行速度不光受给定信号控制，还要受负载变化的影响。电压负反馈闭环控制方式性能略低于转速反馈控制方式，原因在于：它对由于负载（电流）变化 ΔI_s 导致的电动机电枢电压降落 ΔU_s 产生的转速降落 Δn 束手无策；转速反馈闭环控制提高了抗干扰能力，使电机的转速基本不随负载的波动变化，如果加上校正环节（如 PI 调节器），理论上可以做到无静差运行；转速和电流双闭环负反馈调速控制进一步提高了系统的抗干扰能力，同时提高了快速性，缩短了启动和调节时间，在电机过载情况下起到保护电机的作用。

③ 三相可控整流电路

可调直流电源的获得是用晶闸管组成一个三相可控整流电路，通过控制晶闸管的导通角，进而控制电压来实现的。

三相桥式全控整流电路相当于一组共阴极的三相半波和一组共阳极的三相半波可控整流电路串联起来构成的。习惯上将晶闸管按照其导通顺序编号，共阴极的一组为 VT1、VT3、VT5，共阳极的一组为 VT2、VT4、VT6。其电路如图 2-20 所示。

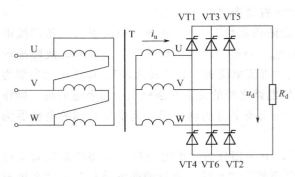

图 2-20 三相桥式电阻性负载全控整流电路

三相桥式全控整流电路要保证任何时候都有两只晶闸管，这样才能形成向负载供电的回路，并且是共阴极和共阳极组成各一个，不能为同一组的晶闸管。所以，在此电路合闸启动过程中或电流断续时，为保证电路能正常工作，就需要保证同时触发应导通的两只晶闸管，即要同时保证两只晶闸管都有触发脉冲。

普通晶闸管是半控型电力电子器件。为了使晶闸管由阻断状态转入导通状态，晶闸管在承受正向阳极电压的同时，还需要在门极加上适当的触发电压。控制晶闸管导通的电路称为触发电路。控制 GTR、GTO、功率 MOSFET、IGBT 等全控型器件的通断，则需要设置相应的驱动电路。基极（门极、栅极）驱动电路是电力电子主电路和控制电路之间的接口。采用性能良好的驱动电路，可使电力电子器件工作在较理想的开关状态，缩短开关时间，减少开关损耗。另外，许多保护环节也设在驱动电路或通过驱动电路来实现。

触发电路与驱动电路是电力电子装置的重要组成部分。为了充分发挥电力电子器件的潜力、保证装置的正常运行，必须正确设计与选择触发器与驱动电路。晶闸管的触发信号可以用交流正半周的一部分，也可用直流，还可用短暂的正脉冲。为了减少门极损耗，确保触发时刻的准确性，触发信号常采用脉冲形式。晶闸管对触发电路的基本要求有如下几条：触发信号要有足够的功率；触发脉冲必须与主回路电源电压保持同步；触发脉冲要有一定的宽度，前沿要陡；触发脉冲的移相范围应能满足主电路的要求。

④ 转速、电流双闭环直流调速

为了实现转速和电流两种负反馈分别起作用，在系统中设置了两个调节器，分别调节转速和电流，两者之间实行串联连接，如图 2-21 所示。把转速调节器 ASR 的输出作为电流调节器 ACR 的输入，用电流调节器的输出去控制晶管整流的触发器。从闭环结构上看，电流调节环在里面，是内环；转速调节环在外面，叫做外环。双环控制的优点：a. 具有良好的静特性（接近理想的"挖土机特性"）；b. 具有较好的动态特性，启动时间短（动态响应快），超调量也较小；c. 系统抗扰动能力强，电流环能较好地克服电网电压波动的影响，而速度环能抑制被它包围的各个环节扰动的影响，并最后消除转速偏差。

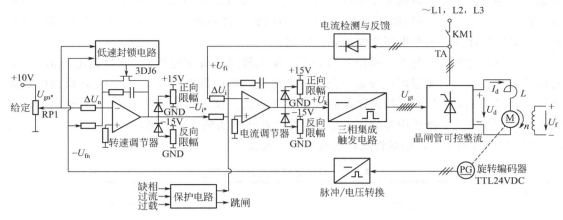

图 2-21 双闭环直流调速系统图

(3) 注意事项

为了顺利完成电力电子技术及电机控制实验,确保实验时人身安全与设备可靠运行,要严格遵守如下安全操作规程:

① 安全用电,任何接线和拆线都必须在切断主电源后方可进行;

② 学生独立完成接线或改接线路后,应仔细核对线路,并请指导教师核实无误后方可接通电源;

③ 检查连接线路有没有错接、漏接的地方,有无短路现象;

④ 使用示波器时,应特别注意安全保护,应将电源接地端断开,但此时机壳带电,必须注意对地绝缘,以防人身触电。

(4) 实验内容

① 他励直流电机原理及其调速。

② 驱动和控制的硬件电路。

③ 开环直流调速实验。

④ 闭环直流调速实验。

(5) 实验步骤

① 观察实验设备直流调速硬件部分,根据直流调速原理图和硬件电路,体会直流调速的工作原理。

② 依次打开电源开关 K,松开急停按钮 SB0,接通控制电路 SA1,接通主电路 SA2,按下给定按钮 SB1,调节速度给定电位器 RP1,从控制面板上方观察直流电机速度数值变化和实际的运动情况。通过按下 SB2 按钮,即可停转。关闭时应依次反顺序关断各开关。

③ 开环实验

将系统调节及测速电路中的短路帽接到 1 和 2 引脚上,即让电机调速处于开环状态。

• 三相交流电相位检测　系统触发电路板的线号 6、7、8 和 9 端子分别为主电路三相电经过同步变压器变压后输出的三相电压值和零线,为交流 30V,采用示波器观测三相电压之间的相位关系。

• 触发脉冲测量　随旋钮输入,相位变化。观察系统触发电路,可以看到线路板右端有晶闸管触发引脚 K1、G1,K2、G2,K3、G3,K4、G4,K5、G5,K6、G6 六组触发信号,分别为三相全控整流电路的 6 个晶闸管提供触发信号（其中 G 是触发端，K 与晶闸管阴极端相连）。采用示波器观察脉冲波形，并观察不同脉冲之间的相位关系，以及在外部电位器调整时触发脉冲和主电路电压之间的相位变化。

在不同转速输入情况下，采用万用表测量输入转速值设定电压 U_g 和反馈电压值 U_n 的对应关系（表 2-6）。测量时电位器中间抽头和地之间的电压即为设定电压 U_g，反馈电压即通过旋转编码器完成的速度检测以及后续的频压转换、反向后的检测电压 U_n，该电压可以在系统调节及测速电路板中左端以上往下第二个端子插头的中间引脚，并试验转速 n 与反馈电压 U_n 的对应关系，比较线性度，实验结果记入表 2-7。

表 2-6 设定电压和反馈电压关系

U_g							
U_n							

表 2-7 转速和反馈电压关系

$N/(r/min)$	100	200	300	400	500	600	700
U_n/V							

记录在不加负载情况下，在不同转速 n 时，直流电流 I_d 和直流电压 U_d 的变化。比较施加负载（吸合离合器）与未施加负载情况时，负载电流 I_d 和负载电压 U_d 有何变化。实验结果记入表 2-8、表 2-9。

表 2-8 不同转速 n 时，负载电流和负载电压（无负载）

$n/(r/min)$	100	200	300	400	500	600	700
U_d/V							
I_d/A							

表 2-9 不同转速 n 时，负载电流和负载电压（有负载）

$n/(r/min)$	100	200	300	400	500	600	700
U_d/V							
I_d/A							

④ 闭环实验

将系统调节及测速电路中的短路帽接到 2 和 3 引脚上，即让电机调速处于闭环状态。

记录在不加负载情况下，在不同转速 n 时直流电流 I_d 和直流电压 U_d 的变化。比较施加负载（吸合离合器）与未施加负载情况时，负载电流 I_d 和负载电压 U_d 有何变化。实验结果记入表 2-10。

表 2-10 不同转速 n 时，负载电流和负载电压（有负载）

$n/(r/min)$	100	200	300	400	500	600	700
U_d/V							
I_d/A							

(6) 思考题

① 旋转编码器如何将脉冲转换为反相电压信号？

② 开环和闭环控制的区别和原因。
③ 电流和速度双闭环控制的优点。

2.5 伺服电机控制与调速

(1) 实验目的
① 了解伺服系统内部位置命令的应用。
② 了解伺服电机的运动特性。
③ 了解 PLC 的编程方法，以及对于设备位置的调整。

(2) 实验器材

序号	器材	规格型号	数量
1	电源模块	DL-DY2402	1
2	伺服模块	DL-TSTE15C01	1
3	测试线	K4	若干
4	PLC	S7-224XP	1
5	727 台体		1

(3) 实验内容
① 利用外部端子对伺服电机的操作。
② 利用外部脉冲对伺服电机进行位置控制。
③ 伺服驱动机械手搬运控制。

(4) 实验步骤
① 通过外部端子对伺服电机的操作

• 控制要求　运用伺服电机的位置控制模式，通过设定参数（表 2-11），利用输入点 DI2 和 DI3 控制伺服电机以 150 的速度向右移动两个位置。利用 DI5 反向回原点。回原点时以第一段速度高速回原点，直到收到 DI6 回原点信号时，以第二段低速折返运动到机械原点。

表 2-11　外部端子控制时伺服参数设置
727S 伺服驱动器参数

参数	设定值	注释说明
Cn001	6	位置控制(内部位置命令)
Cn002.0	H0011	不适用输入触点 SON 控制伺服启动,电源开启马上启动伺服
Cn002.1	H0011	不适用输入触点 CCWL 和 CWL 控制
Cn002.2	H0011	不适用自动增益调整功能
Cn002.3	H0011	EMC 状态解除后可用 Servo off 状态解除报警
Cn004	1	顺时针方向旋转(CW),逆时针方向旋转(CCW)
Pn301		位置脉冲形式选择
Pn301.0	H0100	脉冲(Pulse)+符号(Sign)
Pn301.1	H0100	正逻辑
Pn301.2	H0100	驱动禁止发生后,忽略位置命令输入量
Pn310	40	位置回路增益 1

续表

参数	设定值	注释说明
Pn311	40	位置回路增益2
Pn312	0	位置回路前馈增益
Pn314	0	顺时针方向旋转(CW)
Pn315	1	当输入触点CLR触发时,取消位置命令以中断电机运转,重设机械原点,清除脉冲误差量
Pn316.0	H0010	内部位置命令模式(绝对型定位)
Pn316.1	H0010	输入触点PHOLD动作后,当PTRG再次触发时,电机会立即依当时所选择的内部位置命令运转
Pn404	3	内部位置命令2——圈数
Pn405	14200	内部位置命令2——脉冲数
Pn406	150	内部位置命令2——移动速度
Pn407	0	内部位置命令3——圈数
Pn408	5300	内部位置命令3——脉冲数
Pn409	150	内部位置命令3——移动速度
Pn317.0	H0223	原点回归启动后,电机以第一速度正转方向寻找原点,并以输入点ORG作为原点参考点
Pn317.1	H0223	当Pn365.0=2或3时寻到输入触点ORG的上源为原点后,以Pn365.3设定的方式停机
Pn317.2	H0223	由输入点SHOME触发原点回归
Pn317.3	H0223	找到机械原点后记录此位置为机械原点,电机减速停止,停止后以第二段低速移动到机械原点位置
Pn318	100	原点运行第一段高度
Pn319	50	原点运行第二段低度
Hn601.0	H0112	DI-1功能 PTRG 内部功能触发
Hn601.1	H0112	
Hn601.2	H0112	当触点为高电位(与IG24触点断开)时,功能动作
Hn602.0	H0116	DI-2功能 POS1 内部位置命令1
Hn602.1	H0116	
Hn602.2	H0116	当触点为高电位(与IG24触点断开)时,功能动作
Hn603.0	H0117	DI-3功能 POS2 内部位置命令2
Hn603.1	H0117	
Hn603.2	H0117	当触点为高电位(与IG24触点断开)时,功能动作
Hn604.0	H0008	DI-4功能 LOK 伺服锁定
Hn604.1	H0008	
Hn604.2	H0008	当触点为低电位(与IG24触点接通)时,功能动作
Hn605.0	H0114	DI-5功能 SHOME 开始回到原点
Hn605.1	H0114	
Hn605.2	H0114	当触点为高电位(与IG24触点断开)时,功能动作
Hn606.0	H0115	DI-6功能 ORG 外部参考原点
Hn606.1	H0115	
Hn606.2	H0115	当触点为高电位(与IG24触点断开)时,功能动作

• **操作步骤** 根据图 2-22 所示外部接线图接线,将测试线插好。然后调整外部参考原点的电感式传感器的位置,手动滑动机械手,观察机械手靠近电感式传感器时传感器有无输出。如果没有输出,调整位置直到有输出为止。在手动滑动机械手前,要关闭伺服驱动器电源,解除电机的激励状态。

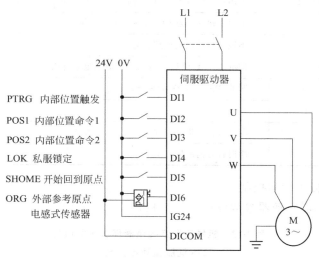

图 2-22 端子控制外部接线图

将测试线的一端与 IG24 端子相连,另一端触发 DI5 端子,观察机械手运动。

将两根测试线的一端与 IG24 端子相连,另一端与 DI2 端子相连,第二根测试线的另一端触发 DI1,观察机械手运动方向。

将两根测试线的一端与 IG24 端子相连,另一端与 DI3 端子相连,第二根测试线的另一端触发 DI1,观察机械手的运动方向。

② 利用外部脉冲对伺服电机进行位置控制

控制要求 运用伺服电机的外部位置控制模式实现两个位置的定位控制,通过 PLC 给定的脉波和方向信号控制伺服电机向右移动两个位置,然后再回到原点。按下 SB1 向右移动到安装站,按下 SB2 向右移动到仓储站,按下 SB3 回到原点位置。外部接线图如图 2-23 所示。伺服参数设置见表 2-12。

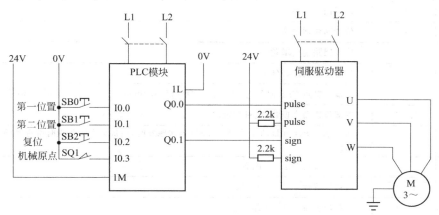

图 2-23 脉冲控制外部接线图

表 2-12　外部脉冲控制时伺服参数设置

727S 伺服驱动器参数

参数	设定值	注释说明
Cn001	2	位置控制(外部位置命令)
Cn002.0	H0011	不用输入触点 SON 控制伺服启动,电源开启马上启动伺服
Cn002.1	H0011	不适用输入触点 CCWL 和 CWL 控制
Cn002.2	H0011	不适用自动增益调整功能
Cn002.3	H0011	EMC 状态解除后可用 Servo off 状态解除报警
Pn301.0	H0100	脉冲(Pulse)+符号(Sign)
Pn301.1	H0100	正逻辑
Pn301.2	H0100	驱动禁止发生后,忽略位置命令输入量
Pn314	0	顺时针方向旋转(CW)

③ 伺服驱动机械手搬运控制

• 控制要求（伺服驱动器参数设置见表 2-13）

表 2-13　机械手搬运控制时伺服参数设置

727S 伺服驱动器参数

参数	设定值	注释说明
Cn001	6	位置控制(内部位置命令)
Cn002.0	H0011	不适用输入触点 SON 控制伺服启动,电源开启马上启动伺服
Cn002.1	H0011	不适用输入触点 CCWL 和 CWL 控制
Cn002.2	H0011	不适用自动增益调整功能
Cn002.3	H0011	EMC 状态解除后可用 Servo off 状态解除报警
Cn004	1	顺时针方向旋转(CW),逆时针方向旋转(CCW)
Pn301		位置脉冲形式选择
Pn301.0	H0100	脉冲(Pulse)+符号(Sign)
Pn301.1	H0100	正逻辑
Pn301.2	H0100	驱动禁止发生后,忽略位置命令输入量
Pn310	40	位置回路增益 1
Pn311	40	位置回路增益 2
Pn312	0	位置回路前馈增益
Pn314	0	顺时针方向旋转(CW)
Pn315	1	当输入触点 CLR 触发时,取消位置命令以中断电机运转,重设机械原点,清除脉冲误差量
Pn316.0	H0010	内部位置命令模式(绝对型定位)
Pn316.1	H0010	输入触点 PHOLD 动作后,当 PTRG 再次触发时,电机会立即依当时所选择的内部位置命令运转
Pn404	3	内部位置命令 2——圈数
Pn405	14200	内部位置命令 2——脉冲数
Pn406	150	内部位置命令 2——移动速度
Pn407	0	内部位置命令 3——圈数

续表

参数	设定值	注释说明
Pn408	5300	内部位置命令3——脉冲数
Pn409	150	内部位置命令3——移动速度
Pn317.0	H0223	原点回归启动后,电机以第一速度正转方向寻找原点,并以输入点ORG作为原点参考点
Pn317.1	H0223	当Pn365.0＝2或3时寻找到输入触点ORG的上源为原点后,以Pn365.3设定的方式停机
Pn317.2	H0223	由输入点SHOME触发原点回归
Pn317.3	H0223	找到机械原点后记录此位置为机械原点,电机减速停止,停止后以第二段低速移动到机械原点位置
Pn318	100	原点运行第一段高度
Pn319	50	原点运行第二段低度
Hn601.0	H0112	DI-1功能 PTRG 内部功能触发
Hn601.1	H0112	
Hn601.2	H0112	当触点为高电位(与IG24触点断开)时,功能动作
Hn602.0	H0116	DI-2功能 POS1 内部位置命令1
Hn602.1	H0116	
Hn602.2	H0116	当触点为高电位(与IG24触点断开)时,功能动作
Hn603.0	H0117	DI-3功能 POS2 内部位置命令2
Hn603.1	H0117	
Hn603.2	H0117	当触点为高电位(与IG24触点断开)时,功能动作
Hn604.0	H0008	DI-4功能 LOK 伺服锁定
Hn604.1	H0008	
Hn604.2	H0008	当触点为低电位(与IG24触点接通)时,功能动作
Hn605.0	H0114	DI-5功能 SHOME 开始回到原点
Hn605.1	H0114	
Hn605.2	H0114	当触点为高电位(与IG24触点断开)时,功能动作
Hn606.0	H0115	DI-6功能 ORG 外部参考原点
Hn606.1	H0115	
Hn606.2	H0115	当触点为高电位(与IG24触点断开)时,功能动作
Hn607.0	H0006	DO-1 INP 定位完成信号
Hn607.1	H0006	
Hn607.2	H0006	DO-1 当触点动作时,触点为低电位(与IG24接通)
Hn608.0	H0007	DO-2 HOME 回原点完成信号
Hn608.1	H0007	
Hn608.2	H0007	DO-3 当触点动作时,触点为低电位(与IG24接通)
Hn609.0	H0002	DO-4 HOME 回原点完成信号
Hn609.1	H0002	
Hn609.2	H0002	DO-5 当触点动作时,触点为低电位(与IG24接通)

原点位置：气手指松开，Y 轴下降，Z 轴气缸缩回，摆缸左摆，电感式传感器有输出，原点微动开关有输出。

当处在原点位置时，按下启动按钮 SB1，Z 轴伸出，伸出到位，气手指夹紧，夹紧到位，Y 轴抬起，抬起到位，Z 轴缩回，缩回到位，机械手移动到装配位置，移动到位，摆缸右摆，右摆到位，Y 轴下降，下降到位，气手指松开，Z 轴缩回。此时到达装配工位的动作结束。

装配工位动作完成时，按下 SB2，Z 轴伸出，伸出到位，气手指夹紧，夹紧到位，Y 轴抬起，抬起到位，Z 轴缩回，缩回到位，机械手右移到仓储工位，移动到位，Z 轴伸出，Y 轴下降，下降到位，气手指松开，Z 轴缩回，抬起到位，摆缸左摆，左摆到位，机械手以第一段高速 100 回原点，到达原点后，机械手以第二段低速 50 折返运动找到机械原点。

此时再次按下启动按钮 SB1，重复上述动作。

运行过程中，当按下 SB4 急停按钮时，Y 轴下降，Z 轴缩回，气手指松开。此时按下复位按钮 SB3，摆缸左摆，机械手左移回原点。

- 操作步骤　根据图 2-24 所示接线图，将测试线插好。

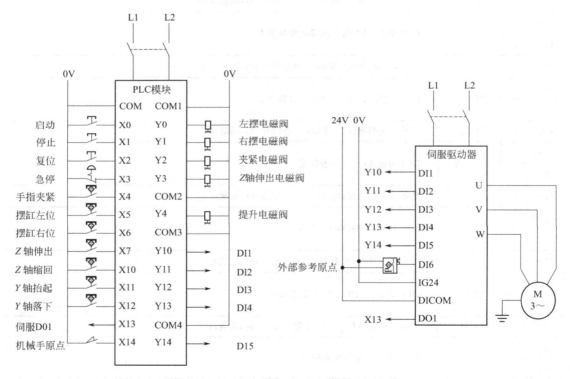

图 2-24　搬运控制外部接线图

首先调整各机构位置，调整外部参考原点的电感式传感器的位置，同时配合手动控制电磁阀模拟抓取动作，使机械手在原点位置能够轻松地抓取料块。手动滑动机械手，观察机械手靠近电感式传感器时传感器有无输出，如果没有输出，调整位置直到有输出为止。在手动滑动机械手前，要关闭伺服驱动器电源，解除电机的激励状态。

手动触发伺服驱动器，使之运动到装配工位，手动控制电磁阀模拟放料的动作，使得料块可以轻松放入。若机械手的位置有偏差，可以调整伺服参数 Pn405 Pn406。

手动触发伺服驱动器，使之运动到仓储工位，手动控制电磁阀模拟放料的动作，使得料块可以轻松放入。若机械手的位置有偏差，可以调整伺服参数 Pn408 Pn409。

位置调整结束，调节磁性开关在合适的位置有输出。

调整结束后，编写程序，PLC 上电，将程序下载至 PLC 内，依次按下急停 SB4，松开急停 SB4，按下复位 SB3，按下启动 SB1。观察机械手的运动。

(5) 注意事项

① 根据接线图，将测试线插好。然后调整外部参考原点的电感式传感器的位置，手动滑动机械手，观察机械手靠近电感式传感器时传感器有无输出，如果没有输出，调整位置直到有输出为止。在手动滑动机械手前，要关闭伺服驱动器电源，解除电机的激励状态。

② 机械手在左右移动的过程中有时会发生震颤，此时可调整参数 Cn026 的值减小。由于机械手的动作有震动，可能会影响到定位完成信号 INP（DO1）频繁输出，此时可适当调大 Cn307（定位完成判定值）的值。

(6) 实验思考题

① 伺服电机运行的现象和特点。

② 伺服实验过程中的问题及其分析。

第3章 计算机控制技术

3.1 键盘显示系统实验

（1）实验目的
① 了解 8155 芯片的工作原理以及应用。
② 了解键盘、LED 显示器的接口原理以及硬件电路结构。
③ 掌握非编码键盘的编程方法以及程序设计。

（2）实验内容
将程序输入实验系统后，在运行状态下，按下数字 0~9 之一，将在数码管上显示相应数字，按下 A、B 或 C 之一，将在数码管上显示"0"、"1"或"2"循环。

（3）程序框图
如图 3-1 所示。

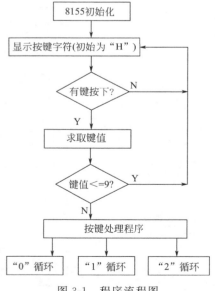

图 3-1 程序流程图

（4）实验程序
下面程序由四部分组成：程序的地址码、机器码、程序所在行号（中间）和源程序。

字型码表和关键字表需要根据硬件连接填在相应位置。

地址码	机器码	1	源程序			
0000		2			org 0000h	
0000	90FF20	3			mov dptr, ♯0ff20h	
0003	7403	4			mov a, ♯03h	;方式字
0005	F0	5			movx @dptr, a	;A 和 B 口为输出口, C 口为输入口
0006	753012	6			mov 30h, ♯12h	;LED 共阴极, 开始显示"H", 地址偏移量送 30h
0009	1155	7	dsp:		acall disp1	;调显示子程序
000B	11FE	8			acall ds30ms	
000D	1179	9			acall scan	;调用键盘扫描子程序
000F	60F8	10			jz dsp	;若无键按下, 则 dsp
0011	11B7	11			acall kcode	;若有键按下, 则 kcode
0013	B40A00	12			cjne a, ♯0ah, cont	;是否数字键, 若是 0~9 则是, a~c 则否
0016	400F	13	cont:		jc num	;若是, 则 num
0018	90001F	14			mov dptr, ♯jtab	;若否, 则命令转移表地址送 dptr
001B	9409	15			subb a, ♯09h	;形成 jtab 表地址偏移量
001D	23	16			rl a	;地址偏移量 * 2
001E	73	17			jmp @a+dptr	;转入相应功能键分支程序
001F	00	18	jtab:		nop	
0020	00	19			nop	
0021	8008	20			sjmp k1	;转入 k1 子程序
0023	800B	21			sjmp k2	;转入 k2 子程序
0025	800E	22			sjmp k3	;转入 k3 子程序
0027	F530	23	num:		mov 30h, a	
0029	80DE	24			sjmp dsp	;返回 dsp
002B	7531C0	25	k1:		mov 31h, ♯0c0h	;"0" 循环显示
002E	800A	26			sjmp k4	
0030	7531F9	27	k2:		mov 31h, ♯0f9h	;"1" 循环显示
0033	8005	28			sjmp k4	
0035	7531A4	29	k3:		mov 31h, ♯0a4h	;"2" 循环显示
0038	8000	30			sjmp k4	
003A	7B01	31	k4:		mov r3, ♯01h	;显示最末一位, 注意共阴极
003C	EB	32	k5:		mov a, r3	
003D	90FF21	33			mov dptr, ♯0ff21h	
0040	F0	34			movx @dptr, a	;字位送 8155
0041	E531	35			mov a, 31h	
0043	90FF22	36			mov dptr, ♯0ff22h	;字型口
0046	F0	37			movx @dptr, a	;字型送 8155 的 B 口
0047	11EC	38			acall delay	;延时 1ms * * *
0049	74FF	39			mov a, ♯0ffh	
004B	F0	40			movx @dptr, a	;关显示, 在此使 LED 各位显示块都灭
004C	EB	41			mov a, r3	
004D	23	42			rl a	

004E FB	43		mov r3, a		
004F BB40EA	44		cjne r3, #40h, k5	; 还没有循环完一遍, 则循环继续	
0052 80E6	45		sjmp k4	; 若循环完一遍则返回 k4, 又开始新一轮的循环	
0054 22	46		ret		
0055 90FF21	47	disp1:	mov dptr, #0ff21h	; 字位口 A, 注意 LED 是共阴极接法	
0058 7401	48		mov a, #01h		
005A F0	49		movx @dptr, a		
005B 90FF22	50		mov dptr, #0ff22h	; 字型口	
005E E530	51		mov a, 30h		
0060 2402	52		add a, #02h		
0062 83	53		movc a, @a+pc		
0063 F0	54		movx @dptr, a	; 字型码输入, N1 点亮	
0064 22	55		ret	; 下面是 0 到 c 的字型码	
0065 ?	56		db ????		
0066 ?					
0067 ?					
0068 ?					
0069 ?					
006A ?	57		db ????		
006B ?					
006C ?					
006D ?					
006E ?					
006F ?	58		db ????		
0070 ?					
0071 ?					
0072 ?					
0073 ?					
0074 ?	59		db ????		
0075 ?					
0076 ?					
0077 ?					
0078 ?					
0079 74FF	60	scan:	mov a, #0ffh	; 关显示码 a	
007B 90FF22	61		mov dptr, #0ff22h	; B 口地址送 dptr	
007E F0	62		movx @dptr, a	; 关 LED 显示	
007F 7400	63		mov a, #00h		
0081 90FF21	64		mov dptr, #0ff21h	; A 口地址, 字位码	
0084 F0	65		movx @dptr, a		
0085 90FF23	66		mov dptr, #0ff23h	; C 口地址	
0088 E0	67		movx a, @dptr		
0089 540F	68		anl a, #0fh	; 取出列值送 a	
008B B40F02	69		cjne a, #0fh, next1	; 若有键按下, 则 next1	

008E 8025	70		sjmp next4	
0090 11F5	71	next1:	acall ds10ms	；延时 10ms
0092 7A00	72		mov r2，#00h	；窜键标志位清零
0094 79FE	73		mov r1，#0feh	；行扫描初值送 a
0096 90FF21	74	loop:	mov dptr，#0ff21h	；dptr 指向 A 口
0099 E9	75		mov a，r1	；行扫描值送 a
009A F0	76		movx @dptr，a	
009B 90FF23	77		mov dptr，#0ff23h	
009E E0	78		movx a，@dptr	；读 c 口
009F 540F	79		anl a，#0fh	；取出列值
00A1 B40F02	80		cjne a，#0fh，next2	；若被按键在本行，则 next2
00A4 8007	81		sjmp next3	；若不在本行，则 next3
00A6 0A	82	next2:	inc r2	；窜键标志位加 1
00A7 BA010B	83		cjne r2，#01h，next4	；若为窜键，则返回监控
00AA FC	84		mov r4，a	；列值送 r4
00AB E9	85		mov a，r1	
00AC FB	86		mov r3，a	；行值送 r3
00AD E9	87	next3:	mov a，r1	；行扫描值送 a
00AE 23	88		rl a	；左移一位
00AF F9	89		mov r1，a	；送回 r1
00B0 B47FE3	90		cjne a，#7fh，loop	；若未扫描完一遍，则 loop
00B3 01B6	91		ajmp next5	；若扫描完一遍，则 next5
00B5 E4	92	next4:	clr a	
00B6 22	93	next5:	ret	
00B7 7900	94	kcode:	mov r1，#00h	
00B9 EB	95		mov a，r3	
00BA D3	96		setb c	
00BB 13	97	loop1:	rrc a	
00BC B4FF02	98		cjne a，#0ffh，next61	
00BF 8003	99		sjmp next6	
00C1 09	100	next61:	inc r1	
00C2 80F7	101		sjmp loop1	
00C4 E9	102	next6:	mov a，r1	
00C5 C4	103		swap a	
00C6 F9	104		mov r1，a	
00C7 EC	105		mov a，r4	
00C8 540F	106		anl a，#0fh	
00CA 49	107		orl a，r1	
00CB F5F0	108		mov b，a	
00CD 9000DF	109		mov dptr，#ktab	
00D0 7800	110		mov r0，#00h	
00D2 E4	111		clr a	
00D3 93	112	pepe:	movc a，@a+dptr	
00D4 B5F002	113		cjne a，b，next7	

00D7 8004	114		sjmp resv	
00D9 08	115	next7:	inc r0	
00DA E8	116		mov a，r0	
00DB 80F6	117		sjmp pepe	
00DD E8	118	resv:	mov a，r0	
00DE 22	119		ret	；下面表格存放 0 到 C 的关键字
00DF ?	120	ktab:	db ????	
00E0 ?				
00E1 ?				
00E2 ?				
00E3 ?				
00E4 ?				
00E5 ?	121		db ????	
00E6 ?				
00E7 ?				
00E8 ?				
00E9 ?				
00EA ?				
00EB ?	122		db ?;	；表示 0 到 C 的关键字
00EC 7F02	123	delay:	mov r7，#02h	；延时 1ms
00EE 7EFF	124	delay1:	mov r6，#0ffh	
00F0 DEFE	125	delay2:	djnz r6，delay2	
00F2 DFFA	126		djnz r7，delay1	
00F4 22	127		ret	
00F5 7F14	128	ds10ms:	mov r7，#14h	；延时 10ms
00F7 7EFF	129	dely1:	mov r6，#0ffh	
00F9 DEF5	130	dely2:	djnz r6，delay2	
00FB DFF1	131		djnz r7，delay1	
00FD 22	132		ret	
00FE 7F3C	133	ds30ms:	mov r7，#3ch	；延时 30ms
0100 7EFF	134	dely3:	mov r6，#0ffh	
0102 DEEC	135	dely4:	djnz r6，delay2	
0104 DFE8	136		djnz r7，delay1	
0106 22	137		ret	
	138		end	

（5）实验步骤

① 输入程序。本实验系统有两种输入方法，可以直接通过系统上的小键盘输入机器码，也可以采用把实验系统和 PC 机的串口直接相连，在 PC 机上通过专用软件编译程序，然后通过串行口把编译后的程序机器码下载到实验系统中。

② 输入程序首地址，按运行键 EX，程序运行，观察此时显示结果。

③ 按下 0～9 数字键，观察在数码管上显示的结果，按下 A、B 或 C，观察显示的结果。

④ 在循环显示程序段中，调不同的时间延时子程序，观察显示效果。

(6) 习题

每人应该认真读懂程序，在源程序的基础上根据硬件电路判断其他按键对应的关键字，要求每个人应该至少在原来程序基础上再加一个按键，来显示相应的循环或其他功能。

(7) 思考题？

① 思考动态显示的原理。

② 思考以上程序还有哪些不完善的地方？如何改？

3.2 单片机的功率接口实验

(1) 实验目的

① 了解 74HC138 译码器与单片机的接口技术及编程方法。

② 了解蜂鸣器与单片机的接口技术及编程方法。

③ 了解继电器与单片机的接口技术及编程方法。

④ 了解直流电机与单片机的接口技术及编程方法（选作）。

(2) 实验内容

① 编写程序，通过单片机的 P1 口控制 74HC138 的数据输入端，从而选通相应的数据输出位。

② 将译码器输出端口连接到 8 个 LED 指示灯，验证译码的正确性。

③ 编写一段程序，用 P1.3 口控制（输出 3～4kHz 频率的方波），使 D4 区的蜂鸣器发出嘹亮的响声。蜂鸣器原理如图 3-2 所示。

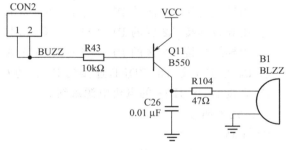

图 3-2 蜂鸣器实验电路

④ 按照例程输入一段程序，用 P1.3 口控制，使 D4 区的蜂鸣器发出 "生日快乐" 的音乐。

编写一段程序，用 P1.0 口控制继电器，继电器控制 LED 的亮和灭（COM 与 CLOSE 连通时，一盏 LED 亮，不连通时该 LED 灭；COM 与 OPEN 连通时，另一盏 LED 亮，不连通时该 LED 灭）。

⑤ 学习如何控制直流电机。若 ZDJ-A 的电压比 ZDJ-B 的电压高，则电机正转；若 ZDJ-B 的电压比 ZDJ-A 高，则电机反转。

(3) 实验步骤

① 短接 C6 区 JP4 接口上的短路帽，将 C6 区 J20、J22 接口与 J61 接口的 P1.0～P1.5 相连。实验原理图参见图 3-3 所示。

② 将 D1 区的 J52 接口连接到 C6 区 J51 译码数据输出接口。

③ 打开程序调试软件，下载运行编写好的软件程序，查看程序运行结果是否正确。

④ 使用导线把 A2 区 J61 接口的 P1.3 与 D4 区 J8 接口的其中一脚相连。

⑤ 先编写一个延时程序（120～200μs）。

⑥ 再编写一个循环程序，改变 P1.3 脚的电平，然后延时。该循环就使 P1.3 口输出一个频率为 2.5～4kHz 方波。观察蜂鸣器发出的响声。

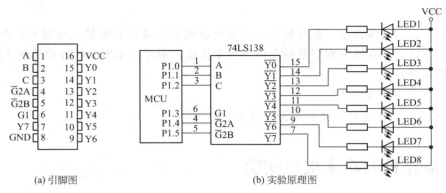

(a) 引脚图　　　　　　　　　(b) 实验原理图

图 3-3　74LS138 译码器

⑦ 用短路帽短接 JP7，使用导线把 D1 区 J54 接口的 SW1 与 C7 区 J9 接口的 KJ（任意一根针）相连接。

⑧ 使用导线把 D1 区 J52 接口的 LED1、LED2 与 C7 区 J103 接口的 OPEN1、CLOSE1 分别相连。另外，C7 区 J103 接口的 COM1 接地（GND）。

⑨ 接好线后，用户可以拨动 D1 区的 SW1 拨动开关，观察现象（拨到 1 时 LED2 亮，拨到 0 时 LED1 亮），并得出结论。

⑩ 然后把 C7 区 J9 接口的 KJ 改接到 A2 区 J61 接口的 P1.0。再编写一个程序，使 P1.0 口延时一段时间后改变电平值，来控制继电器的开关。

⑪ 用导线连接 A2 区的 P1.1 与 D1 区 J53 接口的 KEY1。

⑫ 用导线连接 A2 区的 P1.2 与 D1 区 J53 接口的 KEY2。

⑬ 用导线连接 A2 区的 P1.0 与 B8 区 J78 接口的 ZDJ-A。

⑭ B8 区 J78 接口的 ZDJ-B 连接到 C1 区的 GND。

⑮ 短接 B8 区 JP18 的电机电源跳线。

(4) 程序部分

① 译码器实验程序

```
        ORG 0000H
        JMP MAIN
        ORG 0100H
MAIN:
        MOV SP, #60H
        MOV R4, #0
        DJNZ R4, $
        CLR P1.5                ;设置译码器使能
        CLR P1.4
        SETB P1.3
                                ;译码数据输入
        CLR P1.0                ;A=0
        CLR P1.1                ;B=0
        SETB P1.2               ;C=1
        SJMP $
        END
```

② 蜂鸣器程序
ORG 00 00H
　　　LJMP MAIN
　　　ORG 0100H
MAIN：MOV SP，#60H
　　　SETB P1.3
　　　ACALL DELAY
　　　CLR P1.3
　　　ACALL DELAY
　　　SJMP MAIN
DELAY：MOV　　R7，#8H
DELAY0：MOV　　R4，#187
DELAY1：MOV　　R3，#248
　　　DJNZ　　R3，$
　　　DJNZ　　R4，DELAY1
　　　DJNZ　　R7，DELAY0
　　　DJNZ　　R5，DELAY
　　　RET
END

③ 继电器程序（图3-4）

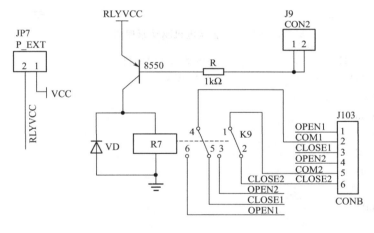

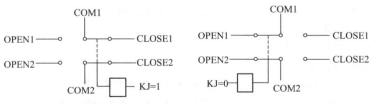

图 3-4　继电器的实验电路

ORG 0000H
LJMP MAIN
ORG 0100H
MAIN：

```
        MOV R7，#0                      ;延时
LOOP：
MOV R6，#0
DJNZ R6，$
DJNZ R6，$
DJNZ R6，$
DJNZ R6，$
DJNZ R7，LOOP
CPL P1.0                               ;P1.0 取反
        SJMP MAIN
END
```

④ 直流电机程序（图 3-5）

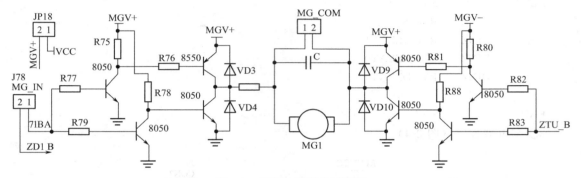

图 3-5　直流电机驱动原理图

```
PWMH DATA 30H                          ;高电平脉冲的个数
PWM DATA 31H                           ;PWM 周期
COUNTER DATA 32H
TEMP DATA 33H
    ORG 0000H
    AJMP MAIN
    ORG 000BH
    AJMP INTT0
    ORG 0100H
MAIN：
    MOV SP，#60H                        ;给堆栈指针赋初值
    MOV PWMH，#02H；
    MOV COUNTER，#01H
    MOV PWM，#15H
    MOV TMOD，#02H                      ;定时器 0 在模式 2 下工作
    MOV TL0，#38H                       ;定时器每 200μs 产生一次溢出
    MOV TH0，#38H                       ;自动重装的值
    SETB ET0                           ;使能定时器 0 中断
    SETB EA                            ;使能总中断
    SETB TR0                           ;开始计时
KSCAN：
```

```
        JNB P1.1, K1CHECK              ;扫描 KEY1
        JNB P1.2, K2CHECK              ;扫描 KEY2,如果按下 KEY2,跳转到 KEY2 处理程序
        SJMP KSCAN
K1CHECK:
        JB P1.1, K1HANDLE              ;去抖动,如果按下 KEY1,跳转到 KEY1 处理程序
        SJMP K1CHECK
K1HANDLE:
        MOV A, PWMH
        CJNE A, PWM, K1H0              ;判断是否到达上边界
        SJMP KSCAN                     ;是,则不进行任何操作
K1H0:
        MOV A, PWMH
        INC A
        CJNE A, PWM, K1H1              ;如果在加 1 后到达最大值
        CLR TR0                        ;定时器停止
        SETB P1.0                      ;P1.0 为高电平
        SJMP K1H2
K1H1:
        CJNE A, #02H, K1H2             ;如果加 1 后到达下边界
        SETB TR0                       ;重开定时器
K1H2:
        INC PWMH                       ;增加占空比
        SJMP KSCAN
K2CHECK:
        JB P1.2, K2HANDLE              ;去抖动,如果按下 KEY2,跳转到 KEY2 处理程序
        SJMP K2CHECK
K2HANDLE:
        MOV A, PWMH
        CJNE A, #01H, K2H0             ;判断是否到达下边界
        SJMP KSCAN                     ;是,则不进行任何操作
K2H0:
        MOV A, PWMH
        MOV TEMP, PWM
        DEC A
        CJNE A, #01H, K2H1             ;如果在减 1 后到达下边界
        CLR TR0                        ;定时器停止
        CLR P1.0                       ;P1.0 为低电平
        SJMP K2H2
K2H1:
        DEC TEMP
        CJNE A, TEMP, K2H2             ;如果到达上边界
        SETB TR0                       ;启动定时器
K2H2:
        DEC PWMH                       ;降低占空比
```

```
            SJMP KSCAN
INTT0：
            PUSH PSW                          ;现场保护
            PUSH ACC
            INC COUNTER                       ;计数值加 1
            MOV A，COUNTER
            CJNE A，PWMH，INTT01              ;如果等于高电平脉冲数
            CLR P1.0                          ;P1.0 变为低电平
INTT01：CJNE A，PWM，INTT02                   ;如果等于周期数
            MOV COUNTER，#01H                 ;计数器复位
            SETB P1.0                         ;P1.0 为高电平
INTT02：POP ACC                               ;出栈
            POP PSW
            RETI
END
```

(5) 思考题

根据实验现象，分析 138 译码器的工作过程。

3.3 A/D 与 D/A 转换实验

3.3.1 A/D 转换实验

(1) 实验目的

① 掌握 A/D 转换与单片机接口的方法。
② 了解 A/D 芯片 0809 转换性能及编程方法。
③ 通过实验了解单片机如何进行数据采集。

(2) 实验内容

① 利用实验系统上的 0809 作 A/D 转换器，实验系统上的电位器提供模拟量输入。编制程序，将模拟量转换成数字，通过数码管显示出来。

② 通过数据线把 JX0 或 JX17 和 0809 的 JX6 数据口相连，然后用电线连接电位器输出端 AIN1 和 0809 的 INT0 通道，38 译码器输出端 8000H 和 0809 的 CS4 相连。

(3) 实验程序

以下程序是转换 0 通道的模拟量。通过旋转电位器可以输出不同的模拟电压。

```
0000              1              ORG 0000H
0000 7830         2      S1:     MOV R0，#30H
0002 7400         3              MOV A，#00H
0004 908000       4              MOV DPTR，#8000H
0007 F0           5              MOVX @DPTR，A        ;启动 A/D 的 0 通道
0008 7FFF         6              MOV R7，#0FFH        ;延时，然后才能采样
000A DFFE         7      DL:     DJNZ R7，DL
000C E0           8              MOVX A，@DPTR        ;取出转换结果
000D F6           9              MOV @R0，A           ;数字量送入 30H
```

000E 1115	10		ACALL CHAI	;调拆字子程序
0010 1120	11		ACALL DISP	;调显示子程序
0012 0100	12		AJMP S1	
0014 22	13		RET	
0015 7931	14	CHAI:	MOV R1，#31H	;数字拆分后，低位放31H，高位放 32H
0017 111B	15		ACALL S2	
0019 E6	16		MOV A，@R0	
001A C4	17		SWAP A	
001B 540F	18	S2:	ANL A，#0FH	
001D F7	19		MOV @R1，A	
001E 09	20		INC R1	
001F 22	21		RET	
0020 90FF20	22	DISP:	MOV DPTR，#0FF20H	;8155命令口
0023 7403	23		MOV A，#03H	;工作方式设定
0025 F0	24		MOVX @DPTR，A	
0026 7C05	25		MOV R4，#5H	;循环次数
0028 7B01	26	SX:	MOV R3，#01H	;字位码
002A 7931	27		MOV R1，#31H	;传递低4位
002C 7A02	28		MOV R2，#02H	;控制两位LED循环
002E EB	29	S3:	MOV A，R3	
002F 90FF21	30		MOV DPTR，#0FF21H	;字位口
0032 F0	31		MOVX @DPTR，A	
0033 E7	32		MOV A，@R1	
0034 900056	33		MOV DPTR，#STAB	
0037 93	34		MOVC A，@A+DPTR	;送低4位对应的字型码到A中
0038 90FF22	35		MOV DPTR，#0FF22H	;字型口
003B F0	36		MOVX @DPTR，A	
003C 114D	37		ACALL DELAY	;延时
003E EB	38		MOV A，R3	
003F 23	39		RL A	
0040 FB	40		MOV R3，A	
0041 09	41		INC R1	
0042 74FF	42		MOV A，#0FFH	
0044 90FF22	43		MOV DPTR，#0FF22H	;关闭数码管
0047 F0	44		MOVX @DPTR，A	
0048 DAE4	45		DJNZ R2，S3	;扫描完两个数码管吗？
004A DCDC	46		DJNZ R4，SX	
004C 22	47		RET	
004D 7F02	48	DELAY:	MOV R7，#02H	;延时1ms
004F 7EFF	49	DELAY1:	MOV R6，#0FFH	
0051 DEFE	50	DELAY2:	DJNZ R6，DELAY2	
0053 DFFA	51		DJNZ R7，DELAY1	
0055 22	52		RET	

0056 C0	53	STAB:	DB 0C0H，0F9H，0A4H，0B0H
0057 F9			
0058 A4			
0059 B0			
005A 99	54		DB 99H，92H，82H，0F8H
005B 92			
005C 82			
005D F8			
005E 80	55		DB 80H，90H，88H，83H
005F 90			
0060 88			
0061 83			
0062 C6	56		DB 0C6H，0A1H，86H，8EH；0～F 的字型码
0063 A1			
0064 86			
0065 8E			
	57		END

(4) 思考题

观察在不同输入电压下转换的数字量和理论值的差距，并求出 A/D 转换器的转换精度，思考它受哪些因素影响？分析最末位数码为何闪烁？

3.3.2 D/A 转换实验

(1) 实验目的

① 了解 D/A 转换与单片机的接口方法。

② 了解 D/A 转换芯片 0832 的性能及编程方法。

③ 了解单片机系统扩展 D/A 转换芯片的基本方法。

(2) 实验内容与实验步骤

① 利用 0832 输出一个从 0V 开始逐渐升至 5V 再降至 0V 的锯齿波、三角波以及方波。通过示波器或万用表从 AOUT 输出电压并记录，写入实验报告。

② 在电路连接时，用电线连接 8000H 和 0832 的 CS5，0832 的数据端口 JX2 和 JX0 或 JX17 端口用数据总线相连，输出由 AUTO 端输出。

(3) 程序部分

```
0000                        ORG 0000H
                                              ；下面程序产生锯齿波
0000   908000               MOV DPTR，#8000H
0003   7400                 MOV A，#00H
0005   F0          S:       MOVX @DPTR，A
0006   04                   INC A
0007   80FC                 SJMP S
                                              ；下面程序为三角波
0010                        ORG 0010H
0010   E4          S1:      CLR A
```

0011	908000			MOV DPTR，#8000H	
0014	F0		UP：	MOVX @DPTR，A	；上升段
0015	04			INC A	
0016	70FC			JNZ UP	
0018	74FE			MOV A，#0FEH	
001A	F0		DOWN：	MOVX @DPTR，A	；下降段
001B	14			DEC A	
001C	70FC			JNZ DOWN	
001E	80F4			SJMP UP	
					；下面程序为方波
0020				ORG 0020H	
0020	908000			MOV DPTR，#8000H	
0023	7400		LOOP：	MOV A，#00H	
0025	F0			MOVX @DPTR，A	
0026	112F			ACALL DELAY	
0028	74FF			MOV A，#0FFH	
002A	F0			MOVX @DPTR，A	
002B	112F			ACALL DELAY	
002D	80F4			SJMP LOOP	
002F	7F80		DELAY：	MOV R7，#80H	
0031	DFFE		DELAY1：	DJNZ R7，DELAY1	
0033	22			RET	

运行下面程序，当在30H中输入不同的数字量，运行程序则会在数码管上显示输入的数字量，并在AOUT端输出对应的电压。求出在不同数字量下D/A转换器的输出电压。填写下面表格，计算D/A转换器的线性度。

0000		1		ORG 0000H	
0000	E530	2		MOV A，30H	；要转换的数字量放在30H中
0002	7931	3		MOV R1，#31H	；注意31H中存放数字量低4位
0004	908000	4		MOV DPTR，#8000H	；DAC地址
0007	F0	5		MOVX @DPTR，A	；A中存放要转换的数字量
0008	1115	6		ACALL CHAI	；调拆数字量子程序
000A	7A02	7	S1：	MOV R2，#02H	；循环次数
000C	7931	8		MOV R1，#31H	
000E	7B01	9		MOV R3，#01H	；初始字位码
0010	1121	10		ACALL DISP	；调显示子程序
0012	80F6	11		SJMP S1	
0014	22	12		RET	
0015	A730	13	CHAI：	MOV @R1，30H	；数字量拆分后分别放在31H和32H
0017	111C	14		ACALL S2	
0019	E530	15		MOV A，30H	
001B	C4	16		SWAP A	
001C	540F	17	S2：	ANL A，#0FH	
001E	F7	18		MOV @R1，A	

001F	09	19		INC R1	
0020	22	20		RET	
0021	90FF20	21	DISP：	MOV DPTR，#0FF20H	；8155 命令口
0024	7403	22		MOV A，#03H	；工作方式设定
0026	F0	23		MOVX @DPTR，A	
0027	EB	24	S3：	MOV A，R3	
0028	90FF21	25		MOV DPTR，#0FF21H	；字位口
002B	F0	26		MOVX @DPTR，A	
002C	E7	27		MOV A，@R1	
002D	900047	28		MOV DPTR，#STAB	
0030	93	29		MOVC A，@A+DPTR	；送低 4 位对应的字型码到 A 中
0031	90FF22	30		MOV DPTR，#0FF22H	；字型口
0034	F0	31		MOVX @DPTR，A	
0035	113E	32		ACALL DELAY	；调 1ms 的延时
0037	EB	33		MOV A，R3	
0038	23	34		RL A	
0039	FB	35		MOV R3，A	
003A	09	36		INC R1	
003B	DAEA	37		DJNZ R2，S3	；看扫描完两个数码管吗？
003D	22	38		RET	
003E	7F02	39	DELAY：	MOV R7，#02H	；延时 1ms
0040	7EFF	40	DELAY1：	MOV R6，#0FFH	
0042	DEFE	41	DELAY2：	DJNZ R6，DELAY2	
0044	DFFA	42		DJNZ R7，DELAY1	
0046	22	43		RET	
0047	C0	44	STAB：	DB 0C0H，0F9H，0A4H，0B0H	
0048	F9				
0049	A4				
004A	B0				
004B	99	45		DB 99H，92H，82H，0F8H	
004C	92				
004D	82				
004E	F8				
004F	80	46		DB 80H，90H，88H，83H	
0050	90				
0051	88				
0052	83				
0053	C6	47		DB 0C6H，0A1H，86H，8EH；0～F 的字型码	
0054	A1				
0055	86				
0056	8E	48		END	

（4）作业

运行上面的程序，把在不同数字量下对应的输出电压填入下表，求 D/A 转换器的线性度。

数字	00H	10H	20H	30H	40H	50H	60H	70H
电压(AOUT)								
数字	80H	90H	A0H	B0H	C0H	D0H	E0H	FFH
电压(AOUT)								

3.4 插补实验

3.4.1 步进电机插补实验

(1) 实验目的

① 了解步进电机驱动原理以及应用。
② 了解逐点比较法插补原理，了解逐点比较法直线插补的具体工作过程。
③ 掌握逐点比较法直线插补的程序实现过程。

(2) 实验内容

① 逐点比较法直线插补。
② 步进电机驱动电路。

(3) 实验程序

直线插补程序

```
                    1                         ;直线插补程序，在程序中用到的数
                                               值都为双字节
0050                2        ZBL    EQU  50H   ;所走步数低字节
004F                3        ZBH    EQU  4FH   ;所走步数高字节
004E                4        XEL    EQU  4EH   ;终点 X 坐标的低字节
004D                5        XEH    EQU  4DH   ;终点 X 坐标的高字节
004C                6        YEL    EQU  4CH   ;终点 Y 坐标的低字节
004B                7        YEH    EQU  4BH   ;终点 Y 坐标的高字节
004A                8        FBL    EQU  4AH   ;偏差 F 低字节
0049                9        FBH    EQU  49H   ;偏差 F 高字节
0048               10        XBF    EQU  48H   ;为电机驱动子程序初始化
0047               11        YBF    EQU  47H   ;为电机驱动子程序初始化
0000               12               ORG  0000H
0000 758160        13        LP：   MOV  SP，#60H    ;设堆栈指针
0003 7480          14               MOV  A，#80H     ;8255 方式
0005 90FF2B        15               MOV  DPTR，#0FF2BH ;8255 方式字寄存器
0008 F0V           16               MOVX @DPTR，A
0009 754A00        17               MOV  FBL，#00H
000C 754900        18               MOV  FBH，#00H
000F 754801        19               MOV  XBF，#01H   ;X、Y 步进电机置初态
0012 754702        20               MOV  YBF，#02H
0015 E54E          21               MOV  A，XEL      ;计算应走步数 Z
0017 254C          22               ADD  A，YEL
```

0019 F550	23		MOV ZBL, A	
001B E54D	24		MOV A, XEH	
001D 354B	25		ADDC A, YEH	
001F F54F	26		MOV ZBH, A	
0021 7403	27		MOV A, #03H	
0023 90FF28	28		MOV DPTR, #0FF28H	
0026 F0	29		MOVX @DPTR, A	
0027 1191	30	LP2:	ACALL DL0	
0029 E549	31		MOV A, FBH	
002B 20E722	32		JB ACC.7, LP4	
002E 1160	33		ACALL XMP	
0030 C3	34		CLR C	
0031 E54A	35		MOV A, FBL	
0033 954C	36		SUBB A, YEL	
0035 F54A	37		MOV FBL, A	
0037 E549	38		MOV A, FBH	
0039 954B	39		SUBB A, YEH	
003B F549	40		MOV FBH, A	
003D C3	41	LP3:	CLR C	; Z−1→Z
003E E550	42		MOV A, ZBL	
0040 9401	43		SUBB A, #01H	
0042 F550	44		MOV ZBL, A	
0044 E54F	45		MOV A, ZBH	
0046 9400	46		SUBB A, #00H	
0048 F54F	47		MOV ZBH, A	
004A 4550	48		ORL A, ZBL	
004C 70D9	49		JNZ LP2	
004E 80FE	50		SJMP $	;结束
0050 117A	51	LP4:	ACALL YMP	
0052 E54A	52		MOV A, FBL55	
0054 254E	53		ADD A, XEL	
0056 F54A	54		MOV FBL, A	
0058 E549	55		MOV A, FBH	
005A 354D	56		ADDC A, XEH	
005C F549	57		MOV FBH, A	
005E 80DD	58		SJMP LP3	
0060 E548	59	XMP:	MOV A, 48H	;X电机正转
0062 C3	60		CLR C	
0063 13	61		RRC A	
0064 13	62		RRC A	
0065 13	63		RRC A	
0066 F4	64	XMP2:	CPL A	
0067 5449	65		ANL A, #49H	
0069 F548	66		MOV 48H, A	

006B 4547	67			ORL A，47H	
006D 90FF28	68	XMP4：	MOV DPTR，#0FF28H		
0070 F0	69		MOVX @DPTR，A		
0071 22	70		RET		
0072 E548	71	XMM：	MOV A，48H	；X电机反转	
0074 C3	72		CLR C		
0075 33	73		RLC A		
0076 33	74		RLC A		
0077 33	75		RLC A		
0078 80EC	76		SJMP XMP2		
007A E547	77	YMP：	MOV A，47H	；Y电机正转	
007C C3	78		CLR C		
007D 13	79		RRC A		
007E 13	80		RRC A		
007F 13	81		RRC A		
0080 F4	82	YMP2：	CPL A		
0081 5492	83		ANL A，#92H		
0083 F547	84		MOV 47H，A		
0085 4548	85		ORL A，48H		
0087 80E4	86		SJMP XMP4		
0089 E547	87	YMM：	MOV A，47H	；Y电机反转	
008B C3	88		CLR C		
008C 33	89		RLC A		
008D 33	90		RLC A		
008E 33	91		RLC A		
008F 80EF	92		SJMP YMP2		
0091 7F02	93	DL0：	MOV R7，#02H		
0093 7EFF	94	DELAY1：MOV R6，#0FFH			
0095 DEFE	95	DELAY2：DJNZ R6，DELAY2			
0097 DFFA	96		DJNZ R7，DELAY1		
0099 22	97		RET		
	98		END		

(4) 实验步骤

① 两个步进电机都为三相电机，程序驱动时工作在6拍方式下。电路连接原理见图3-6。

② 当步进电机工作在单三拍方式下时，步距角为3°，螺距导程为1.5mm。试计算6拍方式下脉冲当量δ为多少？

③ 做实验之前，先建立坐标系x-y。

④ 直线插补程序中，程序运行时，输入终点坐标和偏差初值即可运行。要求对程序进行注释，应详细地写出每段程序完成的功能。

⑤ 通过对程序进行赋值，在第一象限内画一系列直线，至少有0°、30°、45°、60°、90°的直线，并和理想直线比较，进行误差分析，并考虑可能造成的原因。

⑥ 对程序进行修改，画出一个矩形。

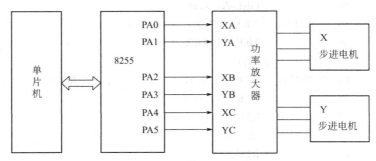

图 3-6 电路连接原理

⑦ 通过修改程序，进行其他象限直线插补。

3.4.2 圆弧插补实验

(1) 实验目的

① 了解步进电机驱动原理以及应用。
② 了解逐点比较法插补原理，了解逐点比较法圆弧插补的具体工作过程。
③ 掌握了解逐点比较法圆弧插补的程序实现过程。

(2) 实验内容

① 逐点比较法圆弧插补。
② 步进电机驱动电路。

(3) 实验程序

圆弧插补程序

		1		
0052	4	XIL EQU 52H	；起点 X 坐标
0051	5	XIH EQU 51H	
0050	6	YIL EQU 50H	；起点 Y 坐标
004F	7	YIH EQU 4FH	
004E	8	XEL EQU 4EH	；终点 X 坐标
004D	9	XEH EQU 4DH	
004C	10	YEL EQU 4CH	；终点 Y 坐标
004B	11	YEH EQU 4BH	
004A	12	FBL EQU 4AH	；偏差 F
0049	13	FBH EQU 49H	
		XBF EQU 48H	
		YBF EQU 47H	
		ZBL EQU 46H	
		ZBH EQU 45H	
0000	16	ORG 0000H	
0000 758160	17	RP: MOV SP, #60H	；堆栈设置
0003 754A00	18	MOV FBL, #00H	；清 F
0006 754900	19	MOV FBH, #00H	
0009 754801	20	MOV XBF, #01H	；X、Y 步进电机置初值

000C 754702	21	MOV YBF，#02H		
000F 90FF2B	22	MOV DPTR，#0FF2BH	；设置 8255 为输出	
0012 7480	23	MOV A，#80H		
0014 F0	24	MOVX @DPTR，A		
0015 90FF28	25	MOV DPTR，#0FF28H		
0018 7403	26	MOV A，#03H	；X、Y 电机上电	
001A F0	27	MOVX @DPTR，A		
001B C3	28	CLR C	；计算 Z	
001C E552	29	MOV A，XIL	；Xi－Xe→Z	
001E 954E	30	SUBB A，XEL		
0020 F554	31	MOV ZBL，A		
0022 E551	32	MOV A，XIH		
0024 954D	33	SUBB A，XEH		
0026 F553	34	MOV ZBH，A		
0028 C3	35	CLR C	；计算（Ye－Yi)＋Z	
0029 E54C	36	MOV A，YEL		
002B 9550	37	SUBB A，YIL		
002D 9220	38	MOV 20H，C	；暂存借位位	
002F 2554	39	ADD A，ZBL		
0031 F554	40	MOV ZBL，A		
0033 9221	41	MOV 21H，C	；暂存进位位	
0035 E54B	42	MOV A，YEH		
0037 A220	43	MOV C，20H	；(Ye－Yz)＋Z→Z	
0039 954F	44	SUBB A，YIH		
003B A221	45	MOV C，21H	；(Ye－Yi)＋(Xi－Xe)→Z	
003D 3553	46	ADDC A，ZBH		
003F F553	47	MOV ZBH，A		
0041 11E7	48	RP2：ACALL DL0	；延时 1ms	
0043 E549	49	MOV A，FBH		
0045 20E742	50	JB ACC.7，RP6	；F＜0，转 RP6	
0048 11C8	51	ACALL XMM	；F＞＝0，－X 电机正走一步	
004A C3	52	CLR C	；计算 F′＝F－2	
004B E54A	53	MOV A，FBL	；F-2X 低位在 A，高位	
004D 9552	54	SUBB A，XIL		
004F C5F0	55	XCH A，B	；低位在 B	
0051 E549	56	MOV A，FBH		
0053 9551	57	SUBB A，XIH		
0055 C5F0	58	XCH A，B	；低位进入 A，高位进 B	
0057 C3	59	CLR C		
0058 9552	60	SUBB A，XIL	；减 2 次	
005A C5F0	61	XCH A，B		
005C 9551	62	SUBB A，XIH		
005E C5F0	63	XCH A，B	；完成 F－2Xi	
0060 2401	64	ADD A，#01H		

0062 F54A	65	MOV FBL, A		
0064 C5F0	66	XCH A, B		
0066 3400	67	ADDC A, #00H		
0068 F549	68	MOV FBH, A	;完成 F−2Xi+1→F'	
006A C3	69	CLR C	;计算 Xi−1→X	
006B E552	70	MOV A, XIL		
006D 9401	71	SUBB A, #01H		
006F F552	72	MOV XIL, A		
0071 E551	73	MOV A, XIH		
0073 9400	74	SUBB A, #00H		
0075 F551	75	MOV XIH, A		
0077 C3	76	RP4: CLR C		
0078 E554	77	MOV A, ZBL		
007A 9401	78	SUBB A, #01h		
007C F554	79	MOV ZBL, A		
007E E553	80	MOV A, ZBH		
0080 9400	81	SUBB A, #00H		
0082 F553	82	MOV ZBH, A		
0084 4554	83	ORL A, ZBL		
0086 70B9	84	JNZ RP2		
0088 80FE	85	SJMP $		
008A 11D0	86	RP6: ACALL YMP	;+Y 走一步	
008C 7E02	87	MOV R6, #02H	;计算 F+2Y+1	
008E E54A	88	RP7: MOV A, FBL		
0090 2550	89	ADD A, YIL		
0092 F54A	90	MOV FBL, A		
0094 E549	91	MOV A, FBH		
0096 354F	92	ADDC A, YIH		
0098 F549	93	MOV FBH, A		
009A DEF2	94	DJNZ R6, RP7		
009C E54A	95	MOV A, FBL		
009E 2401	96	ADD A, #01H		
00A0 F54A	97	MOV FBL, A		
00A2 E549	98	MOV A, FBH		
00A4 3400	99	ADDC A, #00H		
00A6 F549	100	MOV FBH, A	;完成 F−2Xi+1→F'	
00A8 E550	101	MOV A, YIL	;计算 Yi−1→Y	
00AA 2401	102	ADD A, #01H		
00AC F550	103	MOV YIL, A		
00AE E54F	104	MOV A, YIH		
00B0 3400	105	ADDC A, #00H		
00B2 F54F	106	MOV YIH, A		
00B4 0177	107	AJMP RP4	;转去计算 Z−1	
00B6 E548	108	XMP: MOV A, 48H	;X 电机正转	

00B8 C3	109		CLR C	
00B9 13	110		RRC A	
00BA 13	111		RRC A	
00BB 13	112		RRC A	
00BC F4	113	XMP2：	CPL A	
00BD 5449	114		ANL A,#49H	
00BF F548	115		MOV 48H,A	
00C1 4547	116		ORL A,47H	
00C3 90FF28	117	XMP4：	MOV DPTR,#0FF28H	
00C6 F0	118		MOVX @DPTR,A	
00C7 22	119		RET	
00C8 E548	120	XMM：	MOV A,48H	;X电机反转
00CA C3	121		CLR C	
00CB 33	122		RLC A	
00CC 33	123		RLC A	
00CD 33	124		RLC A	
00CE 80EC	125		SJMP XMP2	
00D0 E547	126	YMP：	MOV A,47H	;Y电机正转
00D2 C3	127		CLR C	
00D3 13	128		RRC A	
00D4 13	129		RRC A	
00D5 13	130		RRC A	
00D6 F4	131	YMP2：	CPL A	
00D7 5492	132		ANL A,#92H	
00D9 F547	133		MOV 47H,A	
00DB 4548	134		ORL A,48H	
00DD 80E4	135		SJMP XMP4	
00DF E547	136	YMM：	MOV A,47H	;Y电机反转
00E1 C3	137		CLR C	
00E2 33	138		RLC A	
00E3 33	139		RLC A	
00E4 33	140		RLC A	
00E5 80EF	141		SJMP YMP2	
00E7 7F02	142	DL0：	MOV R7,#02H	;延时
00E9 7EFF	143	DELAY1：	MOV R6,#0FFH	
00EB DEFE	144	DELAY2：	DJNZ R6,DELAY2	
00ED DFFA	145		DJNZ R7,DELAY1	
00EF 22	146		RET	
	147		END	

(4) **实验步骤**

① 两个步进电机都为三相电机，程序驱动时工作在6拍方式下。

② 当步进电机工作在单3拍方式下时，步距角为3°，螺距导程为1.5mm。试计算6拍方式下脉冲当量δ为多少？

③ 做实验之前，先建立坐标系 x-y。

④ 圆弧插补程序中，程序运行时，输入起始点和终点坐标和偏差初值即可运行。要求对程序进行注释，应详细地写出每段程序完成的功能。

⑤ 通过对程序进行赋值，在第一象限内画圆弧，并和理想圆弧比较，进行误差分析，并考虑可能造成的原因。

⑥ 通过修改程序，进行其他象限圆弧插补。

⑦ 考虑如何编程绘制一个整圆。

3.5 倒立摆 PID 控制实验

3.5.1 倒立摆数控平台 PID 位置控制实验

(1) 实验目的

① 学习实验系统建模。

② PID 控制作用机理及实现。

(2) 实验原理

此部分实验平台系统是由 X 平台机械本体、交流伺服电机、智能控制器和上位机（PC 机）组成，见图 3-7。以"工作台的移动位置"为控制对象，在位置闭环控制回路中，为了取得良好的跟踪效果，通过调整 PID 参数，实现系统良好的位置响应特性。

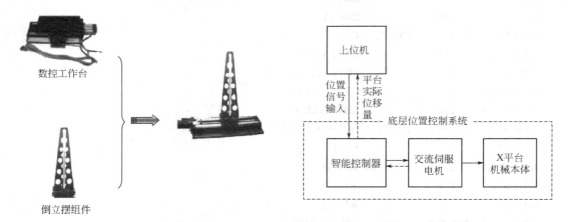

图 3-7　实验平台系统组成　　　　　　图 3-8　实验方案

(3) 实验步骤（实验方案见图 3-8）

① 确认系统连线正确，打开电控箱电源。

② 将 XTable Experiment 文件夹拷贝到 Matlab 的 work 文件夹下，打开 Matlab，将当前路径改为 "…\Program Files\MATLAB\work\XTable Experiment"。

③ 在命令窗口输入 TimeRe，按"回车"键确定，打开时间响应实验的主界面。

④ 在界面中的"输入类型"中，点击下拉菜单，显示"无"、"Go2Center"、"Control"、"Step"、"Impulse"等选项。其中"Go2Center"或"Control"选项用于设置平台的初始位置。其中"Go2Center"为自动控制工作台到中央一个设定的位置。"Control"为手动设置工作台位置。

⑤ 完成上一步后，可依次选择打开 StepIn、Impulse 等文件。例如打开 StepIn，双击"Double click"模块，设置 PC 机与控制器的通信端口，并可修改控制卡位置控制回路的 PID 参数。程序运行时，将此 PID 参数下载至智能控制，此时上位机不再作为控制器。建议在修改 PID 参数前将最初的参数记录下来，以免遗忘丢失。

⑥ 点击"运行"按钮，双击 scope，可以查看工作台的单位阶跃响应曲线。

⑦ 单击获取性能参数值，可获取单位阶跃响应的超调量、调整时间、稳态误差，以便更清楚系统的性能。单击"获取坐标值"，便可读取时间响应曲线上任意点的坐标值。

⑧ 单击"响应误差曲线"按钮，便可得系统时间相应的误差曲线。

⑨ 同理运行 ImpulseIn、RampIn，给工作台输入单位脉冲信号和斜坡信号，观察工作台的响应曲线。

⑩ 设置不同的 PID 参数，观察工作台在不同输入信号下的响应曲线。

⑪ 实验完成后，退出软件，然后再关闭伺服硬件电源。

3.5.2 一级倒立摆建模及控制

(1) 实验目的

① 学习实验系统建模。

② PID 控制作用机理及实现。

(2) 实验原理

① 建模理论分析

对于一级倒立摆系统简化，忽略空气流动阻力等因素，可将倒立摆系统抽象成滑台和匀质杆组成的系统，如图 3-9 所示。一个丝杠传动的滑台，顶端铰链系一摆杆，滑台可沿一笔直的有界轨道向左、右方向运动，同时摆可在垂直平面内自由运动。

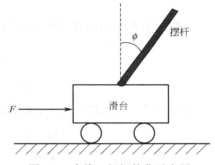

图 3-9 直线一级摆简化示意图

假设摆杆及滑台都是刚体，采用丝杠传动方式，滑台运动时所受的摩擦力正比于滑台的速度，摆转动时所受的摩擦力矩正比于摆的转动速度。各符号定义如表 3-1 所示。

表 3-1 本实验指导书中各符号定义

字符	描述
M	滑台质量
m	摆杆质量
b	滑台摩擦系数
L	摆杆转动轴心到杆质心的长度
I	摆杆惯量
F	加在滑台水平方向上的合力
X	滑台位置
ϕ	摆杆与垂直向上方向的夹角
θ	摆杆与垂直向下方向的夹角（考虑到摆杆初始位置为竖直向下）

图 3-10 是对滑台和摆杆的隔离受力分析图，定义滑台如图运动方向为正方形，摆杆以顺时针方向为正方向。

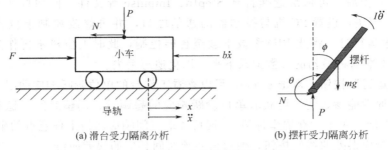

(a) 滑台受力隔离分析　　　　(b) 摆杆受力隔离分析

图 3-10　一级摆系统受力隔离分析图

注意：在实际倒立摆系统中检测和执行装置的正负方向已经完全确定。N 和 P 为滑台与摆杆相互作用力的水平和垂直分量。在任一时刻，该系统的状态由 4 个变量描述：滑台位置 x，滑台平移速度 $\dot{x}$，摆杆偏离垂直方向的角度 θ，以及摆的角速度 $\dot{\theta}$。

用牛顿方法来建立系统的动力学方程过程如下。

分析滑台水平方向所受的合力，可以得到以下方程：

$$M\ddot{x} = F - b\dot{x} - N \tag{3-1}$$

由摆杆水平方向的受力进行分析可以得到以下方程：

$$N = m\frac{\mathrm{d}^2}{\mathrm{d}t^2}(x - l\sin\theta) \tag{3-2}$$

即

$$N = m\ddot{x} - ml\ddot{\theta}\cos\theta + ml\dot{\theta}^2\sin\theta \tag{3-3}$$

把式 (3-3) 代入式 (3-1) 中，就得到系统的第一个运动方程：

$$(M+m)\ddot{x} + b\dot{x} - ml\ddot{\theta}\cos\theta + ml\dot{\theta}^2\sin\theta = F \tag{3-4}$$

为了推出系统的第二个运动方程，对摆杆垂直方向上的合力进行分析，可以得到下面的方程：

$$P - mg = m\frac{\mathrm{d}^2}{\mathrm{d}t^2}(-l\cos\theta) \tag{3-5}$$

即

$$P - mg = ml\ddot{\theta}\sin\theta + ml\dot{\theta}^2\cos\theta \tag{3-6}$$

力矩平衡方程如下：

$$-Pl\sin\theta + Nl\cos\theta = I\ddot{\theta} \tag{3-7}$$

合并这两个方程，消去 P 和 N，得到第二个运动方程：

$$(I + ml^2)\ddot{\theta} + mgl\sin\theta = ml\ddot{x}\cos\theta \tag{3-8}$$

设 $\theta = \pi + \phi$（ϕ 是摆杆与垂直向上方向之间的夹角），假设 ϕ 与 1（单位是弧度）相比很小，即 $\phi \ll 1$，则可以进行近似处理：$\cos\theta = -1$，$\sin\theta = -\phi$，$\left(\dfrac{\mathrm{d}\theta}{\mathrm{d}t}\right)^2 = 0$。用 u 来代表被控对象的输入力 F，线性化后两个运动方程如下：

$$\begin{cases}(I + ml^2)\ddot{\phi} - mgl\phi = -ml\ddot{x} \\ (M + m)\ddot{x} + b\dot{x} + ml\ddot{\phi} = u\end{cases} \tag{3-9}$$

传递函数的求解如下。

对方程组 (3-9) 进行拉普拉斯变换，得到

$$\begin{cases}(I+ml^2)\phi(s)s^2-mgl\phi(s)=-mlX(s)s^2\\(M+m)X(s)s^2+bX(s)s+ml\phi(s)s^2=U(s)\end{cases} \tag{3-10}$$

注意：推导传递函数时假设初始条件为0。

由于输出为角度ϕ，求方程组（3-10）的第一个方程，可以得到

$$X(s)=\left[-\frac{(I+ml^2)}{ml}+\frac{g}{s^2}\right]\phi(s) \tag{3-11}$$

把上式代入方程组（3-10）的第二个方程，得到

$$(M+m)\left[-\frac{(I+ml^2)}{ml}+\frac{g}{s^2}\right]\phi(s)s^2+b\left[-\frac{(I+ml^2)}{ml}+\frac{g}{s^2}\right]\phi(s)s+ml\phi(s)s^2=U(s) \tag{3-12}$$

整理后得到传递函数

$$\frac{\phi(s)}{U(s)}=\frac{-(ml/q)s}{s^3+[b(I+ml^2)/q]s^2-[(M+m)mgl/q]s-bmgl/q} \tag{3-13}$$

其中

$$q=[(M+m)(I+ml^2)-(ml)^2] \tag{3-14}$$

② 系统传递函数理论分析

以直线一级倒立摆系统作为研究对象，输出量为摆杆角度，其平衡位置为垂直向上。系统结构框图如图3-11所示。

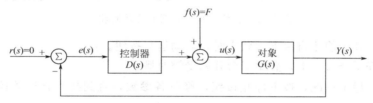

图 3-11 系统控制结构框图

其中，$D(s)$ 为控制器函数，$G(s)$ 为被控对象传递函数。考虑到输入 $r(s)=0$，$F(s)$ 为系统输入，则系统的输出为：

$$y(s)=\frac{G(s)}{1+D(s)G(s)}F(s)=\frac{num/den}{1+\frac{(numPID)(num)}{(denPID)(den)}}F(s)$$

$$=\frac{num(denPID)}{denPID(den)+(numPID)(num)}F(s) \tag{3-15}$$

其中 num——被控对象传递函数的分子项；

　　den——被控对象传递函数的分母项；

numPID——PID 控制器传递函数的分子项；

denPID——PID 控制器传递函数的分母项。

被控对象的传递函数

$$\frac{\phi(s)}{U(s)}=\frac{(ml/q)s^2}{s^4+[b(I+ml^2)/q]s^3-[(M+m)mgl/q]s^2-(bmgl/q)s} \tag{3-16}$$

其中 $q=[(M+m)(I+ml^2)-(ml)^2]$

PID 控制器的传递函数为

$$D(s)=K_Ds+K_P+\frac{K_I}{s}=\frac{K_Ds^2+K_Ps+K_I}{s}=\frac{numPID}{denPID} \tag{3-17}$$

需仔细调节 PID 控制器的参数,以得到满意的控制效果。

(3) 实验步骤

① 将滑台移动到导轨中央位置,使之自然下垂,静止不动。打开控制箱"电源开关",按下"启动"按钮。

② 打开 PID 控制器仿真模型文件 IDM_OpenIP_PID.mdl,如图 3-12 所示。

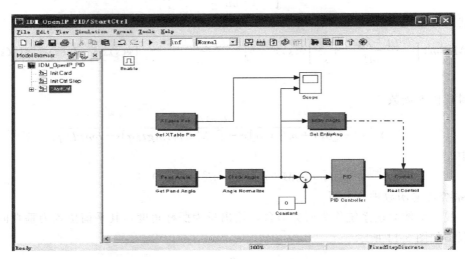

图 3-12 直线一级倒立摆 PID 仿真软件

③ 确保摆杆处于静止自由下垂状态时,启动运行按钮。

④ 扶起摆杆至竖直向上,感觉滑台开始受控时撒手。

⑤ 观察单摆稳定情况,按下停止按钮,修改各参数,直到找到合适的控制参数作为实际控制的参数。

⑥ 通过调节参数可以控制摆杆竖直向上,但在仿真过程中,可能需要用手轻扶一下摆杆,以避免滑台"撞墙"。

⑦ 修改不同 PID 参数,观察系统响应情况。

第4章 气压传动

气压传动是指以压缩空气为工作介质来传递力和运动的传动,可直接控制和驱动各种机械和设备,更容易与强电、弱电结合,实现生产过程机械化、自动化。许多机器设备中都装有气压传动系统,在各工业领域,如机械、电子、钢铁、运行车辆及橡胶、纺织、化工、食品、包装、印刷等,气压传动技术不但在各工业领域应用广泛,而且在尖端技术领域如核工业和宇航中,气压传动技术也占据着重要的地位。气压传动技术已发展成为与机械、电气和电子等技术互补,实现生产过程自动化的一个重要手段。目前越来越多的高度自动化的设备、生产线是采用计算机控制气压传动实现的。

本章从气压传动元件、基本气动回路、气动行程程序设计和电气控制等四个方面系统介绍气压传动实验。

4.1 气动元件实验

4.1.1 气动三(二)联件

(1) 实验目的
① 了解气动三(二)联件的组成,工作原理与工作过程。
② 学会气动三(二)联件的使用和调节方法。

(2) 实验原理
① 气动三(二)联件元件结构
图 4-1 和图 4-2 所示分别为二联件图和三联件图。

图 4-1 二联件图

图 4-2 三联件图

② 气动三（二）联件工作原理

气动二联件工作原理 当从气泵供给的空气进入到气动二联件时，压缩空气首先经过分水滤气器将压缩空气中的水分过滤掉，所滤掉的水全部存在位于气动二联件的储水杯内，当水杯内的水过多时，可以将其底部的旋钮打开，放掉里面的积水，这样可以保证水滴不进入后面连接的气动系统中。滤掉水的空气再经过减压阀的减压作用后，输出系统需要的气压值。气压值可以通过安装在气动二联件上面的压力表来观测。

气动三联件工作原理 完成上述的气动二联件动作后，气体进入油雾器，雾化后的油液随着气体进入需要润滑的部件。结构简图如图4-3和图4-4所示。

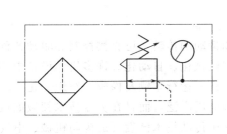

图4-3 二联件职能符号

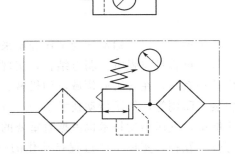

图4-4 三联件职能符号

(3) 实验器材（表4-1）

表4-1 实验器材

器材名称	数量
气动三(二)联件	1
双作用气缸	1
导气管	若干条

(4) 实验步骤

① 参照图4-5气动三（二）联件原理回路图所示位置将元件固定于实验台上，并检查是否安装牢固。

② 按照原理图，用气管将各个元件进行连接，检查气管是否插好。

③ 接通气源，气缸伸出；关闭气源，用手推回气缸。

④ 将气动三（二）联件上的蓝色按钮向上拔出，调整减压阀的旋钮，观察减压阀的压力输出值，接通气源，观察气缸伸出速度的变化。记录当顺时针调节减压阀的旋钮时压力表的数值变化情况和气缸伸出速度变化情况，以及当逆时针调节减压阀的旋钮时压力表的数值变化情况和气缸伸出速度变化情况。

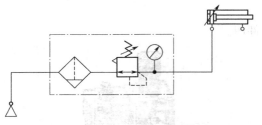

图4-5 气动二联件原理

⑤ 观察气动三（二）联件的组成。

(5) 实验报告

① 填写实验表格（表 4-2）

表 4-2　数据记录

顺序	旋转蓝色旋钮	减压阀的压力输出值	气缸的伸出速度
第一次	原始状态		
第二次	顺时针		
第三次	逆时针		

② 叙述气动三（二）联件的组成、安装顺序、工作过程。
③ 分析气动二联件原理回路图的工作原理。

festo 公司的气动三（二）联件，其最大输出压力为 16bar❶。调节气动二联件减压阀的具体操作如下：应先将气动二联件上的蓝色旋钮向上拔出，然后才可以使减压阀的旋钮向顺、逆时针方向旋转，调节过后再将旋钮按下。

4.1.2　气缸

(1) 实验目的

① 了解单作用、双作用气缸的工作原理、内部结构及工作过程。
② 学会使用气缸，了解气缸的工作用途及简单的气缸计算，通过计算能够选择合适的气缸。

(2) 实验原理

① 气缸实物图

实物图见图 4-6。气缸职能符号见图 4-7。

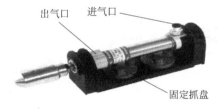 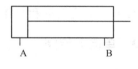

图 4-6　气缸实物　　　　　　　图 4-7　气缸职能符号

② 气缸的工作原理

双作用气缸结构和工作原理（Double-acting cylinders）。所谓双作用是指活塞的往复运动均由压缩空气来推动。

(3) 实验器材（表 4-3）

表 4-3　实验器材

器材名称	数量	器材名称	数量
气动三(二)联件	1	双作用气缸	1
弹簧秤	1	导气管	若干条

(4) 实验方法和实验步骤

① 将元件参照原理图 4-8 所示位置固定于试验台上，并检查是否安装牢固。

---

❶　$1\text{bar} = 10^5 \text{Pa}$

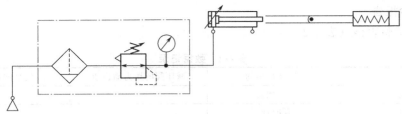

图 4-8 原理图

② 按照原理图 4-8，用气管将各个元件进行连接，检查气管是否插好。

③ 接通气源，观察减压阀的压力输出值，将气动三（二）联件上的蓝色按钮向上拔出，调节旋钮，使减压阀的压力输出值 $p_1=x_1$，记下此时连接于气缸的弹簧秤显示值；再调节旋钮，使减压阀的压力输出值 $p_2=x_2$，记下此时连接于气缸的弹簧秤显示值；再调节旋钮，使减压阀的压力输出值 $p_3=x_3$，记下此时连接于气缸的弹簧秤显示值。

④ 关闭气源，拔下气管，将各元件从实验架上取下来。

(5) 实验报告

① 填写数据表（表 4-4）。

表 4-4 数据表

顺序	减压阀的压力输出值 p_i	弹簧秤的压力值 F_i
第一次		
第二次		
第三次		

② 计算气缸拉力、推力、内径、活塞杆直径。

(6) 思考题

试说明单作用式气缸和双作用式气缸结构的区别。

4.1.3 单向节流阀

(1) 实验目的

了解可调单向节流阀的作用、工作原理及工作过程，分清单向阀的开口方向，学会使用单向节流阀。

(2) 实验原理

① 元件实物图

单向节流阀实物图如图 4-9 所示。可调节单向节流阀剖面图如图 4-10 所示。单向节流

图 4-9 单向节流阀实物图

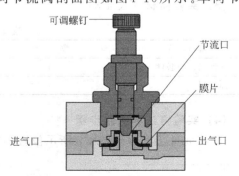

图 4-10 可调单向节流阀剖面图

阀职能符号见图 4-11。

② 单向节流阀的工作原理

可调单向节流阀由单向阀和可调节流阀组成。单向阀在一个方向上可以阻止压缩空气流动，此时，压缩空气经可调节流阀流出，通过调节螺钉可以调节节流面积。在相反方向上，压缩空气主要经单向阀流出。可调开口度 0~100%。

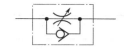

图 4-11　单向节流阀职能符号

(3) 实验器材（表 4-5）

表 4-5　实验器材

器材名称	数　　量	器材名称	数　　量
分流板	1	可调单向节流阀	1
双作用气缸	1	气管	若干条

(4) 实验步骤

① 节流

a. 将元件参照图 4-12 所示的位置安装在实验台上，并检查是否紧固。

b. 按照实验原理图 4-12 将元件连接好，检查气管是否插好，接通气源，使气缸伸出。

c. 关闭气源，用手将气缸推回，调节单向节流阀的可调螺钉。

d. 重复步骤 c，观察气缸伸出速度的变化，填写实验记录表。

e. 关闭气源，拔下气管。

② 判断单向口开口方向

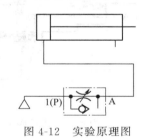

图 4-12　实验原理图　　　　图 4-13　实验原理图

a. 将元件参照实验原理图 4-13 的位置安装在实验台上，并检查是否紧固。

b. 按照实验原理图 4-13 将元件连接好，检查气管是否插好，接通气源，使气缸伸出。

c. 关闭气源，用手将气缸推回，调节单向节流阀的可调螺钉。

d. 重复步骤 c，观察和记录气缸伸出速度的变化。

e. 关闭气源，拔下气管，卸下元件。

(5) 实验报告

① 填写单向节流阀记录表（表 4-6 和表 4-7）。

表 4-6　实验（1）

旋转旋钮	气缸的伸出速度	单向节流阀节流口开口量
顺时针		
顺时针到末端		
逆时针		
逆时针到末端		

表 4-7 实验（2）

旋转旋钮	气缸的伸出速度是否变化	原　因
顺时针		
逆时针		

② 分析图 4-12 所示气动原理和图 4-13 所示气动原理的工作原理。

(6) 思考题

单向节流阀和节流阀结构的区别。

4.1.4 快速排气阀

(1) 实验目的

① 了解快速排气阀的内部结构及工作原理、工作过程。

② 了解快速排气阀在气动系统中所起到的作用，能够将其运用到实际的气动回路系统中。

(2) 实验原理

① 元件实物图（图 4-14）

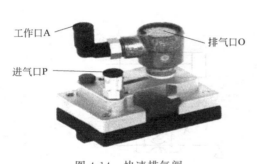

图 4-14　快速排气阀

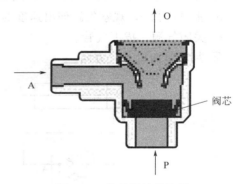

图 4-15　快排阀结构简图

② 工作原理（图 4-15、图 4-16）

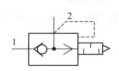

图 4-16　快排阀职能符号

进气口 P 进入压缩空气后，将圆盘式阀芯迅速上推，这时排气口 O 被阀芯关闭，压缩空气由进气口 P 经过工作口 A 排出。

当工作口 P 没有压缩空气进入时，圆盘式阀芯在工作口 A 压力作用下下降，关闭进气口 P，压缩空气经过工作口 A 从排气口 O 快速排出。

(3) 实验器材（表 4-8）

表 4-8　实验器材

器材名称	数　量	器材名称	数　量
分气板	1	单向节流阀	1
双作用气缸	1	行程阀	1
快速排气阀	1	导线	若干条

(4) 实验步骤

① 将各个元件按照图 4-17 所示原理图的对应关系固定在实验台的实验架上,并检查是否牢固。

② 用气管将各个元件按照图 4-17 所示原理图的连接方式进行连接,检查气管是否连接好。

③ 打开气源,按下行程阀的按钮,气缸缓慢向前伸出,松开行程阀,会听到"噗"的一声,说明气缸中的气体从快速排气阀内的排气口迅速地排出,然后用手可将气缸推回。分析工作过程产生的原因。

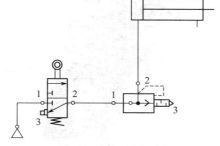

图 4-17 实验原理图

④ 将上述快排阀的连接接口反接,即行程阀 2 口与快速排气阀的进气口 2 连接,用快速排气阀的 1 口和气缸相连。

⑤ 打开气源,按下行程阀的按钮,会发现气缸不伸出,听到"噗""噗"的声音,分析原因。

⑥ 关闭气源,拔下气管,将各个元件从实验架上取下来。

(5) 实验报告

① 填写实验记录表(表 4-9)。

表 4-9 实验记录表

操作行程阀	气缸的伸出速度变化	原　　因
按下行程阀		
松开行程阀		

② 绘制实验原理图如图 4-17 所示,简述其工作原理。

(6) 思考题

① 快速排气阀的内部结构及工作原理、工作过程。

② 快速排气阀快速排气的原因是什么?

4.1.5　机械控制换向阀

(1) 实验目的

① 了解机械控制换向阀的工作原理和工作过程。

② 学会使用机械控制换向阀搭建简单的气动控制回路。

(2) 实验原理

① 元件实物图

机械控制换向阀(简称机控阀,如图 4-18)多用于行程程序控制系统,作为信号阀使用,所以又称为行程阀。

② 元件原理

图 4-19 所示为杠杆滚轮式二位三通直动式机控阀的结构图,图 4-20 为其职能符号,它借助凸轮或撞块直接推动阀芯的头部而使阀切换。当凸轮或撞块压下阀芯的圆头时,阀芯下移,P(1)与 A(2)通,A(2)与 O(3)断开;当凸轮或撞块松开时,弹簧力使阀芯上移,关闭阀口,即 A(2)与 P(1)断开,同时 A(2)与 O(3)通。

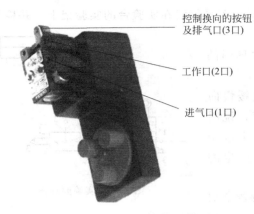 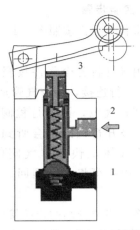

图 4-18 机械控制换向阀　　　　图 4-19 二位三通行程阀结构图

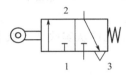

图 4-20 两位三通行程阀职能符号

杠杆滚轮式是在滚轮式机控阀上增加了一个杠杆，借助杠杆传力，可减小机械压力。

(3) 实验器材（表 4-10）

表 4-10　实验器材

器材名称	数　量	器材名称	数　量
分气板	1	机械控制换向阀（行程阀）	2
气缸	1	气管	若干条

(4) 实验步骤

① 换向阀结构

a. 将机械控制换向阀安装在实验台上。

b. 将机械控制换向阀的 1 口与气源相连接，打开气源，按下机械换向阀的滚轮杠杆部分，观察哪个口有压缩气体排出。

c. 关闭气源，拔下 1 口的气管，将气管接于 2 口。打开气源，将发现在哪个口有压缩气体喷出，按下行程开关，哪个口有气体排出，简述其原理。

② 换向阀实验（一）

a. 将各个元件按照图 4-21 所示原理图的位置固定在实验台的实验架上，检查是否紧固。

b. 用气管将各个元件按图 4-21 原理图的连接方式进行连接，检查气管是否连接好。

c. 打开气源，观察气缸动作。

d. 关闭气源，拔下气管，将各个元件从实验架上取

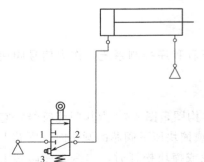

图 4-21　原理图（一）

下来。

③ 换向阀实验（二）

a. 将各个元件按照原理图 4-22 的位置固定在实验台的实验架上，并检查是否紧固。

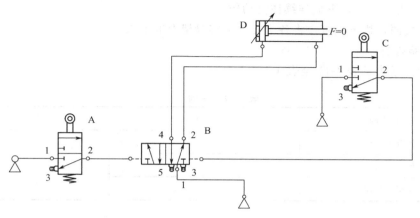

图 4-22　原理图（二）

b. 用气管将各个元件按照图 4-22 所示原理图的连接方式进行连接，检查气管是否连接好。

c. 打开气源，按下机械控制换向阀 A 的按钮，机械控制换向阀 A 换向，压缩空气使双气动控制换向阀 B 换向，气缸 D 的活塞向前伸出，气缸活塞上面的挡块压下机械控制换向阀 C 的按钮，机械控制阀 C 换向，压缩空气使双气控换向阀切换到原状态，气缸的活塞杆缩回，完成一次往复动作。

d. 关闭气源，拔下气管，将各个元件从实验架上取下来。

④ 换向阀实验（三）

a. 将各个元件按照图 4-23 所示原理图的位置固定在实验台的实验架上，并检查是否牢固。

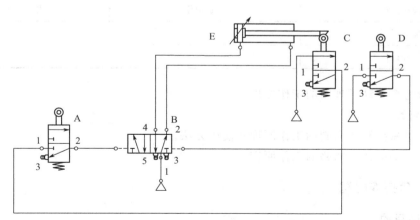

图 4-23　原理图（三）

b. 用气管将各个元件按照图 4-23 所示原理图的连接方式进行连接，检查气管是否连接好。

c. 打开气源，按下机械控制换向阀 A 的按钮，活塞即做往复运动，直到松开机械控制换向阀 A 的按钮，气缸停止运动（按下机械控制换向阀 A 的按钮，气控换向阀 B 换向，气缸活塞向前伸出，由于换向阀 C 复位将气路封闭，使气控换向阀 B 不能复位，气缸活塞继续前行，到行程终点压下行程阀 D，使气控换向阀 B 复位，气缸返回，在终点压下阀 C，阀 B 换向，活塞再次向前，形成连续往复动作）。

d. 关掉气源，拔下气管，将各个元件从实验架上取下来。

(5) 实验报告

① 填写记录表（表 4-11 至表 4-14）。

表 4-11　实验（1）

操作行程阀	气口排气	原因
第 2 步按下行程阀		
第 3 步打开气源		
第 3 步按下行程阀		

表 4-12　实验（2）

操作行程阀	气缸动作	原因
按下行程阀		
松开行程阀		

表 4-13　实验（3）

操作行程阀	气缸动作	原因
按下行程阀		
松开行程阀		

表 4-14　实验（4）

操作行程阀	气缸动作	原因
按下行程阀		
松开行程阀		

② 分析每个气动原理图的工作原理。

(6) 思考题

① 简述机械控制换向阀的工作原理和使用方法。

② 分析自动多往复回路的工作原理。

4.1.6　气控换向阀

(1) 实验目的

① 了解单气控换向阀和双气控换向阀的作用、工作原理及工作过程。

② 学会使用单气控换向阀和双气控换向阀。

(2) 实验原理

① 元件实物图

单气控换向阀和双气控换向阀的元件实物图如图4-24和图4-25所示。

图4-24 单气控换向阀

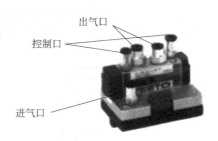

图4-25 双气控换向阀

② 单气控换向阀的工作原理

单气控换向阀职能符号如图4-26所示。1（P）为进气口（一般接气源），2、4为出气口，14为控制口。工作过程中，若控制口14没有输入，则出气口2有输出，4关闭；若控制口14有输入，则出气口4有输出，出气口2关闭。

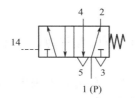

图4-26 单气控换向阀职能符号

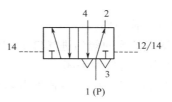

图4-27 双气控换向阀职能符号

③ 双气控换向阀的工作原理

双气控换向阀职能符号如图4-27所示。1（P）为进气口（一般接气源），2、4为输出口，两侧14、12/14为控制口。工作过程中，若左侧控制口14有输入，则输出口4有输出，输出口2关闭。若右侧12/14有输入，则输出口2有输出，输出口4关闭。

(3) 实验器材（表4-15）

表4-15 实验器材

器材名称	数量	器材名称	数量
分气板	1	单作用气控换向阀	1
双作用气缸	1	双作用气控换向阀	1
行程阀	2	气管	若干条

(4) 实验步骤

① 单气控换向阀实验

a. 将单、双气控换向阀元件固定在实验台架上，并检查是否可靠紧固。

b. 将单气控换向阀的1（P）接气源，将手指放于出气口2上方，打开气源，会发现出气口2有气，将气源关闭。

c. 再将控制口14与气源连接，打开气源，会发现出气口4有气，将气源关闭，说明出气口4有气的原因。

d. 按照图4-28所示中的元件相对位置关系，将各元件固定在实验台架上，并检查是否可靠紧固。

e. 用气管将各个元件按照原理图 4-28 的连接方式进行连接，并检查气管是否插好。

f. 打开气源，按下和松开行程阀的按钮，观察气缸动作。

g. 关闭气源，拔下气管，将单气控换向阀从实验台上取下来。

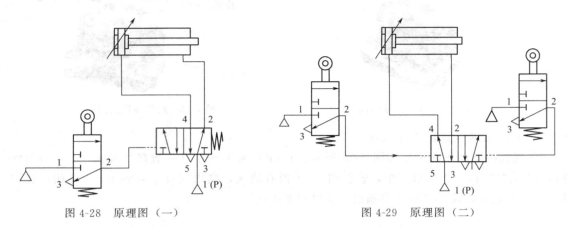

图 4-28　原理图（一）　　　　　　　图 4-29　原理图（二）

② 双气控换向阀实验

a. 将双气控换向阀的进气口 1（P）接气源，控制口 12/14 接气源，打开气源，会发现出气口 2 有气，将气源关闭。

b. 将控制口 12/14 与气源断开，控制口 14 接气源，打开气源，发现出气口 4 有气。

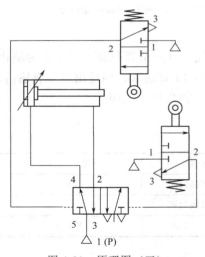

c. 将控制口 14 与气源断开（从气源端断开），发现出气口 4 有气而出气口 2 没有气，说明原因。

d. 将各个元件按照原理图 4-29 的位置固定在实验台的实验架上，并检查是否紧固。

e. 用气管将各个元件按照图 4-29 所示的连接方式进行连接，并检查气管是否插好。

f. 打开气源，按下行程阀的按钮，观察气缸的动作。

g. 关闭气源，拔下气管，将各元件从实验台上取下。

③ 双气控换向阀实验（自动循环）

a. 将各个元件按照图 4-30 所示的位置固定在实验台的实验架上，并检查是否紧固。

b. 用气管将各个元件按照图 4-30 所示的连接方式进行连接，并检查气管是否插好。

图 4-30　原理图（三）

c. 打开气源开关，观察气缸运动，气缸应连续运动（否则检查先前的步骤是否有误，特别是双气控换向阀中各个控制口和气缸是否连接正确）。

d. 关闭气源，拔下气管，将各元件从实验台上取下来。

注意　将行程阀固定在实验台上时，应注意行程阀后面安装旋钮的方位（对应安装板水平或垂直安装槽，应旋转安装旋钮至水平或垂直位置）。

(5) 实验报告

① 填写记录表（表 4-16 至表 4-18）

表 4-16　实验 (1)

操作行程阀	气缸的动作	原　因
按下行程阀		
松开行程阀		

表 4-17　实验 (2)

操作行程阀	气缸动作	原　因
按下左侧行程阀		
松开左侧行程阀		
按下右侧行程阀		
松开右侧行程阀		

表 4-18　实验 (3)

	气缸的动作	原　因
打开气源		
关闭气源		

② 分析气动图 4-29 的气动原理图 4-30 的工作原理。

(6) 思考题

① 单气控换向阀与双气控换向阀从结构和职能符号上有何区别？

② 单气控换向阀与双气控换向阀使用和功能有何不同？

4.1.7　延时阀

(1) 实验目的

① 了解延时阀的作用、工作原理及工作过程。

② 学会使用延时断开阀、延时接通阀。

(2) 实验原理

① 元件实物图

延时断开阀和延时接通阀分别如图 4-31 和图 4-32 所示。

图 4-31　延时断开阀　　　　　　　　　　图 4-32　延时接通阀

② 延时断开阀原理简介

延时阀由单气控二位三通阀、可调单向节流阀和小气室组成。当控制口 12 上的压力达到设定值时，单气控二位三通阀动作，进气口 3（1）与工作口 1（2）断开。可调参数开口度为 0~100%（100%），参见图 4-33。

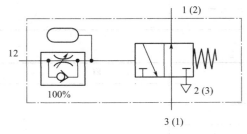

图 4-33 延时断开阀职能符号

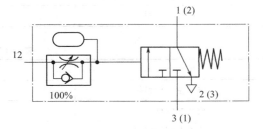

图 4-34 延时接通阀职能符号

③ 延时接通阀原理简介

延时接通阀由单气控二位三通阀、可调单向节流阀和小气室组成。当控制口 12 上的压力达到设定值时，单气控二位三通阀动作，进气口 3（1）与工作口 1（2）接通。可调参数开口度为 0~100%（100%），参见图 4-34。

(3) 实验器材（表 4-19）

表 4-19 实验器材

器材名称	数量	器材名称	数量
分气板	1	气缸	1
延时阀（常闭）	1	行程阀	1
气管	若干条		

(4) 实验步骤

① 将各个元件按图 4-35 所示的位置固定于实验台上，并检查元件是否紧固。

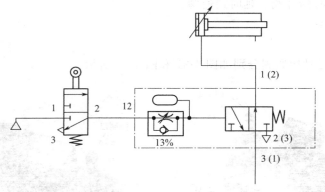

图 4-35 原理图

② 用气管将各个元件按照图 4-35 所示的连接方式进行连接，并检查气管是否插好。

③ 打开气源，观察气缸动作，当气缸伸出后，一只手按住行程开关，另一只手推气缸，观察气缸动作，并记下缩回的时间。

④ 松开行程阀的按钮，气缸又会重新伸出，顺时针调节延时阀的可调螺钉，重复步骤③，记下气缸缩回的时间。

⑤ 逆时针调节延时阀的可调螺钉，重复步骤④，记下气缸缩回的时间。
⑥ 关闭气源，拔下气管，将元件从实验架上卸下来。

(5) 实验报告

① 填写记录表（表4-20）。

表4-20 实验记录

操作延时阀	气缸的动作	气缸缩回的时间	原　因
打开气源			
按下行程阀			
顺时针调节延时阀			
逆时针调节延时阀			

② 分析气动图4-35所示工作原理。

(6) 思考题

① 延时接通阀与延时断开阀从结构和职能符号上有何区别？
② 延时接通阀与延时断开阀的使用和功能有何不同？

4.1.8 梭阀和双压阀

(1) 实验目的

① 了解梭阀和双压阀的内部结构、工作原理、工作过程及其应用。
② 学会使用行程阀来代替气动系统中的梭阀和双压阀。

(2) 实验原理

① 元件实物图

双压阀和梭阀如图4-36和图4-37所示，职能符号如图4-38所示。

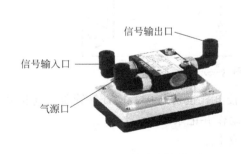

图4-36　双压阀　　　　　　　　图4-37　梭阀

② 双压阀工作原理

双压阀的a、b孔为信号输入孔，S为信号输出孔，只有信号输入孔a、b同时有信号，输出口S才会有输出信号。

图4-38　双压阀和梭阀职能符号

③ 梭阀工作原理

梭阀输入口a或b中，只要一个有信号或同时有信号，输出口S均会有输出信号。

(3) 实验器材 (表 4-21)

表 4-21　实验器材

器材名称	数　　量	器材名称	数　　量
分气板	1	双作用气缸	1
"或"门	2	"与"门	1
单气控换向阀	1	双气控换向阀	1
行程阀	4	气管	若干条

(4) 实验步骤

① 梭阀

a. 将梭阀固定在实验台的实验架上。

b. 用一根气管插在气源的分气板上,另一端接于 12 上,打开气源,会发现压缩空气从输出口 2 排出。

c. 关闭气源,将接于 12 的气管拔下,接于 14 上。打开气源,输出口 2 仍旧有压缩空气排出。

d. 关闭气源,用气管将 12、14 分别与气源相连,打开气源输出口 2 仍有压缩空气排出。

e. 将各个元件按照图 4-39 所示原理图的对应关系固定在实验台的实验架上,并检查是否牢固。

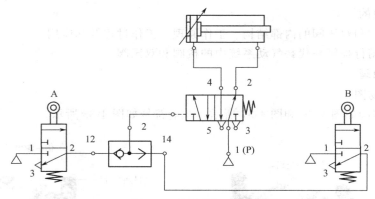

图 4-39　原理图 (一)

f. 用气管将各个元件按照图 4-39 原理图的连接方式进行连接,检查气管是否连接好。

g. 分别按下和松开左、右行程阀,观察气缸动作并记录下来。

h. 关闭气源,拔下气管,将实验架上的元件取下来。

② 应用行程阀代替双压阀

a. 将各个元件按照图 4-40 所示原理图的位置关系固定在实验台的实验架上,并检查是否牢固。

b. 用气管将各个元件按照图 4-40 所示原理图的连接方式进行连接,检查气管是否连接好。

c. 打开气源,分别和同时按下行程阀 A 和行程阀 B 的按钮,观察气缸动作。

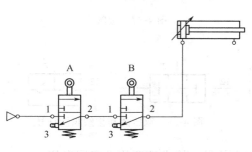

图 4-40　原理图 (二)

d. 关闭气源，拔下气管，将元件从实验架上取下来。
③ 应用行程阀代替梭阀模拟公共汽车车门气动控制系统

a. 将各个元件按照图 4-41 所示原理图的位置固定在实验台的实验架上，并检查是否牢固。

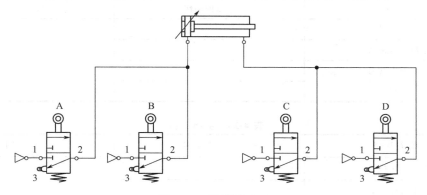

图 4-41　原理图（三）

b. 用气管将各个元件按照图 4-41 所示原理图的连接方式进行连接，检查气管是否接好。

c. 打开气源，按下行程阀 A 的按钮（司机）或行程阀 B 的按钮（售票员），观察气缸动作；按下行程阀 C 的按钮（司机）或行程阀 D 的按钮（售票员），观察气缸动作。

d. 关闭气源，拔下气管，将元件从实验架上取下来。
④ 应用梭阀与双压阀构成的气动回路

a. 按照图 4-42 所示将各个元件固定在实验台上，并将其接好，检查是否牢固。

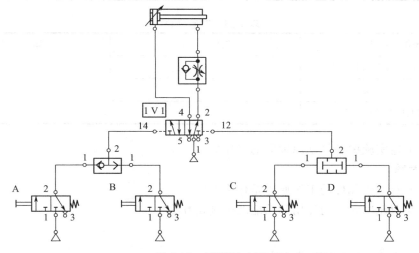

图 4-42　原理图（四）

b. 用气管将各个元件按照图 4-42 所示的连接方式进行连接，检查气管是否连接好。

c. 打开气源，按下行程阀 A 或行程阀 B 的按钮，观察气路的变化。

d. 按下行程阀 C 或行程阀 D 的按钮，观察气路的变化。同时按下行程阀 C 和行程阀 D 的按钮，观察气路的变化。

e. 关闭气源,拔下气管,将元件从实验台上取下来。

(5) 实验报告

① 填写记录表(表 4-22~表 4-25)。

表 4-22 实验(1)

操作行程阀	气缸的动作	原　因
按下行程阀 A		
松开行程阀 A		
按下行程阀 B		
松开行程阀 B		

表 4-23 实验(2)

操作行程阀	气缸的动作	原　因
按下行程阀 A		
按下行程阀 B		
同时按下行程阀 A、B		

表 4-24 实验(3)

操作延时阀	气缸的动作	原　因
按下行程阀 A		
按下行程阀 B		
按下行程阀 C		
按下行程阀 D		

表 4-25 实验(4)

操作延时阀	气缸的动作	原　因
按下行程阀 A 或 B		
按下行程阀 C 或 D		
同时按下行程阀 C 和 D		

② 分析上述实验中各气动原理图的工作原理。

(6) 思考题

① 梭阀与双压阀元件的工作原理是什么?
② 梭阀与双压阀元件的使用和功能的区别是什么?

4.2 气动基本回路实验

4.2.1 压力控制回路

(1) 实验目的

① 了解压力控制回路的内部结构和工作原理。

② 学会使用气动三（二）联件来进行压力控制。

(2) 实验原理

压力控制回路用于调节和控制系统压力，使之保持在某一规定的范围之内。常用的有一次压力控制回路和二次压力控制回路。

一次压力控制回路用于控制储气罐的压力，使之不超过规定的压力值。常用外控溢流阀或用电接点压力表来控制空气压缩机的转、停，使储气罐内压力保持在规定的范围内。采用安全阀结构简单，工作可靠，但气量浪费大；采用电接点压力表对电动机及控制要求较高，常用于对小型空压机的控制。

二次压力控制回路主要是对气动系统气源压力的控制。常用的有三种情况：第一种由气动三联件组成，主要由溢流减压阀来实现压力控制；第二种由减压阀和换向阀构成，对同一系统实现输出高低压力 p_1、p_2 的控制；第三种由减压阀来实现对不同系统输出不同压力的控制。

(3) 实验器材（表 4-26）

表 4-26　实验器材

器材名称	数量	器材名称	数量
分气板	1	外控溢流阀	1
行程阀	1	减压阀	2
电接点压力表	1	气管	若干条

(4) 实验步骤

① 单级压力控制回路

a. 将各个元件按照图 4-43 所示的位置固定在实验架上（图示左面虚线部分为空气压缩机的组成部分，右面虚线部分为气动二联件的组成部分），并检查是否紧固。

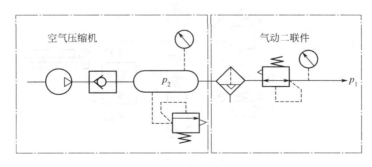

图 4-43　原理图（一）

b. 用气管将各个元件按图 4-43 所示连接起来，检查气管是否插好。

c. 打开气源，观察空气压缩机和气动二联件上压力表的变化。

d. 将空气压缩机的压力数值调节一下，观察气动二联件上压力表的变化。

e. 将空气压缩机中的压力数值固定，调节气动二联件上压力表的数值，观察空气压缩机上压力表数值的变化。

f. 关闭气源，拔下气管，将元件从实验架上取下来。

② 双级压力控制回路（一）

a. 将各个元件按照图 4-44 所示的位置固定在实验架上，并检查是否连接牢固。

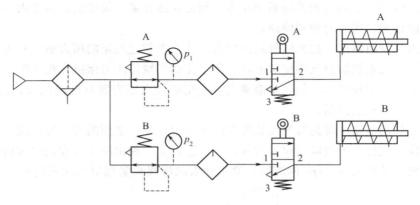

图 4-44　原理图（二）

b. 用气管将各个元件按照图 4-44 连接起来，检查气管是否插好。

c. 打开气源，观察并记录两个气动二联件上压力表的数值，操作换向阀 A 或换向阀 B，观察气缸动作。

d. 逆时针调节气动二联件 A 的压力表，并记录输出的压力值，观察气缸伸出速度变化；逆时针调节气动二联件 B 的压力表，并记录输出的压力值，观察气缸伸出速度变化。

e. 顺时针调节气动二联件 A 的压力表，并记录输出的压力值，观察气缸伸出速度变化；顺时针调节气动二联件 B 的压力表，并记录输出的压力值，观察气缸伸出速度变化。

f. 关闭气源，拔下气管，将元件从实验台上卸下来。

③ 双级压力控制回路（二）

a. 将各个元件按照图 4-45 所示的位置固定在实验架上，并检查是否连接牢固。

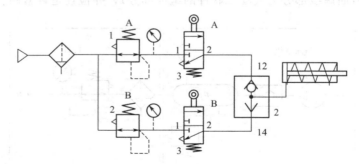

图 4-45　原理图（三）

b. 用气管将各个元件按照图 4-45 所示连接起来，检查气管是否插好。

c. 打开气源，观察并记录两个减压阀上压力表的数值。

d. 操作换向阀 A 和换向阀 B，观察气缸动作。

e. 调整减压阀 A 和减压阀 B 的旋钮并记录数值，观察气缸伸出动作速度。

f. 关闭气源，拔下气管，将元件从实验台上卸下来。

(5) 实验报告

填写表格（表 4-27 至表 4-29）。

表 4-27 实验（1）

旋转旋钮	空气压缩机	气动二联件	原因
初始值			
顺时针调节值			
逆时针调节值			

表 4-28 实验（2）

旋转旋钮	气缸动作	气缸速度变化	原因
按下换向阀			
松开换向阀			
逆时针调节减压阀 A			
逆时针调节减压阀 B			
顺时针调节减压阀 A			
顺时针调节减压阀 B			

表 4-29 实验（3）

旋转旋钮	气缸动作	气缸速度变化	原因
按下换向阀 A			
按下换向阀 B			
逆时针调节减压阀 A			
逆时针调节减压阀 B			
顺时针调节减压阀 A			
顺时针调节减压阀 B			

(6) 思考题

① 比较各种压力控制回路的作用有什么不同。
② 设计为一个气缸提供三种压力的常用的压力控制回路。

4.2.2 换向回路

(1) 实验目的

① 了解换向回路的工作原理及工作过程。
② 学会使用各种换向回路。

(2) 实验原理

气动系统最常用的就是换向回路，主要有单作用式气缸和双作用式气缸两类换向回路。方向控制回路的作用是利用各种方向阀来控制流体的通断和变向，以便使执行元件启动、停止和换向。

由手动换向阀控制的单作用气缸换向回路如图 4-46 所示，按下行程阀，活塞杆伸出；松开行程阀，在弹簧力作用下活塞杆缩回。

单作用气控换向阀控制的双作用气缸换向回路如图 4-47 所示，打开气源，按下行程阀的按钮，气缸伸出；松开行程阀的按钮，气缸缩回。

双作用气控换向阀控制的双作用气缸换向回路如图 4-48 所示，打开气源，按下左侧行程阀的按钮，气缸伸出；按下右侧行程阀的按钮，气缸缩回。

(3) 实验器材（表 4-30）

表 4-30 实验器材

器材名称	数量	器材名称	数量
分气板	1	单作用气缸	1
单电磁换向阀	1	双作用气缸	1
双电磁换向阀	1	单气控换向阀	1
行程阀	2	双气控换向阀	1
红/蓝导线	若干条	气管	若干条

(4) 实验步骤

① 单作用气缸换向回路

a. 将各个元件按图 4-46 所示的位置紧固于实验台上并检查是否紧固。

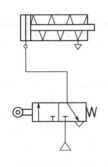

b. 用气管将各个元件按图 4-46 所示连接起来，检查气管是否插好。

c. 打开气源，用手按下和松开按钮。

d. 关闭气源和电源，拔下气管和导线，将各元件从实验架上取下来。

② 双作用气缸换向回路（一）

a. 将各个元件按图 4-47 所示的位置紧固于实验台上，并检查是否紧固。

图 4-46 原理图（一）

b. 用气管将各个元件按图 4-47 所示连接起来，检查气管是否插好。

c. 打开气源，操作行程阀的按钮，观察气缸动作。

d. 关闭气源，拔下气管，将各元件从实验架上取下来。

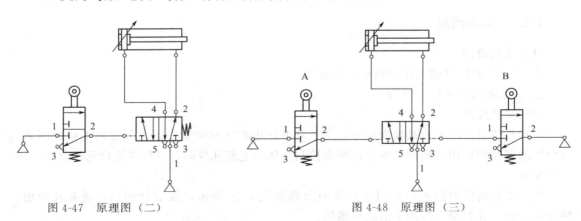

图 4-47 原理图（二）　　　　　　　图 4-48 原理图（三）

③ 双作用气缸换向回路（二）

a. 将各个元件按图 4-48 所示的位置紧固于实验台上，并检查是否紧固。

b. 用气管将各个元件按图 4-48 所示连接起来，检查气管是否插好。

c. 打开气源,分别按下行程阀 A 和行程阀 B 的按钮,观察并记录气缸动作。
d. 关闭气源,拔下气管,将各元件从实验架上取下来。

(5) 实验报告

① 填写记录表(表 4-31 至表 4-33)。

表 4-31 实验(1)

操作换向阀按钮	气缸动作	原因
按下按钮		
松开按钮		

表 4-32 实验(2)

操作换向阀按钮	气缸动作	原因
按下按钮		
松开按钮		

表 4-33 实验(3)

操作换向阀按钮	气缸动作	原因
按下换向阀 A		
松开换向阀 A		
按下换向阀 B		
松开换向阀 B		

② 判断双气控换向阀是否为记忆元件,原因是什么?

(6) 思考题

① 比较各种换向回路的作用有什么不同?
② 分析各个实验的原理是什么?

4.2.3 速度控制回路

(1) 实验目的

① 了解以节流调速为主的各种调速方法的工作原理及工作过程。
② 学会使用以节流调速为主的各种调速方法。

(2) 实验原理

速度控制回路的作用是利用各种流量阀来控制流体的流量,以便使执行元件的速度发生变化。气动系统因使用的功率都不大,所以主要的调速方法是节流调速。因此,速度控制回路实验是气动实验中最重要的实验内容。

图 4-49 所示为单向节流阀控制气缸活塞速度的回路,气缸伸出速度能够得到控制。若气缸退回速度需要控制,则将单向节流阀反向连接就可以了。如果伸出和退回速度都需要控制,则可以同时采用两个节流阀控制,回路如图 4-50 所示。活塞伸出时由节流阀 A 控制速度,活塞缩回时由节流阀 B 控制速度。图 4-51 所示的气动回路中,气缸活塞上升时采用节流调速,下降时则通过快速排气阀排气,使活塞杆快速返回。图 4-52 所示是采用单向节流

阀的双向调速回路，取消图中任意一只单向节流阀，便得到单向调速回路。采用排气节流阀的双向调速回路都是采用排气节流调速方式。

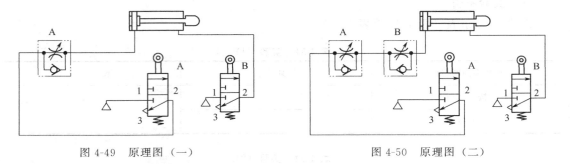

图 4-49　原理图（一）　　　　　　　图 4-50　原理图（二）

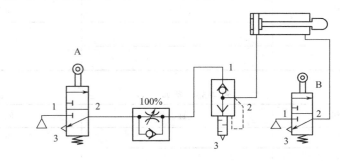

图 4-51　原理图（三）

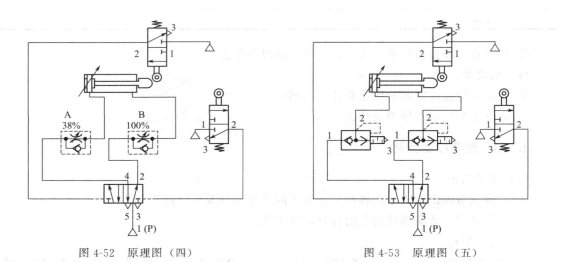

图 4-52　原理图（四）　　　　　　　图 4-53　原理图（五）

图 4-53 所示为采用快速排气阀的快速往复动作回路，在气缸排气口加一个快速排气阀，减小排气阻力，增加双作用气缸活塞运动速度。

图 4-54 所示为速度换接回路。当撞块压下行程开关时，发出电信号，使二位二通阀换向，改变排气通路，从而改变气缸速度。行程开关的位置由需要而定。二位二通阀也可以用行程阀代替。

气缸在行程长、速度快、惯性大的情况下，往往需要采用缓冲回路来消除冲击。图 4-55 所示的回路可实现快进—慢进—缓冲—停止—快退的循环，行程阀可根据需要调整缓冲行程，常用于惯性大的场合。图中只是实现单向缓冲，若气缸两侧均安装此回路，则可实现双向缓冲。

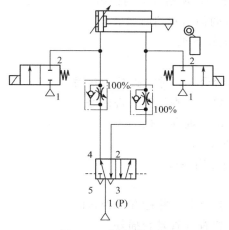

图 4-54　原理图（六）

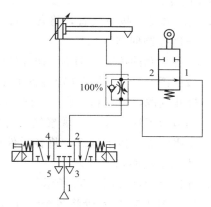

图 4-55　原理图（七）

（3）实验器材（表 4-34）

表 4-34　实验器材

器材名称	数　量	器材名称	数　量
分气板	1	可调节流阀	2
单作用气缸	1	双作用气缸	1
行程阀	1	双作用气控换向阀	1
快排阀	2	单作用电磁换向阀	2
双作用电磁换向阀	1	气管	若干条
红/蓝导线	若干条		

（4）实验步骤

① 速度控制回路（一）

a. 将各个元件按图 4-49 所示的位置紧固于实验台上，并检查是否紧固。

b. 按照图 4-49 所示用气管将各个元件进行连接，检查气管是否插好。

c. 打开气源，按住行程阀 A 或行程阀 B 的按钮，观察气缸的动作。

d. 逆时针调节单向节流阀的按钮，重复步骤 c，观察气缸的伸出和缩回速度；顺时针调节单向节流阀 A 的按钮，重复步骤 c，观察气缸的伸出和缩回速度。

e. 关闭气源，反向安装单向节流阀。

f. 调节单向节流阀的按钮，重复步骤 c，观察气缸的伸出和缩回速度哪个有变化。

g. 关闭气源，拔下气管，将各元件从实验架上卸下来。

② 速度控制回路（二）

a. 将各个元件按图 4-50 所示的位置紧固于实验台上，并检查是否紧固。

b. 按照图 4-50 所示用气管将各个元件进行连接，检查气管是否插好。

c. 打开气源，按住行程阀 A 或行程阀 B 的按钮，观察气缸的动作。

d. 逆时针调节单向节流阀 A 的按钮，重复步骤 c，观察气缸的伸出和缩回速度；顺时针调节单向节流阀 A 的按钮，重复步骤 c，观察气缸的伸出和缩回速度。

e. 逆时针调节单向节流阀 B 的按钮，重复步骤 c，观察气缸的伸出和缩回速度；顺时针调节单向节流阀 B 的按钮，重复步骤 c，观察气缸的伸出和缩回速度。

f. 关闭气源，拔下气管，将各元件从实验架上卸下来。

③ 速度控制回路（三）

a. 将各个元件按图 4-51 所示的位置紧固于实验台上，并检查是否紧固。

b. 按照图 4-51 所示用气管将各个元件进行连接，检查气管是否插好。

c. 打开气源，按住行程阀 A 或行程阀 B 的按钮，观察气缸动作。

d. 调节节流阀的按钮，观察气缸的伸出和缩回速度。

e. 关闭气源，拔下气管，将各元件从实验架上卸下来。

④ 速度控制回路（四）

a. 将各个元件按图 4-52 所示的位置紧固于实验台上，并检查是否紧固。

b. 按照图 4-52 所示管将各个元件进行连接，检查气管是否插好。

c. 打开气源，观察气缸动作。

d. 逆时针调节节流阀 A 的按钮，观察气缸的伸出速度；逆时针调节节流阀 B 的按钮，观察气缸的缩回速度。

e. 顺时针调节节流阀 A 的按钮，观察气缸的伸出速度；顺时针调节节流阀 B 的按钮，观察气缸的缩回速度。

f. 关闭气源，拔下气管，将各元件从实验架上取下来。

⑤ 快速往复动作回路

a. 将各个元件按图 4-53 所示位置紧固于实验台上，并检查是否紧固。

b. 按照图 4-53 所示用气管将各个元件进行连接，检查气管是否插好。

c. 打开气源，观察气缸动作。

d. 关闭气源，拔下气管和导线，将各元件从实验架上取下来。

⑥ 速度换接回路

a. 将各个元件按图 4-54 所示置紧固于实验台上，并检查是否紧固。

b. 按照图 4-54 所示管和导线将各个元件进行连接，检查气管和导线是否插好。

c. 打开气源和电源，气缸伸出，当气缸上的滑块压下行程开关时，发出电信号，使二位二通阀换向，改变排气通路，从而使气缸伸出速度变快（行程开关的位置由需要而定，二位二通阀也可以用行程阀代替）。

d. 关闭气源和电源，拔下气管和导线，将各元件从实验架上卸下来。

⑦ 缓冲回路

a. 将各个元件按图 4-55 所示位置紧固于实验台上，并检查是否紧固。

b. 用气管和导线将各个元件按图 4-55 所示连接起来，检查气管和导线是否插好。

c. 打开气源，回路可实现快进—慢进—缓冲—停止—快退循环（行程阀的位置由缓冲行程而定，此缓冲回路常用于惯性大的场合）。

d. 关闭气源和电源，拔下气管和导线，将各元件从实验架上取下来。

(5) 实验报告记录和内容

① 填写记录表（表 4-35 至表 4-41）。

表 4-35 实验（1）

旋转旋钮	气缸动作	伸出速度	缩回速度	原因
按下行程阀 A				
按下行程阀 B				
逆时针调节节流阀				
顺时针调节节流阀				
反向安装逆时针调节阀				
反向安装顺时针调节阀				

表 4-36 实验（2）

旋转旋钮	气缸动作	伸出速度	缩回速度	原因
按下行程阀 A				
按下行程阀 B				
逆时针调节节流阀 A				
顺时针调节节流阀 A				
逆时针调节节流阀 B				
顺时针调节节流阀 B				

表 4-37 实验（3）

旋转旋钮	气缸动作	伸出速度	缩回速度	原因
按下行程阀 A				
按下行程阀 B				
逆时针调节节流阀				
顺时针调节节流阀				

表 4-38 实验（4）

旋转旋钮	气缸动作	伸出速度	缩回速度	原因
打开气源				
逆时针调节节流阀 A				
顺时针调节节流阀 A				
逆时针调节节流阀 B				
顺时针调节节流阀 B				

表 4-39 实验（5）

	气缸动作	伸出速度	缩回速度	原因
打开气源				

表 4-40 实验（6）

	气缸动作	原因
打开气源和电源		

表 4-41　实验（7）

	气缸动作	原　因
打开气源		

② 实验图 4-50 中哪种安装方式是进气节流？哪种安装方式为排气节流？说明理由。
③ 分析上述气动原理图的工作原理。

(6) 思考题
① 比较各种速度控制回路的作用有什么不同？
② 设计一种常用的快进—慢进—快退的回路？

4.2.4　顺序动作回路

(1) 实验目的
① 通过本实验，使学生了解各种顺序动作回路的工作原理及工作过程。
② 学会使用各种顺序动作回路。

(2) 实验原理
顺序动作是指在气动回路中，各个气缸按一定程序完成各自的动作。例如单缸有单往复动作、二次往复动作、连续往复动作等；双缸及多缸有单往复及多往复顺序动作等。

(3) 实验器材（表 4-42）

表 4-42　实验器材

器材名称	数　量	器材名称	数　量
分气板	1	气缸	1
机械控制换向阀(行程阀)	3	双气控换向阀	1
气管	若干条		

(4) 实验步骤
① 单缸单次往复回路
a. 将各个元件按照图 4-56 所示位置固定在实验台的实验架上，并检查是否紧固。

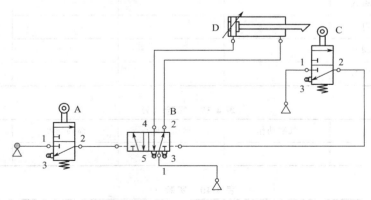

图 4-56　原理图（一）

b. 用气管将各个元件按照图 4-56 所示连接方式进行连接，检查气管是否连接好。

c. 打开气源,按下机械控制换向阀 A 的按钮,观察气缸动作。
d. 再次按下机械控制换向阀 A 的按钮,观察气缸动作。
e. 关闭气源,拔下气管,将各个元件从实验架上取下。

② 单缸连续往复回路

a. 将各个元件按照图 4-57 所示的位置固定在实验台的实验架上,并检查是否牢固。

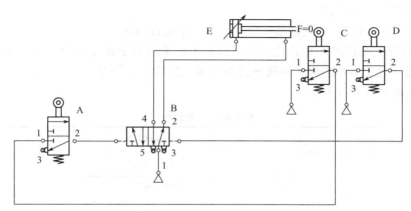

图 4-57　原理图(二)

b. 用气管将各个元件按照图 4-57 所示的连接方式进行连接,检查气管是否连接好。
c. 打开气源,按下机械控制换向阀 A 的按钮,观察气缸动作。
d. 关掉气源,拔下气管,将各个元件从实验架上取下。

(5) 实验报告

① 填写记录表(表 4-43、表 4-44)。

表 4-43　实验(1)

操作按钮	气缸动作	气缸往复次数	原　因
按下行程阀 A			
松开行程阀 A			
按下松开一次行程阀按钮			

表 4-44　实验(2)

操作按钮	气缸动作	气缸往复次数	原　因
按下行程阀 A			
松开行程阀 A			
按下松开一次行程阀按钮			

② 连续往复回路换向阀的安装位置是什么?

(6) 思考题

① 分析每个实验的原理。
② 单次往复和连续往复连接方式的区别是什么?

4.2.5　安全保护回路

(1) 实验目的

通过本实验,对于工业生产中的一些安全保护设施有一个大概的了解,学会应用各气动元件来实现安全保护。

（2）实验原理

由于气动系统应用于工业生产中，不可避免地会产生一些人身安全事故，要使人身安全事故的数量降到最低的限度，就要通过安全保护回路来实现。

① 过载保护回路　当活塞杆伸出途中，遇到偶然障碍或其他原因使气缸过载时，活塞就自动返回，实现过载保护。

② 互锁回路　当有一个气缸动作时，其他缸不允许动作。

③ 双手操作安全回路　在锻造、冲压机械上，采用双手操作安全回路，防止操作者单手操作，将另一只手不小心深入到机械设备内部，造成人身伤害。

（3）实验器材（表 4-45）

表 4-45　实验器材

器材名称	数　量	器材名称	数　量
分气板	1	双作用气缸	2
行程阀	2	顺序阀	1
单气控换向阀	3	双气控换向阀	3
梭阀	3	气管	若干条

（4）实验步骤

① 过载保护回路

a. 将各个元件按照图 4-58 所示的位置关系固定在实验台的实验架上，并检查是否牢固。

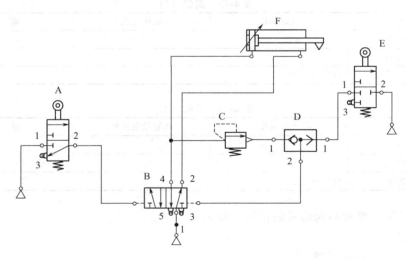

图 4-58　原理图（一）

A、E—行程阀；B—双气控换向阀；C—顺序阀；D—梭阀；F—气缸

b. 按照原理图 4-58 的连接方法将元件用气管接好，并检查是否插好。

c. 打开气源，用手压下行程阀 A 的按钮，观察气缸动作；当气缸碰到行程阀 E 的按钮时，观察气缸动作。

d. 将气动二联件上的压力表数值调高,气缸向右运动,而气缸中左侧压力升高到一定值时,观察顺序阀 C、梭阀 D、主控制阀 B 的动作,最后使活塞杆返回,气缸左腔气体经主控制阀 B 排出,防止系统过载,保证系统安全。

e. 关闭气源,拔下气管,将元件从实验台上取下来。

② 互锁回路

a. 将各个元件按照图 4-59 所示的连接方式进行连接,并检查气管是否插好。

b. 打开气源,按下最左边的行程阀 7 的按钮,最左边的气缸 A 伸出。

c. 在气缸 A 进行动作的同时,按下行程阀 8(或 9)的按钮,会发现对应的气缸 B(或 C)并不运动,只有当松开行程阀 7 的按钮,双气控换气阀 G 回到初始位置,气缸 A 的动作完成时,按下行程阀 8(或 9)的按钮,对应的气缸 B(或 C)才会伸出。

d. 关闭电源,拔下气管,将元件从实验台上取下来。

③ 双手操作安全回路

a. 将各个元气件按照图 4-59 所示的位置关系固定在实验台的实验架上,并检查是否安装牢固。

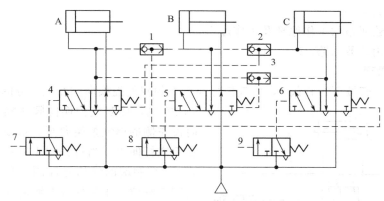

图 4-59　原理图(二)

1,2,3—梭阀；4,5,6—换向阀；7,8,9—行程阀

b. 按照图 4-59 所示的连接方式用气管对各个元件进行连接,并检查气管是否插好。

c. 接通气源,按下行程阀 A(或行程阀 B)的按钮,观察气缸动作。

d. 同时按下行程阀 A 和行程阀 B 的按钮,观察气缸动作。

e. 松开行程阀 A(或行程阀 B)的按钮,观察气缸动作。

f. 关闭气源,拔下气管,将元件从实验架上取下。

(5) 实验报告

填写记录表(表 4-46～表 4-48)。

表 4-46　实验(1)

操作按钮	阀及气缸的动作	原　因
按下行程阀 A		

表 4-47　实验(2)

操作按钮	阀及气缸的动作	原　因
按下行程阀 7、8、9		

表 4-48　实验（3）

操作按钮	气缸动作	原　因
按下行程阀 A		
按下行程阀 B		
同时按下行程阀 A、B		
松开行程阀 A		
松开行程阀 B		

(6) 思考题

① 分析每个实验的原理。

② 双手操作安全回路是用两个行程开关来进行气缸控制的，试想出另一种方法对气缸进行控制，并能够得到同样的效果。

4.2.6　计数回路

(1) 实验目的

① 了解计数回路的工作原理及工作过程。

② 学会使用计数回路。

(2) 实验原理

图 4-60 中，若按下行程阀 1，使气信号经下方的双气控换向阀 2 至上方的双气控换向阀 4 的左侧，使双气控换向阀 4 换向至左位，同时使左侧的单气控换向阀 5 切断气路，此时气缸活塞杆伸出；当行程阀 1 复位后，原通入阀 4 左侧控制端的气信号经阀 1 排空，单气控换向阀 5 复位，于是气缸左腔的气体经单气控换向阀 5 至双气控换向阀 2 左侧，使双向控换气阀 2 换至左位，等待行程阀 1 的下一次信号输入。当行程阀 1 第二次按下后，气信号经双气控换向阀 2 的左位至双向控换气阀 4 的右侧使双向控换气阀 4 换至右位，气缸缩回，同时单气控换向阀 3 将气路切断。

这样，第 1、3、5…次（奇数次）按下阀 1，则气缸活塞杆伸出；第 2、4、6…次（偶数次）按下阀 1，则气缸缩回。

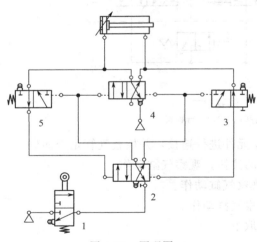

图 4-60　原理图

(3) 实验器材（表 4-49）

表 4-49　实验器材

器材名称	数　量	器材名称	数　量
分气板	1	单气控换向阀	2
双作用气缸	1	行程阀	1
双气控换向阀	2	气管	若干条

（4）实验步骤

① 将各个元件按图 4-61 所示的位置紧固于实验台上，并检查是否紧固。

② 用气管将各个元件按图 4-61 所示连接起来，检查气管是否插好。

③ 第 1、3、5…次（奇数次）按下阀 1，则气缸活塞杆伸出；第 2、4、6…次（偶数次）按下阀 1，则气缸缩回。

④ 关闭气源，拔下气管，将元件从实验架上取下来。

（5）实验报告

① 填写记录表（表 4-50）。

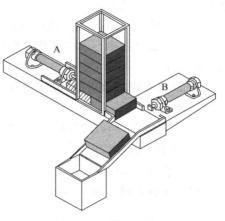

图 4-61　送料机构

表 4-50　实验记录

操作按钮	气缸动作	原　　因
奇数按下行程阀		
偶数按下行程阀		

② 写出计数回路的原理。

（6）思考题

① 计数回路的用途是什么？

② 计数回路工作过程是什么？

4.3　气动程序系统设计实验

4.3.1　无障碍回路

（1）实验目的

① 通过本实验，能根据 X-D 线图自行设计行程程序回路。

② 绘制出 X-D 图，经过 X-D 图能设计出气动原理图。

③ 了解多缸单往复回路的设计方法。

④ 加深对多缸单往复回路的工作原理、作用等的认识。

（2）实验原理

程序控制系统是工业生产领域，也是气动装置中广泛应用的一种控制系统。程序控制是根据生产过程中的物理量，如位移、时间、压力、温度等的变化，使被控对象的各执行元件按照预先给定的程序或条件有序协调地工作。按发信装置和控制信号不同，简单程序控制可分为时间程序控制、行程程序控制、混合程序控制。

图 4-61 所示送料机构是工业应用装置中的送料机构，用 A、B 两个气缸将工件从料仓中传递到滑槽。按下按钮，活塞杆 A 伸出，将工件从料仓推出，等待活塞杆 B 将其推入输送滑槽。工件传递到位后，活塞杆 A 回缩，接着活塞杆 B 回缩。其实质是多缸单往复行程程序控制回路无障碍中的一种。多缸单往复行程程序控制回路，是指在一个循环中所有活塞

杆都只进行一次往复运动。

本次实验主要根据 X-D 线图设计法设计多缸单往复行程程序回路。行程程序回路主要是为了解决信号和执行元件动作之间的协调和连接问题。用 X-D 线图法设计行程程序回路的步骤如下。

① 根据生产自动化的工艺要求，列出工作程序或工作程序图。
② 绘制 X-D 线图。
③ 寻找障碍信号并排除，列出所有执行元件控制信号的逻辑表达式。
④ 绘制逻辑原理图。
⑤ 绘气动回路图。

(3) 实验器材（表 4-51）

表 4-51　实验器材

器材名称	数　量	器材名称	数　量
分气板	1	双作用气缸	2
行程阀	5	双气控换向阀	3
气管	若干条		

(4) 实验步骤

① 根据生产自动化的工艺要求，列出工作程序或工作程序图，下料机的工作程序如下所示：

$$启动信号q \rightarrow 送料缸进A_1 \xrightarrow{a_1} 切料缸进B_1 \xrightarrow{b_1} 送料缸退A_0 \xrightarrow{a_0} 切料缸退B_0 \xrightarrow{b_0}$$

② 绘制 X-D 线图如图 4-62 所示。

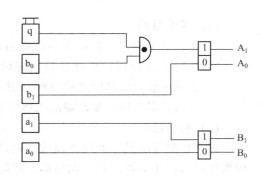

X-D图	1 A_1	2 B_1	3 A_0	4 B_0	执行信号
1	$b_0(A_1)$ A_1				$b_0(A_1)=qb_0$
2		$a_1(B_1)$ B_1			$a_1(B_1)=a_1$
3			$b_1(A_0)$ A_0		$b_1(A_0)=b_1$
4				$a_0(B_0)$ B_0	$a_0(B_0)=a_0$
备用格					

图 4-62　X-D 线图　　　　　　　图 4-63　逻辑原理图

③ 寻找障碍信号并排除。本实验中没有障碍信号。
④ 绘制逻辑原理图，如图 4-63 所示。

根据 X-D 线图中执行信号栏的逻辑表达式，按下列步骤绘制：把系统中每个执行元件的两种状态与主控制阀相连后，自上而下一个个地画在图的右侧；把发信器（如行程阀）大致对应其所控制的元件,一个个列于图的右侧;在图上要反映出执行信号逻辑表达式中逻辑符号之间的关系,并画出为操作需要而增加的阀(如启动阀)。图 4-64 所示是根据图 4-63 所示的 X-D 线图绘制而成的逻辑原理图。

⑤ 绘制气动回路图如图 4-64 所示。

⑥ 将各个元件按照图 4-64 所示气动控制回路图的位置固定在实验台的实验架上,并检查元件安装是否牢固。

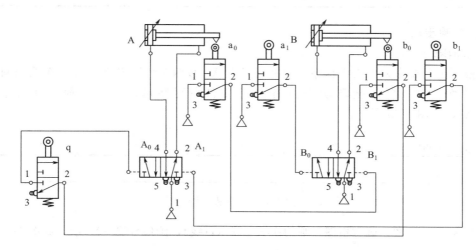

图 4-64　$A_1B_1A_0B_0$ 气动控制回路图

⑦ 按照图 4-64 所示气动控制回路图原理图的连接方法,用气管将各个元件连成一个简单的气动回路系统,并检查气管是否插好。

⑧ 打开气源,按下行程阀 C 的按钮,观察气缸的动作变化。

⑨ 关闭气源,拔下气管,将元件从实验架上取下来。

(5) 实验报告

① 填写记录表(表 4-52)。

表 4-52　实验记录表

动作	气缸动作	原　因
按下启动阀		

② 写出工作程序图,绘制 X-D 线图,绘制气动回路图。

4.3.2　有障碍回路

(1) 实验目的

① 通过本实验,对行程程序回路的设计方法有进一步的认识。

② 掌握消除障碍信号的方法。

(2) 实验原理

某螺纹机的工作程序是:给定启动信号,送料气缸伸出后,攻螺纹缸进,然后攻螺纹缸退回,最后送料气缸退回。

(3) 实验器材（表 4-53）

表 4-53 实验器材

器材名称	数量	器材名称	数量
分气板	1	双作用气缸	2
行程阀	5	双作用气控换向阀	3
气管	若干条		

(4) 实验步骤

① 未消障

a. 根据工艺要求列出工作程序。攻螺纹机由 A、B 两个气缸组成，其中 A 为送料气缸，B 为攻螺纹气缸。自动循环动作为略去箭头和小写字母，进一步简化工作程序为 $A_1 B_1 B_0 A_0$，如图 4-65 所示。

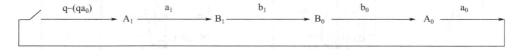

图 4-65 工作程序图

b. 绘制 X-D 线图。画方格图，画动作状态线（D 线），画信号线（X 线），如图 4-66 所示。

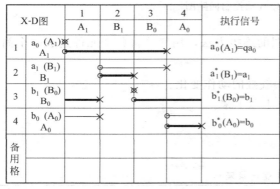

图 4-66 X-D 线图　　　　图 4-67 逻辑原理图

c. 绘制逻辑原理图如图 4-67 所示。

d. 绘制气动回路图如图 4-68 所示。

e. 将各个元件按照气动回路图 4-68 的位置固定在实验台的实验架上，并检查是否紧固。

f. 用气管将各个元件按照工作原理图的连接方式进行连接，并检查气管是否插好。

g. 接通气源，按下行程阀 q 的按钮，使两个气缸实现循环动作，观察两个气缸的动作。

h. 关闭气源，拔下气管，将元件从实验台上取下来。

② 辅助阀法消障

a. 根据工艺要求列出工作程序（同上）。

b. 绘制 X-D 线图（同上）。

c. 确定障碍信号并排除障碍信号。

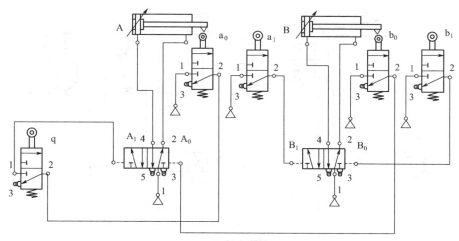

图 4-68 工作原理图

用 X-D 线图设计气动回路时，很重要的问题是确定障碍信号并排除障碍信号。图 4-69 所示为攻螺纹机工作程序 $A_1B_1B_0A_0$ 用辅助阀消障（消除障碍信号 a_1 和 b_0）的 X-D 线图。

X-D图		A_1	B_1	B_0	A_0	执行信号
		1	2	3	4	
1	a_0 (A_1) A_1					a_0 $(A_1)=q\,a_0$
2	a_1 (B_1) B_1					a_1^* $(B_1) = a_1 K_{b_0}^{a_0}$
3	b_1 (B_0) B_0					b_1 $(B_0)=b_1$
4	b_0 (A_0) A_0					b_0^* $(A_0)= b_0 K_{a_0}^{b_1}$
备用格	$K_{b_0}^{a_0}$					
	$a_1^*(B_1)$					
	$K_{a_0}^{b_1}$					
	$b_0^*(A_0)$					

图 4-69　$A_1B_1B_0A_0$ 辅助阀消障 X-D 线图

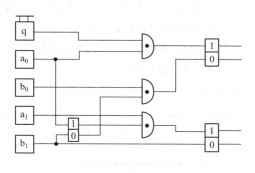

图 4-70　逻辑原理图

d. 绘制逻辑原理图如图 4-70 所示。

e. 绘制气动回路图如图 4-71 所示。

由图 4-70 所示的逻辑原理图可知，这个自动程序需用一个启动阀、四个行程阀和三个双输出记忆元件（二位四通阀）。三个与门可由元件串联来实现，由此可绘出图 4-71 所示的气动回路，图中 q 为启动阀，K 为辅助阀（中间记忆元件）。在具体画气动回路原理图时，特别要注意的是，哪个行程阀为有源元件（即直接与气源相接），哪个行程阀为无源元件（即不能与气源相接）。一般无障碍的原始信号为有源元件。

实验步骤如下。

a. 将各个元件按照图 4-71 所示的位置固定在实验台的实验架上，并检查是否紧固。

b. 用气管将各个元件按照图 4-71 所示的连接方式进行连接，并检查气管是否插好。

c. 接通气源，按下行程阀 q 的按钮，这时两个气缸实现循环动作，观察两个气缸的动作。

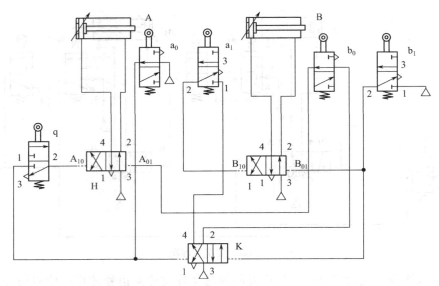

图 4-71 辅助阀法气动回路

d. 关闭气源，拔下气管，取下实验台上的实验元件。

③ 脉冲信号法消障

a. 根据工艺要求列出工作程序（同上）。

b. 绘制 X-D 线图（同上）。

c. 确定障碍信号并排除障碍信号。

图 4-72 为攻螺纹机工作程序 $A_1B_1B_0A_0$ 用脉冲信号法消障（消除障碍信号 a_1 和 b_0）的 X-D 线图。

X-D图		1 A_1	2 B_1	3 B_0	4 A_0	执行信号
1	$a_0(A_1)$ A_1					$a_0^*(A_1)=qa_0$
2	$a_1(B_1)$ B_1					$a_1^*(B_1)=\Delta a_1$
3	$b_1(B_0)$ B_0					$b_1^*(B_0)=b_1$
4	$b_0(A_0)$ A_0					$b_0^*(A_0)=\Delta b_0$
备用格	Δa_1					
	Δb_0					

图 4-72 $A_1B_1B_0A_0$ X-D 线图

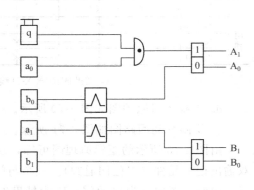

图 4-73 脉冲阀逻辑原理图

d. 绘制逻辑原理图如图 4-73 所示。

e. 绘制气动回路图如图 4-74 所示。

由图 4-73 所示的逻辑原理图可知，相对辅助阀还需要两个脉冲阀与行程阀相连消除障碍信号，形成脉冲信号 Δa_1、Δb_0 信号。根据图 4-73 绘制气动原理图。

f. 将各个元件按照图 4-74 位置固定在实验台的实验架上，并检查是否紧固。

g. 用气管将各个元件按照图 4-74 的连接方式进行连接，并检查气管是否插好。

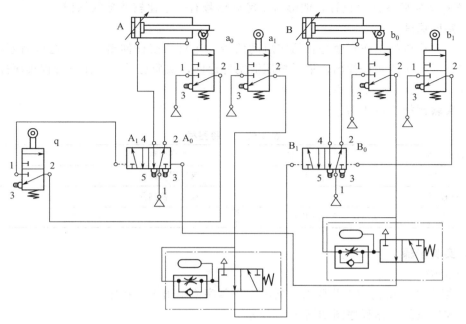

图 4-74　脉冲阀法消障的气动原理图

h. 接通气源，按下行程阀 q 的按钮，这时两个气缸实现循环动作，观察两个气缸的动作。

i. 关闭气源，拔下气管，取下实验台上的实验元件。

（5）实验报告

① 填写记录表（表 4-54 至表 4-56）。

表 4-54　实验（1）

	气缸动作	原　因
按下启动阀		

表 4-55　实验（2）

	气缸动作	原　因
按下启动阀		

表 4-56　实验（3）

	气缸动作	原　因
按下启动阀		

② 画出实验的工作程序图，绘制 X-D 线图，绘制气动回路图。

4.3.3　有障碍回路 $A_1A_0B_1B_0$

（1）实验目的

① 通过本实验，学生能根据 X-D 线图自行设计行程程序回路。

② 能够运用以前所学习到的元件，构建简单的气动回路。

③ 通过本实验的回路设计，能够对于障碍信号有一个比较清楚的认识。

(2) 实验原理

某挤压成形机的工作程序是：给定启动信号，送料活塞杆伸出，然后送料活塞杆退回，当动作完成后挤压活塞杆伸出，最后挤压活塞杆退回，实质也是多缸往复行程程序控制回路中的一种。

(3) 实验器材（表 4-57）

表 4-57　实验器材

器材名称	数量	器材名称	数量
分气板	1	双作用气缸	2
行程阀	5	双气控换向阀	3
气管	若干条		

(4) 实验步骤

① 未消障

a. 根据生产自动化的工艺要求，列出工作程序或画出工作程序图。

挤压成形机的工作程序图如图 4-75 所示。

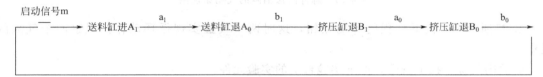

图 4-75　挤压成形机的工作程序图

b. 绘制 X-D 线图。

c. 绘制逻辑原理图。

d. 绘制气动回路图。

e. 图 4-76 所示为挤压成形机 $A_1 A_0 B_1 B_0$ 气动控制回路图。

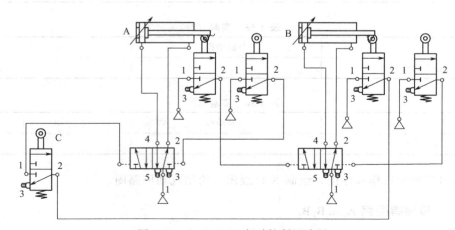

图 4-76　$A_1 A_0 B_1 B_0$ 气动控制回路图

f. 将各个元件按照图 4-76 所示 $A_1 A_0 B_1 B_0$ 气动控制回路图的位置固定在实验台的实验架上，并检查元件安装是否牢固。

g. 按照图 4-76 气动控制回路图的连接方法,用气管将各个元件连成一个简单的气动回路系统,并检查气管是否插好。

h. 打开气源,按下行程阀 C 的按钮,观察气缸的运动情况,记下其运动的情况是否和工作程序要求一致。

i. 关闭气源,拔下气管,将元件从实验架上取下来。

如果按照上述简单原则连成的线路图进行连接,这个线路是无法工作的。因为当 B 缸还处在 B_0 状态时,b_0 一直在发着信号,b_0 信号命令作 A_1 动作,最后活塞杆碰上行程阀 a_1;a_1 信号命令 A 缸主控制阀换向,即要活塞杆作缩回的 A_0 动作,这样在 A 缸的主控制阀上同时作用有 a_1 和 b_0 两个相互矛盾的信号,信号 b_0 障碍 A_0 的动作,所以称作障碍信号。同样,在 B 缸的主控制阀上,当 B 缸要作 B_0 运动时,也作用有两个相互矛盾的信号:b_1 信号要让主控制阀换向,命令 B 缸活塞杆缩回,但 a_0 信号却依旧作用在 B 缸主控制阀左边,障碍 b_1 信号对主控制阀的切换,所以 a_0 信号此时也是个障碍信号。

在气动线路设计中,无障碍的信号在一般情况下可直接接在其所控制的主控制阀的控制口上,而有障碍的信号则必须再进行处理,使之成为无障碍信号后,才能接到程序所规定的主控阀的控制口上。对于上述挤压成形机程序中的障碍信号,只要加一个气动双稳元件 K,利用它的记忆功能,就可以消除障碍。因此可利用辅助阀消除障碍。

② 辅助阀法消障

a. 根据生产自动化的工艺要求,列出工作程序或工作程序图。

b. 绘制 X-D 线图。

c. 寻找障碍信号并排除,列出所有执行元件控制信号的逻辑表达式。

d. 绘制逻辑原理图。

e. 绘制气动回路图。图 4-77 所示为挤压成型机 $A_1A_0B_1B_0$ 气动控制回路图。

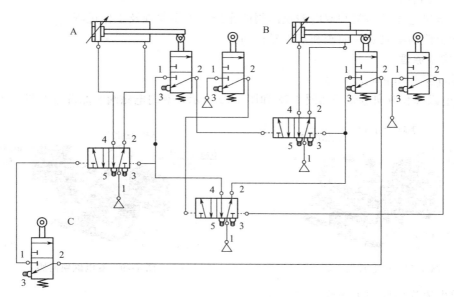

图 4-77 $A_1A_0B_1B_0$ 气动控制回路图

f. 将各个元件按照图 4-77 所示气动控制回路图的位置固定在实验台的实验架上,并检查元件安装是否牢固。

g. 按照图 4-77 所示 $A_1A_0B_1B_0$ 气动控制回路图原理图的连接方法,用气管将各个元件连成一个简单的气动回路系统,并检查气管是否插好。

h. 打开气源,按下行程阀 C 的按钮,观察气缸的运动情况(此时的运动情况和所要求的工作程序相同,设计要求气缸进行往复循环运动,循环动作依次为活塞杆 A 伸出、活塞杆 A 缩回、活塞杆 B 伸出、活塞杆 B 缩回)。

i. 关闭气源,拔下气管,制从实验架上取下来。

(5) 实验报告

① 填写记录表(表 4-58 和表 4-59)。

表 4-58 实验(1)

操作	气缸动作	原因
按下启动阀		

表 4-59 实验(2)

操作	气缸动作	原因
按下启动阀		

② 画出实验的工作程序图,绘制 X-D 线图,绘制气动回路图。

4.4 电控回路实验

4.4.1 电磁换向阀元件

(1) 实验目的

① 了解单电磁换向阀和双电磁换向阀的作用、工作原理及工作过程。

② 学会使用单电磁换向阀和双电磁换向阀。

(2) 实验原理

① 元件实物图和职能符号

单向电磁阀和双电磁阀如图 4-78 和图 4-79 所示,双向电磁阀职能符号如图 4-80 所示。

图 4-78 单电磁换向阀　　　　图 4-79 双电磁换向阀

② 单电磁换向阀的工作原理

电磁线圈 14 得电,单电控二位五通阀的工作口 1 与 4 接通。电磁线圈 14 失电,单电控二位五通阀在弹簧作用下复位,则 1 口与 2 口接通。单电控二位五通阀也可以手动驱动。

③ 双电磁换向阀的工作原理

电磁线圈 14 得电，双电控二位五通阀的 1 口与 4 口接通，且具有记忆功能，即使信号消失后，仍维持 1 口和 4 口通。只有当另一个电磁线圈 12/14 得电，双电控二位五通阀才复位，即 1 口与 2 口接通。双电控二位五通阀也可以手动驱动。

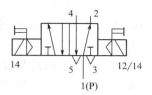

图 4-80 双电磁换向阀职能符号

(3) 实验器材（表 4-60）

表 4-60 实验器材

器材名称	数量	器材名称	数量
分气板	1	双作用气缸	1
单电磁换向阀	1	双电磁换向阀	1
气管	若干条	红/蓝导线	若干条

(4) 实验步骤

① 单电磁换向阀控制气缸换向

a. 将单电磁换向阀安装在实验台上。

b. 将单电磁换向阀的进气口 1（P）接气源，打开气源，观察并记录哪个口有输出。

c. 用红色导线将单电磁阀电磁铁的控制插口 14 的一个口与接线板的 +24 接口相接，用蓝色导线将单电磁阀电磁铁的控制插口 14 的另一个口与接线板接口 0 相接。

d. 打开电源，电磁阀上电磁部分的指示灯亮，打开气源，观察哪个口有输出。

e. 关闭电源，关闭气源。

f. 按照图 4-81 所示的相对位置关系，将各个元件固定在实验台架上，并检查是否紧固。

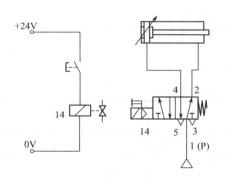

图 4-81 单电磁换向阀原理

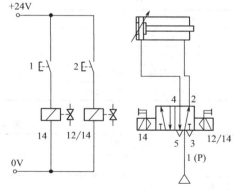

图 4-82 原理图

g. 用气管或导线将各个元件按照图 4-81 所示的连接方式进行连接，并检查气管和导线是否连接好。

h. 打开气源与电源，按下和松开接线板上的开关，观察气缸的动作。

i. 关闭电源，按下和松开单电磁阀手动驱动按钮，观察气缸的动作。

j. 关闭气源与电源，拔下气管和导线，将各元件从实验架上取下来。

② 双电磁换向阀控制气缸换向

a. 将元件双电磁换向阀安装在实验台上。

b. 将双电磁换向阀的进气口 1（P）接气源，打开气源，观察是否有气体输出，如果有，是哪个输出口。

c. 关闭气源，用红色导线将双电磁换向阀电磁铁的控制插口 14 的一个口与接线板的 ＋24 接口相接，用蓝色导线将双电磁阀电磁铁的控制插口 14 的另一个口与接线板 0 接口相接，打开电源与气源，观察工作口 2 与工作口 4 中哪一个有输出。

d. 关闭气源与电源，将双电磁换向阀电磁铁的控制插口 12/14 侧的红蓝导线拔下，接在双电磁换向阀电磁铁的控制插口 12/14 侧，打开电源与气源，观察并记录哪个口有气体输出。

e. 关闭气源与电源，拔下气管和导线。

f. 将各个元件按照图 4-82 所示的位置固定在实验台的实验架上，并检查是否安装紧固。

g. 用气管或导线将各个元件按照图 4-82 所示的连接方式进行连接，并检查气管和导线是否连接好。连接导线的时候，设定电磁阀电磁铁的控制插口 14 为 1 口，电磁铁的控制插口 12/14 口为 2 口，接线板上的按钮从下往上设定为开关 1、开关 2，然后进行导线的连接。

h. 打开气源与电源，按下接线板上开关 1，观察气缸动作；松开接线板上开关 1，按下接线板上开关 2，观察气缸动作。

i. 松开按钮，关闭电源，按下双向电磁换向阀电磁铁的控制插口 14 侧的手动驱动按钮，观察气缸动作；按下双向电磁换向阀电磁铁的控制插口 12/14 侧的手动驱动按钮，观察气缸动作。

j. 关闭气源与电源，拔下气管和导线，将各元件从实验架上取下来。

（5）实验报告

填写记录表（见表 4-61、表 4-62）。

表 4-61　实验（1）

操作行程阀	输出口	气缸的动作	原　因
进气口 1(P)接气源			
打开电源			
按下接线板上开关			
松开接线板上开关			
按下电磁阀手动驱动按钮			
松开电磁阀手动驱动按钮			

表 4-62　实验（2）

操作行程阀	输出口	气缸的动作	原　因
进气口 1(P)接气源			
打开电源,14 口接线			
12/14 口接线			
按下接线板上开关 1			
松开接线板上开关 1,按下接线板上开关 2			
按下(14 口接线处)双向电磁换向阀手动驱动按钮			
按下(12/14 口接线处)双向电磁换向阀手动驱动按钮			

（6）思考题

① 单电磁换向阀与双电磁换向阀从结构和职能符号上有何区别？

② 单电磁换向阀与双电磁换向阀的使用和功能有何不同？

4.4.2 电气控制系统

（1）实验目的

① 了解电气-气动控制系统的工作原理。

② 学会使用电磁阀和继电器进行运动控制。

（2）实验原理

电气-气动控制系统主要是控制电磁阀的换向，其特点是响应快，动作准确，在气动自动化应用中相当广泛。电气-气动控制回路包括气动回路和电气回路两部分。气动回路一般指动力部分，电气回路则为控制部分。通常在设计电气回路之前，一定要先设计出气动回路，然后按照动力系统的要求，选择采用什么形式的电磁阀来控制气动执行元件的运动，从而设计电气回路。在整个系统设计中，气动回路图按照习惯放置于电气回路图的上方或左侧。

（3）实验器材（表4-63）

表4-63　实验器材

器材名称	数　　量	器材名称	数　　量
分气板	1	双电控电磁阀	1
导线	1	气管	若干条

（4）实验步骤

① 双电磁二位五通换向阀控制双作用气缸单往复回路

a. 将各个元件按照图4-83所示的位置固定在实验台的实验架上，并检查是否安装紧固。

b. 用气管或导线将各个元件按照图4-83的连接方式进行连接，并检查气管和导线是否连接好。连接导线的时候，设定电磁阀电磁铁的控制插口14为1口，电磁铁的控制插口12/14为2口（注意连接带有自锁的按钮），接线板上的按钮从下往上设定为开关1、开关2，然后进行导线的连接。行程开关a_1为活塞杆伸出端的霍尔元件。

c. 打开气源与电源，按下接线板上开关2，按下接线板上开关1，观察气缸动作。

d. 关闭气源与电源，拔下气管和导线，将各元件从实验架上取下来。

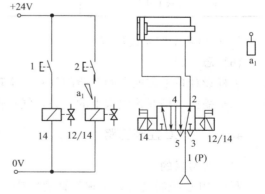

图4-83　原理图（一）

② 双电磁二位五通换向阀控制双作用气缸自动连续往复回路

a. 将各个元件按照图4-84所示的位置固定在实验台的实验架上，并检查是否安装紧固。

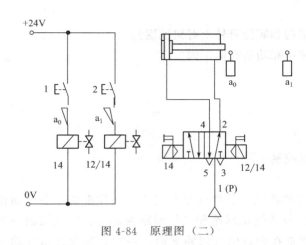

图 4-84 原理图（二）

b. 用气管或导线将各个元件按照图 4-84 所示的连接方式进行连接，并检查气管和导线是否连接好。连接导线时，设定电磁阀电磁铁的控制插口 14 为 1 口，电磁铁的控制插口 12/14 为 2 口（注意连接带有自锁的按钮），接线板上的按钮从下往上设定为开关 1、开关 2，然后进行导线的连接。行程开关 a_0 为活塞杆缩回端的霍尔元件，行程开关 a_1 为活塞杆伸出端的霍尔元件。

c. 打开气源与电源，按下接线板上开关 2，按下接线板上开关 1，观察气缸动作。

d. 关闭气源与电源，拔下气管和导线，将各元件从实验架上取下来。

（5）实验报告

① 填写记录表（表 4-64 和表 4-65）。

表 4-64　实验（1）

操作行程阀	气缸的动作	原　因
按下接线板上开关		
松开接线板上开关		

表 4-65　实验（2）

操作行程阀	气缸的动作	原　因
按下接线板上开关		
松开接线板上开关		

② 写出两个实验的原理。

（6）思考题

怎样设计单电磁换向阀实验的气路，实现打开气源后气缸自动伸出，按下接线板上的开关，气缸缩回，松开接线板上的开关，气缸伸出？

4.4.3　PLC 控制回路

（1）实验目的

利用 PLC 控制气缸，实现气缸的运动。

（2）实验内容

① 利用电磁阀搭建控制回路，如图 4-85 所示。

② 编写 PLC 控制程序。

（3）实验原理

① 电磁阀接线表见表 4-66。

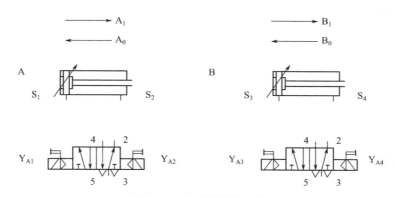

图 4-85 电磁阀控制回路

表 4-66 电磁阀接线表

	Y_{A1}	Y_{A2}	Y_{A3}	Y_{A4}	S_1	S_2	S_3	S_4
A_1	+				+			
B_1			+				+	
A_0		+				+		
B_0				+				+

② 地址表见表 4-67。

表 4-67 地址表

名 称	简 称	地 址
启动/关闭按钮	B1	000
气缸 A 尾端开关	S1	001
气缸 A 前端开关	S2	002
气缸 B 尾端开关	S3	003
气缸 B 前端开关	S4	004
气缸 A 的电磁阀的左端	YA1	1000
气缸 A 的电磁阀的右端	YA2	1001
气缸 B 的电磁阀的左端	YA3	1002
气缸 B 的电磁阀的右端	YA4	1003

③ 程序

LD 001
AND 003
OR 1000
ANDNOT 002
OUT 1000
LD 002
OR 1002

ANDNOT 004
OUT 1002
LD 004
OR 1001
ANDNOT 001
OUT 1001
LD 001
OR 1003
ANDNOT 003
OUT 1003
END

(4) 实验器材

实验所需器材见表 4-68。

表 4-68 实验器材

器材名称	数量	器材名称	数量
分气板	1	位置传感器	4
双作用气缸	2	双作用电磁控制换向阀	2
红蓝导线	若干条	气管	若干条

(5) 实验步骤

a. 将各个元件按照图 4-86 所示的位置固定在实验台的实验架上,并检查是否安装紧固。

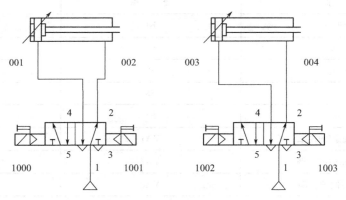

图 4-86 气动原理图

b. 用气管将各个元件按照气动原理图的连接方式进行连接,并检查气管是否插好。

c. 用导线按照表 4-66、表 4-67 所示地址表或接线图连接好电路,并检查导线是否接好。

d. 使用编程器输入程序:

END FUN（001）,开机 CLR-MONTR-CLR,清程序 CLR-SET-NOT-RESET-MONTR。

e. 接通气源和电源,观察气缸动作。

f. 关闭气源和电源,拔下气管和导线,将实验元件从实验架上取下来。

(6) 实验报告

① 填写记录表（表 4-69）。

表 4-69　实验记录表

操作	气缸的动作	原　　因
打开气源		

② 写出整个实验的原理。

(7) 思考题

自己设计一个有启动和关闭按钮的两缸运动 PLC 实验，并编写梯形图。

第5章 液压元件拆装和分析

液压系统除工作介质外，主要包括液压动力元件、液压控制元件和液压执行元件以及必要的液压辅件等。液压元件的品种规格繁多，通过对一些典型液压元件的拆装实验，可以加深对相关液压元件结构、特点和工作原理的理解，提高学生的动手能力以及观察、分析问题的能力，同时也有助于学生对课堂知识的巩固和融会贯通。

5.1 液压动力元件拆装和分析实验

(1) 实验目的

液压动力元件起着向系统提供动力源的作用，是液压系统不可缺少的核心元件。液压泵是为液压系统提供一定流量和压力的动力元件。液压泵将原动机（电动机或内燃机）输出的机械能转换为工作液体的压力能，是一种能量转换装置。通过对液压泵的拆装，可加深对泵结构及其工作原理的了解。液压泵的种类主要包括各类齿轮泵、叶片泵和柱塞泵。

(2) 实验内容

拆装 CB-B 型外啮合齿轮泵、BB-B 型内啮合摆线齿轮泵、YB1 型单作用叶片泵、YBX 型双作用叶片泵、SCY14 型直轴式轴向柱塞泵，并分析上述液压动力元件的结构特点。

(3) 实验工具和材料

主要工具和材料如表 5-1 所示。

表 5-1 液压动力元件拆装和分析实验工具和材料

器材名称	数　量	器材名称	数　量	器材名称	数　量
固定和活动扳手	1套	内卡簧钳	1个	橡胶锤	1个
组合螺丝刀	1套	铜棒	1个	汽油	若干
内六角扳手	1套	专用钢套	1个	液压油	若干

5.1.1 CB-B 型外啮合齿轮泵拆装

(1) 工作原理

CB-B 型外啮合齿轮泵是一种常见的齿轮泵，属于分离三片式结构。CB-B 型齿轮泵的结构图如图 5-1 所示，当泵的主动齿轮按顺时针方向旋转时，齿轮泵右侧（吸油腔）齿轮脱开啮合，齿轮的轮齿退出齿间，使密封容积增大，形成局部真空，这时油箱中的油液在外界大气压的作用下，经吸油管路、吸油腔进入齿间。随着齿轮的旋转，吸入齿间的油液被带到另一侧，进入压油腔。当轮齿进入啮合时，使密封容积逐渐减小，齿轮间部分的油液被挤出，形成了齿轮泵的压油过程。齿轮啮合时齿向接触线把吸油腔和压油腔分开，起配油作用。当齿轮泵的主动齿轮由电动机带动不断旋转时，轮齿脱开啮合的一侧，由于密封容积变大，则不断从油箱中吸油，轮齿进入啮合的一侧，由于密封容积减小，则不断地排油。

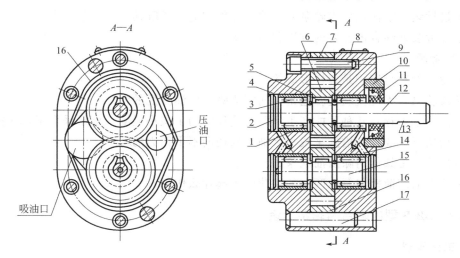

图 5-1　CB-B 型齿轮泵的结构图

1—轴承外环；2—轴承压盖；3—滚子轴承；4—后泵盖；5,13—键；6—齿轮；7—泵体；8—前泵盖；9—螺钉；10—压环；11—油封；12—主动轴；14—泄油孔；15—从动轴；16—卸油槽；17—定位销

（2）拆卸步骤

① 用内六角扳手拆掉连接前后泵盖与泵体的内六角螺栓。

② 用铜棒和橡胶锤轻轻敲击驱动轴，使前后泵盖与泵体从结合面处分离。

③ 取下后泵盖、泵盖和泵体间的 O 形圈以及泵体定位销。

④ 从前泵盖上取出主动齿轮和主动轴。

⑤ 取下前泵盖和泵体间的 O 形圈。

⑥ 从前泵盖上取出被动齿轮和被动轴。

⑦ 用内卡簧钳取出前泵盖中的卡簧，用专用钢套轻轻敲出内侧的油封。

（3）结构特点观察

① 注意观察泵盖上的泄油孔、卸荷槽，并比较泵体两端的卸荷槽。

② 注意铭牌的观察。铭牌标注了泵的基本参数，如泵的排量、泵的额定压力等。

③ 注意观察泵的三片式结构的装配特点。

④ 注意观察齿轮泵中存在的三个可能产生泄漏的部位：齿轮外圆与泵体配合处、齿轮端面和端盖间、两个齿轮的齿面啮合处。

（4）装配要点和注意事项

装配顺序与拆卸顺序相反。装配时应注意以下事项。

① 零件拆卸完毕后，用汽油清洗全部零件，干燥后用不起毛的布擦拭干净。

② 注意油封唇口的方向。

③ 装配时应防止对零件的损伤。
④ 拧紧螺栓时要让所有螺栓均匀受力。
⑤ 装配后向油泵的进出油口注入机油，用手转动应均匀，无过紧感觉。

（5）实验报告

① 根据实物，画出 CB-B 齿轮泵的工作原理简图。
② 简要说明该型齿轮泵的结构组成。
③ 通过拆装，掌握该型齿轮泵内主要零部件构造，了解其加工工艺要求。
④ 掌握拆装外啮合齿轮泵的方法和拆装要点。

（6）思考题

① 齿轮泵的密封容积是怎样形成的？
② 该齿轮泵有无配流装置？它是如何完成吸、压油分配的？
③ 该齿轮泵中存在几种可能产生泄漏的途径？为了减小泄漏，该泵采取了什么措施？
④ 该齿轮泵采取什么措施来减小泵轴上的径向不平衡力的？
⑤ 该齿轮泵是如何消除困油现象的？
⑥ 泵盖上的卸荷槽与泵体两端的卸荷槽各起什么作用？

5.1.2　BB-B 型内啮合齿轮泵拆装

（1）工作原理

内啮合齿轮泵有渐开线齿形和摆线齿形两种，这两种内啮合齿轮泵的工作原理和主要特点与外啮合齿轮泵相似。在渐开线齿形内啮合齿轮泵中，小齿轮和内齿轮之间要装一块月牙隔板，以便把吸油腔和压油腔隔开。摆线齿形啮合齿轮泵又称摆线转子泵。在这种泵中，小齿轮和啮合的内齿轮只相差一齿，因而不需设置隔板。图 5-2 所示为 BB-B 型内啮合摆线齿轮泵结构图，由于其外转子齿形是圆弧，内转子齿形为短幅外摆线的等距线，故又称为内啮合摆线齿轮泵，也叫转子泵。

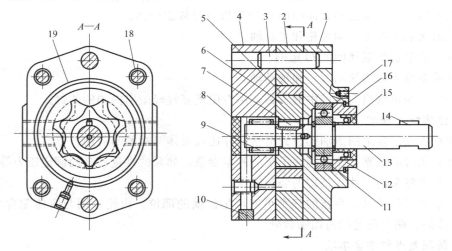

图 5-2　BB-B 型内啮合摆线齿轮泵结构图
1—前盖；2—泵体；3—圆销；4—后盖；5—外转子；6—内转子；7—平键；8—压盖；9—滚针轴承；
10—堵头；11—卡圈；12—法兰；13—轴；14—平键；15—密封环；16—弹簧挡圈；
17—滚珠轴承；18—螺栓；19—卸荷槽

内啮合齿轮泵的工作原理也是利用齿间密封容积的变化来实现吸油、压油的。它是由配油盘（前盖 1、后盖 4）、外转子 5（从动轮）和偏心安置在泵体内的内转子 6（主动轮）等组成。内、外转子相差一齿，由于内、外转子是多齿啮合，这就形成了若干密封容积。当内转子围绕中心旋转时，带动外转子绕外转子中心做同向旋转，这时内转子齿顶和外转子齿谷间会形成密封容积，随着转子的转动密封容积逐渐扩大，于是就形成局部真空，使油液从左边配油窗口被吸入密封腔，至 1/2 行程位置时封闭容积最大，这时吸油完毕。当转子继续旋转时，充满油液的密封容积便逐渐减小，油液受挤压，于是通过右边另一个配油窗口将油排出，至内转子的另一齿全部和外转子的齿啮合时，压油完毕。内转子每转一周，由内转子齿顶和外转子齿谷所构成的每个密封容积完成吸、压油各一次。

(2) 拆卸步骤

① 用内六角扳手拆掉连接前后泵盖与泵体相连的 4 个内六角螺栓。

② 用弹簧卡钳拆开前盖处弹簧挡圈，卸下法兰，取出密封环。

③ 卸下后端压盖，然后用铜棒轻轻敲击驱动轴，使前后泵盖与泵体从结合面处分离，卸下泵体定位销。

④ 分离后泵盖、泵体，拆卸后盖，取出滚针轴承。

⑤ 分离前泵盖、泵体，拆卸后盖，拆开卡圈，取出滚珠轴承。

⑥ 拆卸内、外转子。

(3) 结构特点观察

① 注意观察泵体中铸造的油道、泵体两端面上环形的平面卸荷槽和油孔。

② 注意观察铭牌。铭牌标注了泵的基本参数，如泵的排量、泵的额定压力等。

③ 注意观察该泵的三片式结构装配特点。

④ 注意观察该泵轴和后盖处的泄油通道。

(4) 装配要点和注意事项

装配顺序与拆卸顺序相反。装配时应注意以下事项。

① 零件拆卸完毕后，用汽油或柴油清洗全部零件，干燥后用不起毛的布擦拭干净。

② 注意油封唇口的方向。

③ 滚针轴承应垂直装入后盖孔中，滚针在保持架内应转动灵活。

④ 装配时，要保证泵体与泵盖之间的偏心距正确。

(5) 实验报告

① 根据实物，画出 BB-B 齿轮泵的结构装配简图。

② 简要说明该型齿轮泵的结构组成。

③ 通过拆装，掌握液压泵内主要零部件构造，了解其加工工艺要求。

④ 分析影响液压泵正常工作及容积效率的因素，了解泵中易产生故障的部件并分析其原因。

⑤ 掌握拆装内啮合齿轮泵的方法和拆装要点。

(6) 思考题

① 该型齿轮泵的密封容积是怎样形成的？与外啮合齿轮泵有何不同？

② 该齿轮泵有无配流装置？

③ 它是如何完成吸、压油分配的？

④ 该齿轮泵与外啮合齿轮泵相比，结构上有何特点？两种泵的流量脉动性相比各有什

么特点?

⑤ 为何内、外转子啮合必须要有正确的偏心距?

⑥ 该齿轮泵是如何把泄漏油引回油箱的?

5.1.3 YB1型双作用叶片泵拆装

(1) 工作原理

双作用叶片泵的工作原理图如图 5-3 所示,泵由定子 1、转子 2、叶片 3 和配油盘等组成。转子和定子中心重合,定子内表面近似为椭圆柱形,该椭圆柱形由两段长半径 R、两段短半径 r 和四段过渡曲线所组成。当转子转动时,叶片在离心力和(减压后)根部压力油的作用下,在转子槽内做径向移动而压向定子内表面,由叶片、定子的内表面、转子的外表面和两侧配油盘间形成若干个密封空间,当转子按图示方向旋转时,处在小圆弧上的密封空间经过渡曲线而运动到大圆弧的过程中,叶片外伸,密封空间的容积增大,要吸入油液;再从大圆弧经过渡曲线运动到小圆弧的过程中,叶片被定子内壁逐渐压进槽内,密封空间容积变小,将油液从压油口压出,因而,当转子每转一周,每个工作空间要完成两次吸油和压油,所以称之为双作用叶片泵。

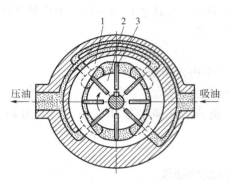

图 5-3 双作用叶片泵的工作原理图
1—定子;2—转子;3—叶片

YB1 叶片泵的结构图如图 5-4 所示,由定子 2、转子 5、叶片 12 和配流盘 6、7 等组装成一个核心组件装入泵体内。核心组件用螺栓预紧,以提供合适的轴向间隙,确保泵启动时能建立压力。泵工作时,来自右配流盘右端面的输出油压作用力将配流盘和定子压紧以补偿轴向间隙,从而保证泵在不同压力下具有较高的容积效率。

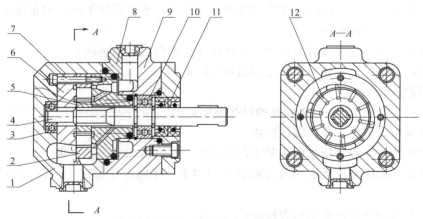

图 5-4 YB1 型双作用叶片泵的结构图
1—后泵体;2—定子;3,10,11—滚珠轴承;4—输出轴;5—转子;
6—左配流盘;7—右配流盘;8—前泵体;12—叶片

(2) 拆卸步骤

① 拆下右泵体盖板上的紧固螺钉,取下盖板和两个油封。

② 拆下连接左右泵体的 4 个紧固螺钉,分离左右泵体。

③ 用铜棒轻轻敲击传动轴，退出主轴和两端径向球轴承，拆下由左右配流盘、定子、转子和叶片组成的部件。

④ 拆下两个紧固螺钉，分解左右配流盘、定子、转子以及叶片组成的部件。

(3) 结构特点观察

① 注意观察左右泵体、转子、定子、配油盘、传动轴、两个径向球轴承和油封的位置及各零部件间的装配关系。

② 注意观察铭牌。铭牌标注了泵的基本参数，如泵的排量、泵的额定压力等。

③ 注意观察泵的装配特点，即定子、转子、叶片、配流盘等油泵内部零件用螺钉紧固成一个组合件。

④ 注意观察配流盘结构、配油盘上的三角槽的位置。

⑤ 注意观察定子曲线的形状和叶片放置的倾角。

⑥ 注意泵体上油道的位置和形状，并仔细分析它们的作用。

(4) 装配要点和注意事项

装配顺序与拆卸顺序相反。装配时应注意以下事项。

① 泵的定子、转子、叶片和左右配流盘通过两个螺钉进行预紧。

② 预紧螺钉头部安装于左泵体的内孔中，以保证定子、配油盘与泵体的相对位置。

③ 该泵的旋转方向是固定的，安装时要注意定子、转子和叶片的方向。

(5) 实验报告

① 根据实物，画出 YB1 型叶片泵的工作原理简图。

② 简要说明该型叶片泵的结构组成。

③ 通过拆装，掌握该型叶片泵内主要零部件构造，了解其加工工艺要求。

④ 分析影响液压泵正常工作及容积效率的因素，了解泵中易产生故障的部件并分析其原因。

⑤ 掌握拆装双作用叶片泵的方法和拆装要点。

(6) 思考题

① 双作用叶片泵的定子内表面是由哪几段曲线组成的？

② 设置叶片安放角的目的是什么？

③ 该泵采用了何种压力补偿方法？压力补偿的机理是什么？

④ 该泵采用了何种定心方式？有什么特点？

⑤ 叶片的数量有何特点？为什么？

5.1.4　YBX 型内反馈式单作用变量叶片泵拆装

(1) 工作原理

YBX 型叶片泵属于外反馈式的单作用变量泵。普通单作用变量泵工作原理如图 5-5 所示。定子 2 具有圆柱形内表面，定子和转子 1 间有偏心距。叶片 3 装在转子槽中，并可在槽内滑动。当转子回转时，由于离心力的作用，使叶片紧靠在定子内壁，这样在定子、转子、叶片和两侧配油盘间就形成了若干个密封的工作空间。当转子按图示的方向回转时，在图的右部叶片逐渐伸出，叶片间的工作空间逐渐增大，从吸油口吸油，这是吸油腔。在图的左部，叶片被定子内壁逐渐压进槽内，工作空间逐渐缩小，将油液从压油口压出，这是压油腔。在吸油腔和压油腔之间有一段封油区，把吸油腔和压油腔隔开。这种叶片泵在转子每转一周时，每个工作空间完成一次吸油和压油，转子不停地旋转，泵就不断地吸油和排油。YBX型叶片泵在普通单作用叶片泵的基础上增加了对偏心距的调节机构，能根据泵出口负载压力的大小自动调节泵的排量，其结构图如图5-6所示。泵的定子由三点支承，转子5的中心是固定不动的，定子4可沿滑块滚针轴承6左右移动。定子右边有反馈控制活塞9，它的油腔与泵的压油腔相通，定子偏心量的改变由反馈控制活塞直接推动定子做水平移动来改变。泵起始工作时的最大偏心量，可通过左端的调节螺钉来调整。这种泵可适应系统的不同要求，自动调节流量。

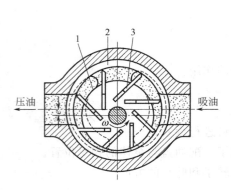

图5-5 单作用叶片泵工作原理图
1—转子；2—定子；3—叶片

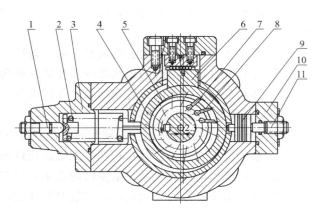

图5-6 YBX型变量叶片泵结构图
1—压力调节螺钉；2—调压弹簧；3—弹簧泵盖；4—定子；
5—转子；6—滑块；7—叶片；8—传动轴；
9—反馈控制活塞；10—活塞压盖；
11—最大流量调节螺钉

（2）拆卸步骤

① 松开左端固定螺钉，拆下弹簧泵盖3，取出调压弹簧2及弹簧座。

② 松开右端固定螺钉，拆下活塞压盖10，取出反馈控制活塞9。

③ 松开上端固定螺钉，拆下滑块压盖，取出滑块6及下面的滚针轴承。

④ 分别松开前后固定螺钉，拆下传动轴左右端盖，取出左配流盘、定子、转子传动轴组件和右配流盘。

⑤ 分解以上各部件。

（3）结构特点观察

① 注意观察最大流量调节装置和压力反馈装置中各零部件间的装配关系和工作机理。

② 注意观察铭牌。铭牌标注了泵的基本参数，如泵的排量、泵的额定压力等。

③ 注意观察泵的定子外衬圈与定子、侧板、反馈控制活塞的装配关系。

④ 注意观察配流盘结构、配油盘的压油窗口和吸油窗口的位置。

⑤ 注意观察定子曲线的形状和叶片放置的倾角。

⑥ 注意泵体上油道的位置和形状，并仔细分析它们的作用。

（4）装配要点和注意事项

装配顺序与拆卸顺序相反。装配时应注意以下事项。

① 该泵的旋转方向是固定的，安装时要注意定子、转子和叶片的方向。

② 滚针用滚针架固定后，需通过弹簧扣与上下滑块相连。

(5) 实验报告

① 根据实物，画出 YBX 叶片泵的工作原理简图。
② 简要说明该型叶片泵的结构组成。
③ 通过拆装，掌握该型叶片泵内主要零部件构造，了解其加工工艺要求。
④ 分析影响液压泵正常工作及容积效率的因素，了解泵中易产生故障的部件并分析其原因。
⑤ 掌握拆装外反馈限压式叶片泵的方法和拆装要点。

(6) 思考题

① 单作用叶片泵密封空间由哪些零件组成？共有几个？
② 单作用叶片泵和双作用叶片泵在结构上有什么区别？
③ 变量泵配流盘上开有几个槽孔？各有什么用处？
④ 应操纵何种装置来调节变量泵的最大流量和限定压力？
⑤ 外反馈式与内反馈式叶片泵的工作原理有何异同？
⑥ 泵体上的斜孔起什么作用？

5.1.5 SCY14 型手动变量轴向柱塞泵拆装

(1) 工作原理

SCY14 型手动变量轴向柱塞泵由轴向柱塞泵本体和手动变量机构两部分组成。

轴向柱塞泵是将多个柱塞配置在一个共同缸体的圆周上，并使柱塞中心线和缸体中心线平行的一种泵。轴向柱塞泵有两种形式：直轴式（又称斜盘式）和斜轴式（又称摆缸式）。SCY14 型手动变量轴向柱塞泵属于直轴式，图 5-7 为该泵的结构图。

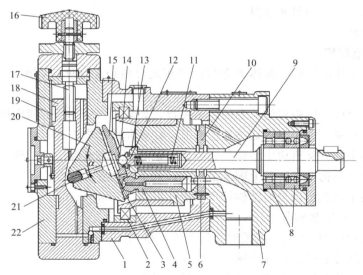

图 5-7 SCY14 型手动变量轴向柱塞泵结构图

1—中间泵体；2—缸外大轴承；3—滑靴；4—柱塞；5—缸体；6—定位销；7—前泵体；8—轴承；9—传动轴；
10—配流盘；11—中心弹簧；12—内套筒；13—外套筒；14—钢球；15—回程盘；16—调节手轮；
17—调节螺杆；18—变量活塞；19—导向键；20—斜盘；21—销轴；22—后泵盖

该泵主体由缸体 5、配流盘 10、柱塞 4 和斜盘 20 等组成。柱塞沿圆周均匀分布在缸体内。斜盘轴线与缸体轴线倾斜一角度，柱塞靠机械装置或在低压油作用下压紧在斜盘上，配流盘和斜盘固定不转。当原动机通过传动轴使缸体转动时，由于斜盘的作用，迫使柱塞在缸体内做往复运动，并通过配油盘的配油窗口进行吸油和压油。缸体转角在 $\pi \sim 2\pi$ 范围内，柱塞向外伸出，柱塞底部缸孔的密封工作容积增大，通过配油盘的吸油窗口吸油；在 $0 \sim \pi$ 范围内，柱塞被斜盘推入缸体，使缸孔容积减小，通过配油盘的压油窗口压油。缸体每转一周，每个柱塞各完成吸、压油一次，如果改变斜盘倾角，就能改变柱塞行程的长度，即改变液压泵的排量，改变斜盘倾角方向，就能改变吸油和压油的方向。

该泵的变量机构采用手动变量机构。转动调节手轮 16，使调节螺杆 17 转动，带动变量活塞 18 做轴向移动。通过销轴 21 使斜盘 20 绕变量机构壳体上的圆弧导轨面的中心（即钢球中心）旋转，从而使斜盘倾角改变，达到柱塞泵改变流量的目的。当流量达到要求时，可用调节手轮 16 下面的锁紧螺母锁紧。这种变量机构结构简单，但必须在停机时操纵，不能在工作过程中改变泵的流量。

(2) 拆装步骤

① 松开变量机构与泵体上的固定螺钉，将左端手动变量机构和泵体分开。
② 拧下手动变量机构左端刻度盘上的连接螺钉，取下刻度盘、拨叉和销子。
③ 拆下卸盘和中间的销轴。
④ 取下手动变量机构上端调节手轮及锁紧螺母。
⑤ 拧下手动变量机构上端盖上的连接螺钉，取下调节螺杆。
⑥ 拧下手动变量机构下端盖上的连接螺钉，取下密封圈，轻轻敲出变量活塞。
⑦ 拆下泵体部分的回程盘、柱塞和导套。
⑧ 拆下缸体。
⑨ 拆下配流盘。
⑩ 拆下泵体部分右端盖和油封。
⑪ 取出传动轴。

(3) 结构特点观察

① 注意观察泵体的结构，泵体上有与柱塞相配合的加工精度很高的圆柱孔，中间开有花键孔。
② 注意观察铭牌。铭牌标注了泵的基本参数，如泵的排量、泵的额定压力等。
③ 注意观察柱塞、滑履及斜盘的连接情况，柱塞和滑履中心开有小孔。
④ 注意观察中心弹簧机构中心弹簧、内套、钢球和回程盘及滑履的连接形式。
⑤ 注意配流盘结构，了解其上配流窗口和卸荷槽的位置。
⑥ 注意观察手动变量机构的结构特点和操作形式。

(4) 装配要点和注意事项

装配顺序与拆卸顺序相反。装配时应注意以下事项。
① 用汽油清洗各零部件，并按顺序放好。
② 将变量机构和泵体分别装配完毕后再进行组装。
③ 装配变量活塞和传动轴时在其表面涂上少量液压油。

(5) 实验报告

① 根据实物，画出 SCY14 轴向柱塞泵的工作原理简图。
② 简要说明 SCY14 轴向柱塞泵的结构组成。
③ 通过拆装，掌握 SCY14 轴向柱塞泵内主要零部件构造，了解其加工工艺要求。

④ 掌握拆装 SCY14 轴向柱塞泵的方法和拆装要点。

(6) 思考题

① 柱塞泵的密封工作容积由哪些零件组成？密封腔有几个？
② 柱塞泵是如何实现配流的？
③ 采用中心弹簧机构有何优点？泵是如何实现自吸能力的？
④ 柱塞泵的配流盘上开有几个槽孔？各有什么作用？
⑤ 手动变量机构由哪些零件组成？如何调节泵的流量？其变量特点与齿轮泵、叶片泵有什么不同？
⑥ 该泵采用了哪些措施以减小滑履和斜盘之间的摩擦？

5.2 液压执行元件拆装分析实验

【实验目的】

执行元件是把液压能转换成机械能的装置。其形式有做直线运动的液压缸，也有做回转运动的液压马达。

液压缸是液压系统中常用的一种执行元件，是把液体的压力能转变为机械能的装置，主要用于实现机构的直线往复运动，也可以实现摆动，其结构简单，工作可靠，维修方便，应用广泛。液压缸的种类很多，最常见的是活塞式液压缸和柱塞式液压缸，前者根据其使用要求不同可分为双杆式和单杆式两种类型。

液压马达也是把液体的压力能转换为机械能的装置，液压马达可分为高速和低速两大类。高速液压马达的基本形式有齿轮式、螺杆式、叶片式和轴向柱塞式等。低速液压马达的基本形式是径向柱塞式，如多作用内曲线式、单作用曲轴连杆式等。通过对一些常见的液压执行元件的拆装，可加深对液压缸和液压马达结构及工作原理的了解，熟悉各零部件的位置和作用以及相应的装配工艺，有助于加深对课堂知识的进一步理解。

【实验内容】

拆装 HSGL 单杠双作用活塞缸、柱塞、CM-F 型齿轮马达，并分析上述液压动力元件的结构特点和工作原理。

【实验工具和材料】

主要工具和材料如表 5-2 所示。

表 5-2 液压执行元件拆装和分析实验工具和材料

器材名称	数量	器材名称	数量	器材名称	数量
轴用卡簧钳	1套	行吊	1个	橡胶锤	1个
铜棒	1套	吊链	1个	汽油	若干
组合旋具	1套	固定和活动扳手	各1个	液压油	若干

5.2.1 HSGL 型单杠双作用活塞缸拆装实验

(1) 工作原理

图 5-8 所示是一个较常用的 HSGL 型单杆双作用液压缸的结构图。它由缸底 20、缸筒 10、缸盖兼导向套 9、活塞 11 和活塞杆 18 等组成。缸筒一端与缸底焊接在一起，另一端缸

盖与缸筒用卡键 6、套 5、和弹簧挡圈 4 固定，以便拆装检修，两端设有油口 A 和油口 B。活塞 11 与活塞杆 18 利用卡键 15、卡键帽 16 和弹簧挡圈 17 连在一起。活塞与缸孔的密封采用的是一对 Y 形密封圈 12，由于活塞与缸孔有一定间隙，采用由尼龙 1010 制成的耐磨环（又叫支承环）13 定心导向。活塞杆 18 和活塞 11 的内孔由 O 形密封圈 14 密封。较长的导向套 9 则可保证活塞杆不偏离中心，导向套外径由 O 形密封圈 7 密封，而其内孔则由 Y 形密封圈 8 和防尘圈 3 分别防止油外漏和灰尘带入缸内。缸与杆端销孔与外界连接，销孔内有尼龙衬套抗磨。

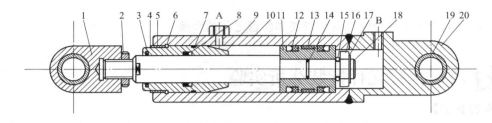

图 5-8　HSGL 单杆双作用液压缸结构图

1—耳环；2—螺母；3—防尘圈；4,17—弹簧挡圈；5—套；6,15—卡键；7,14—O 形密封圈；
8,12—Y 形密封圈；9—缸盖兼导向套；10—缸筒；11—活塞；13—耐磨环；
16—卡键帽；18—活塞杆；19—衬套；20—缸底

这种缸液压油交替供入液压缸活塞两侧，驱动活塞在正反两个方向做往复运动。其往复运动均能很好地控制。此外，该种液压缸只在活塞的一侧装有活塞杆，因而两腔有效作用面积不同，往返的运动速度和作用力也不相等。活塞杆推出时作用力较大，速度较慢，拉入时，作用力较小，速度较快，因而它适用于推出时承受工作载荷、拉入时为空载或工作载荷较小的液压装置。单活塞杆液压缸是应用得最多的一种液压缸。

（2）拆卸步骤

① 用卡簧钳取下导向套上的轴用挡圈。

② 用橡胶锤或铜棒轻轻敲击导向套，使之向缸体内侧移动，直到完全露出卡键。

③ 用旋具从缸体卡键槽中取出 3 只卡键。

④ 用行吊或吊链将液压缸活塞杆耳环挂牢，打开液压缸进出油口的防污塞，提升液压缸到一定高度。

⑤ 用铜棒敲击缸体使之向下移动，同时不断提起液压缸活塞杆，使之与地面保持一定距离。

⑥ 在活塞的带动下，导向套、挂环等逐渐从缸体中脱离出来，直至缸体与活塞杆分离。

⑦ 将液压缸横向放置在工作台上，取出活塞杆，然后取下活塞紧固螺母。

⑧ 取出活塞外圆上的密封圈及耐磨环。

⑨ 用橡胶锤或铜棒从活塞杆上轻轻敲出活塞，取出活塞内圆上的 O 形密封圈等。

⑩ 从活塞杆上取下导向套及其防尘圈和挡圈等。

（3）结构特点观察

① 观察导向套、活塞、缸体的相互连接关系。

② 观察卡键的位置及与周围零件的装配关系。

③ 观察液压缸的各密封部位。

④ 观察各密封圈，了解其密封机理。
⑤ 用灯光照射缸体内部，观察油缸的缓冲结构。

(4) 装配要点和注意事项

装配顺序与拆卸顺序相反。装配时应注意以下事项。
① 用汽油清洗各零部件。
② 装配活塞及活塞杆时，注意各密封圈不得被缸体上的卡键槽损伤。
③ 用吊装设备起吊时，注意速度要缓慢，不要使缸体离地面太高。

(5) 实验报告

① 根据实物，画出单杆双作用液压缸的工作原理简图。
② 简要说明单杆双作用液压缸的结构组成。
③ 通过拆装，掌握单杆双作用液压缸内主要零部件构造，了解其加工工艺要求。
④ 掌握拆装单杆双作用液压缸的方法和拆装要点。

(6) 思考题

① 液压缸上采取了哪几种密封形式？各有什么特点？
② 液压缸上为什么要设置缓冲装置？其缓冲原理是什么？
③ 液压缸上有无排气装置？如有，在何处？其工作原理是什么？
④ 测量所拆装的活塞缸的缸径和杆径。若保持所提供的流量不变，计算活塞往复运行的速度比是多少？
⑤ 缸筒和缸盖的结构形式和其使用的材料之间有何关系？

5.2.2 柱塞缸拆装实验

(1) 工作原理

图 5-9 所示为曲轴磨床上应用的柱塞式液压缸结构图。柱塞缸由缸筒 2、柱塞 3、导向套 5、密封圈 6 等零件组成，柱塞和缸筒内壁不接触，因此缸筒内孔不需精加工，其工艺性好，成本低，特别适用于行程较长的场合。压力油从液压缸左端进油口 a 进入缸筒 2，作用在柱塞 3 的左端面上，推动其向右运动，通过钢球 7 顶在砂轮架上以消除其丝杠螺母副的间隙。柱塞缸在压力油作用下只能产生单向运动，回程要靠外力作用。

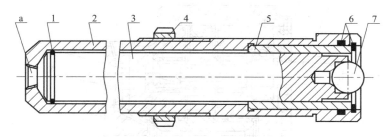

图 5-9 柱塞式液压缸结构图
1—O形密封圈；2—缸筒；3—柱塞；4—连接螺母；5—导向套；
6—密封圈；7—钢球；a—进油口

(2) 拆卸步骤

① 取下钢球和导向套。
② 取下缸筒右端密封圈。

③ 取出柱塞，拆下 O 形密封圈。
④ 卸下缸筒上的连接螺母。

(3) 结构特点观察

① 注意观察柱塞缸内壁、导向套和柱塞间的连接关系。
② 注意观察柱塞缸的密封结构形式。
③ 注意观察柱塞缸的进出油口通道。

(4) 装配要点和注意事项

装配顺序与拆卸顺序相反。

(5) 实验报告

① 根据实物，画出柱塞缸的工作原理简图。
② 简要说明柱塞缸的结构组成。
③ 通过拆装，掌握柱塞缸内主要零部件构造，了解其加工工艺要求。
④ 掌握拆装柱塞缸的方法和拆装要点。

(6) 思考题

① 柱塞缸的回程是如何实现的？
② 柱塞缸缸筒的内壁采用什么加工形式？为什么？
③ 与上述单杆双作用液压缸相比，柱塞缸的应用有何特点？

5.2.3 CM-F 型齿轮马达拆装

(1) 工作原理

CM-F 型齿轮马达为固定间隙的齿轮马达，其结构图如图 5-10 所示。齿轮两侧的侧板是用优质碳素钢 Q8F 表面烧结 0.5～0.7mm 厚的磷青铜制成。该侧板只起耐磨作用，没有端面间隙的补偿作用。采用固定间隙的优点是可以减小摩擦力矩，改善启动性能。其缺点是容积效率低。工作时一对齿轮 7、9 发生啮合，在两个齿轮上各有一个使它们产生转矩的作用力，在该力作用下两齿轮按相对方向回转，并把油液带到低压腔随着轮齿的啮合而排出，

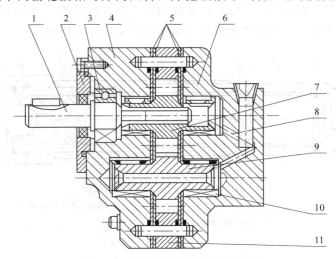

图 5-10 CM-F 型齿轮马达结构图
1—传动轴；2—密封盖；3—轴承；4—前泵盖；5—侧板；6—后泵盖；
7，9—齿轮；8—压油通道；10—滚针轴承；11—泵体

同时在液压马达的输出轴 1 上输出一定的转矩和转速。

(2) 拆卸步骤

① 卸下前泵盖和后泵盖之间的螺钉，将后泵盖及相应密封圈、滚针轴承取下。
② 卸下密封盖与前泵盖之间的连接螺钉，取下密封盖、密封垫和轴上油封。
③ 卸下定位销，依次取下右侧板、齿轮和左侧板。
④ 抽出传动轴，卸下前泵盖中滚动轴承。

(3) 结构特点观察

① 注意观察两端侧板的材料、形式以及与前后泵盖的装配关系。
② 注意观察传动轴与齿轮间的装配关系。
③ 注意观察泵盖上泄漏油的通道形式和走向。
④ 注意观察该泵各处的密封结构形式。

(4) 装配要点和注意事项

装配顺序与拆卸顺序相反。装配时应注意以下事项。
① 零件拆卸完毕后，用汽油清洗全部零件，干燥后用不起毛的布擦拭干净。
② 装配时应防止对零件的损伤。
③ 拧紧螺钉时要让几个螺钉均匀受力。
④ 装配后向马达的进出油口注入机油，用手转动应均匀，无过紧感觉。

(5) 实验报告

① 根据实物，画出 CM-F 型齿轮马达的工作原理简图。
② 简要说明该型马达的结构组成。
③ 通过拆装，掌握该型马达内主要零部件构造，了解其加工工艺要求。
④ 掌握拆装齿轮马达的方法和拆装要点。

(6) 思考题

① 该型齿轮马达的进出油口与齿轮泵相比有何不同？为什么？
② 该型齿轮马达与高压齿轮马达相比主要区别是什么？
③ 该型齿轮马达泄漏油的流向与齿轮泵相比有何区别？
④ 该型齿轮马达采取什么措施来减小马达的启动摩擦扭矩？

5.3 控制元件拆装实验

【实验目的】

在液压系统中，用于控制系统中液流压力、流量和方向的元件，总称为液压控制阀。液压控制阀的种类繁多，可分为方向阀、压力阀和流量阀三大类。压力阀和流量阀利用通流截面的节流作用控制系统的压力和流量，而方向阀则利用通流通道的更换控制油液的流动方向。液压阀的结构主要分为三部分：阀体、阀芯以及采用机、电、液等不同方式的控制机构。液压阀的连接方式主要有管式、板式和集成连接式。通过对一些常见液压阀的拆装训练，可加深对阀结构及其工作原理的了解，并能对液压阀的加工及装配工艺有一个初步的认识。

【实验内容】

拆解 P 型直动式中压溢流阀、Y 型先导式溢流阀、J 型减压阀、XF 型顺序阀、LA 型节流阀、DIF 型单向阀、A1Y 型液控单向阀、34S 型三位四通手动换向阀以及 34D 型三位四通电磁换向阀，并分析上述控制元件的结构特点和工作原理。

【实验工具和材料】

主要工具和材料如表 5-3 所示。

表 5-3　液压控制元件拆装和分析实验工具和材料

器材名称	数量	器材名称	数量	器材名称	数量
固定和活动扳手	1 套	内卡簧钳	1 个	台虎钳	1 个
组合旋具	1 套	铜棒	1 个	汽油	若干
内六角扳手	1 套	专用钢套	1 个	液压油	若干

5.3.1　P 型直动式中压溢流阀拆装实验

(1) 工作原理

P 型直动式中压溢流阀由滑阀阀芯 4、阀体 5、调压弹簧 2、上盖 3、调节螺帽 1 等零件组成，其结构如图 5-11 所示。阀体 5 左右两侧开有进油口 P 和回油口 T，并通过管接头与系统连接。阀体中开有内泄孔道 b、滑阀阀芯 4，下部开有相互连通的径向小孔 c 和轴向阻尼小孔 d 及锥孔 a。将受控压力油作用在阀芯下端面上产生的液压力与弹簧力相比较，当液压力大于弹簧预调力时，滑阀开启，油液即从出油腔 T 溢流回油箱。孔道 b 用于将弹簧腔的泄漏油排回油箱（内泄）。如果将上盖 3 旋转 180°，卸掉 L 处丝堵，可在泄油口 L 外接油管，将泄漏油直接通油箱，此时阀变为外泄式溢流阀。

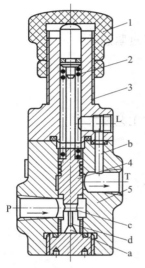

图 5-11　P 型直动式溢流阀结构图
1—调节螺帽；2—调压弹簧；
3—上盖；4—阀芯；5—阀体；
a—锥孔；b—内泄孔道；
c—径向小孔；d—轴向阻尼小孔

(2) 拆卸步骤

① 先将上盖处 4 个螺钉用工具分别拧下来，使阀体与阀盖分离。

② 拧下调节螺帽，从阀体中取出调压弹簧和与之相连的挡圈及调节杆。

③ 将锁紧螺母从阀的上盖上拧下来。

④ 将阀体下端的底盖旋下来，取出 O 形密封圈，然后抽出阀芯。

⑤ 取出阀体孔道上的小钢球。

(3) 结构特点观察

① 注意观察阀体的结构，特别是阀体内的泄油孔道。

② 注意观察阀芯的结构形式。

③ 注意观察该阀的密封结构形式。

④ 注意观察阀芯中阻尼孔开口形状和位置。

(4) 装配要点和注意事项

装配顺序与拆卸顺序相反。装配时应注意以下事项。

① 零件拆卸完毕后，用汽油清洗全部零件，干燥后用不起毛的布擦拭干净。

② 装配阀芯时要注意避免对其表面的损伤。

(5) 实验报告

① 根据实物，画出 P 型直动式溢流阀的工作原理简图。
② 简要说明 P 型直动式溢流阀的结构组成。
③ 通过拆装，进一步理解 P 型直动式溢流阀内主要零部件构造，了解其加工工艺要求。
④ 掌握 P 型直动式溢流阀调整开启压力的方法。

(6) 思考题

① P 型直动式溢流阀的泄漏油是如何回油箱的？
② P 型直动式溢流阀阀芯中阻尼孔是起什么作用的？
③ 直动式溢流阀阀芯结构形式有哪几种？各有何特点？
④ P 型直动式溢流阀阀芯上的阻尼小孔起什么作用？

5.3.2 Y 型先导式溢流阀拆装实验

(1) 工作原理

Y 型溢流阀结构如图 5-12 所示。系统的压力作用于主阀及先导阀，当先导阀未打开时，腔中液体没有流动，作用在主阀两侧的液压力平衡，主阀被弹簧压在阀口关闭位置。当系统压力增大到使先导阀打开时，液流通过阻尼孔、先导阀流回油箱。由于阻尼孔的阻尼作用，使主阀下端的压力大于上端的压力，主阀在压差的作用下向上移动，打开阀口，实现溢流作用。调节先导阀的调压弹簧，便可实现溢流压力的调节。

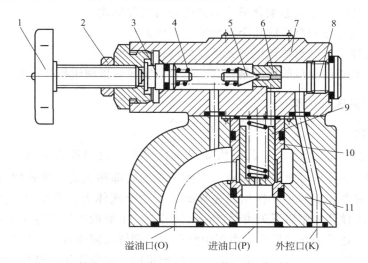

图 5-12 Y 型溢流阀结构图

1—调节手轮；2—锁紧螺母；3—弹簧座；4—调压弹簧；5—锥阀；6—锥阀座；
7—先导阀盖；8—螺塞；9—阀芯；10—阀套；11—主阀体

(2) 拆卸步骤

① 首先将先导阀盖和主阀体之间的 4 个螺钉松开并取下来，使先导阀与主阀分开。
② 取出主阀上的 O 形密封圈，取下主阀弹簧。
③ 取出主阀芯和与之相配合的阀套以及对应的密封圈。

④ 松开先导阀锁紧螺母，然后旋下调节手轮，松开主螺母，取出先导阀弹簧座、调压弹簧及锥阀。

⑤ 松开先导阀盖右端螺塞及密封圈，取出锥阀座。

(3) 结构特点观察

① 注意观察先导阀盖和主阀体的结构，特别是阀体内的油口通道。

② 注意观察主阀芯和先导阀锥阀、锥阀座的结构形式。

③ 注意观察该阀两个弹簧的安装位置和结构特点。

④ 注意观察阀体上溢油口和远控口的开口位置和走向。

⑤ 注意观察该阀采用的密封结构形式。

(4) 装配要点和注意事项

装配顺序与拆卸顺序相反。装配时应注意以下事项。

① 零件拆开后按先后顺序摆放，并仔细观察各零部件结构及其所在位置。

② 装配前将各零件用汽油清洗干净。

③ 放入 O 形圈时，可在主阀芯及阀孔上等部位涂少许液压油。

(5) 实验报告

① 根据实物，画出 Y 型先导式溢流阀的工作原理简图。

② 简要说明 Y 型先导式溢流阀的结构组成。

③ 通过拆装，明确 Y 型先导式溢流阀内主要零部件构造，了解其加工工艺要求。

④ 写出 Y 型先导式溢流阀与前述及 P 型直动式溢流阀的主要区别。

(6) 思考题

① 先导型溢流阀按主阀芯配合形式不同可分为几种形式？

② 先导阀和主阀分别是由哪几个重要零件组成的？

③ 为什么先导型溢流阀的调压弹簧可以做得比较小？

④ 先导型溢流阀远控口的作用是什么？是如何实现远程调压和卸荷的？

5.3.3 J 型减压阀拆装

(1) 工作原理

J 型减压阀为先导式减压阀，其结构如图 5-13 所示。进口压力 p_1 经减压缝隙减压后，压力变为 p_2，经主阀芯 7 的轴向小孔进入主阀芯 7 的底部和上端（弹簧侧），再经过阀盖 1 上的孔和先导阀阀座 2 上的小孔作用在先导阀芯 3 的锥阀体上。当出口压力低于调定压力时，先导阀在调压弹簧的作用下关闭阀口，主阀芯上、下腔的油压均等于出口压力，主阀芯在弹簧力的作用下处于最下端位置，滑阀中间凸肩与阀体之间构成的减压阀阀口全开，不起减压作用。当出口压力上升至调定压力时，先导阀锥阀在油压作用下被打开溢流，流入先导阀弹簧腔的液体经阀盖上的泄油孔流回油箱。由于滑阀中部轴向孔 9 为阻尼孔，因此油液流经该孔时有压力损失存在，滑阀上腔压力 p_2 低于滑阀下腔压力 p_1，于是滑阀在上、下两端压力差的作用下克服弹簧力向上运动（减压阀阀口减小），运动到某一位置，作用在滑阀上的所有力处于平衡，此时，先导阀锥阀在油压 p_2 和先导阀调压弹簧的弹簧力以及阀口液动力的共同作用下处于某一平衡位置，先导阀阀口开度为一定值。如果先导阀调压弹簧的弹簧力调定，则先导阀前的压力 p_1 为定值，相应阀的出口压力亦为定值，从而起到保持出口压力稳定和减压的作用。

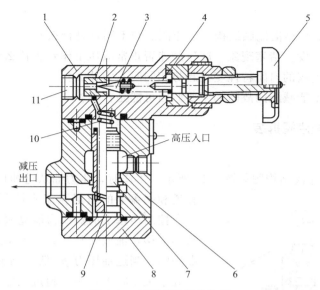

图 5-13 J 型减压阀结构图

1—阀盖；2—先导阀座；3—先导阀芯；4—调压弹簧；5—调压手轮；6—阀体；
7—主阀芯；8—端盖；9—阻尼孔；10—主阀弹簧；11—远控口

(2) 拆卸步骤

① 首先将阀盖和阀体之间的螺钉松开并取下，使先导阀与主阀分开。

② 将下部端盖和阀体之间的螺钉松开并取出主阀上的 O 形密封圈，轻轻取出主阀芯，取下主阀弹簧。

③ 松开先导阀上的锁紧螺母，然后旋下调节手轮。

④ 卸下先导阀上的主螺母，取出调压弹簧、先导阀锥阀阀芯和阀座。

(3) 结构特点观察

① 注意观察先导阀盖和主阀体的结构，特别是阀体内的油口通道。

② 注意观察主阀芯和先导阀锥阀、锥阀座的结构形式。

③ 注意观察该阀先导阀弹簧处油室的回油孔位置和走向。

④ 注意观察该阀进出油口相对于主阀的位置。

⑤ 注意观察该阀采用的密封结构形式。

(4) 装配要点和注意事项

装配顺序与拆卸顺序相反。装配时应注意以下事项。

① 零件拆开后按先后顺序摆放，并仔细观察各零部件结构及其所在位置。

② 装配前将各零件用汽油清洗干净。

③ 放入 O 形圈前，可在主阀芯及阀孔上等部位涂少许液压油。

(5) 实验报告

① 根据实物，画出 J 型减压阀的工作原理简图。

② 简要说明 J 型减压阀的结构组成。

③ 通过拆装，熟悉 J 型减压阀内主要零部件构造，了解其加工工艺要求。

④ 掌握根据系统流量和压力正确选用减压阀的方法。

⑤ 写出先导式减压阀与直动式减压阀的主要区别。

(6) 思考题

① J 型减压阀和 Y 型溢流阀结构上的相同点与不同点是什么？

② 泄漏油口如果发生堵塞现象，减压阀能否正常减压工作？为什么？

③ 减压阀和溢流阀的启闭特性变化趋势相同吗？为什么？

④ 减压阀出现不能减压的故障的主要原因可能是什么？

5.3.4 XF 型顺序阀拆装

(1) 工作原理

XF 型直动式顺序阀结构图如图 5-14 所示，工作时，压力油从进油口进入，经阀体上的孔道和端盖上的阻尼孔流到控制活塞的底部，当作用在控制活塞上的液压力能克服阀芯上的弹簧力时，阀芯上移，油液便从出油口流出。该阀称为内控式顺序阀。当进油压力 p_1 低于调定压力时，顺序阀一直处于关闭状态，一旦超过调定压力，阀口便全开，压力油进入出油口，驱动另一执行元件动作。若将阀的底盖旋转 90°安装，切断进油口通向控制活塞下腔的通道，并打开外腔口丝堵，引入控制压力油，便成为外控式顺序阀。

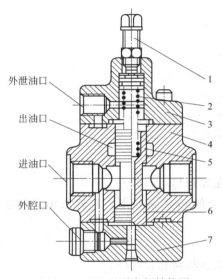

图 5-14 XF 型顺序阀结构图
1—调节螺杆；2—调压弹簧；3—阀盖；4—阀体；5—阀芯；6—控制活塞；7—底盖

(2) 拆卸步骤

① 首先将阀盖和阀体之间的螺钉松开并取下来，使阀体与阀盖分离。

② 拧下锁紧螺母，从阀体中取出调节螺杆、调压弹簧和与之相连的挡圈以及上部 O 形密封圈。

③ 将下部底盖和阀体之间的螺钉松开，取下底盖，然后取出阀芯以及下部 O 形密封圈等。

④ 卸下外腔口丝堵。

(3) 结构特点观察

① 注意观察阀盖上泄油口的位置和孔道走向。

② 注意观察底盖的安装连接形式。

③ 注意观察该阀弹簧的安装位置和结构特点。

④ 注意观察阀体上控制活塞的位置和结构特点。

(4) 装配要点和注意事项

装配顺序与拆卸顺序相反。装配时应注意以下事项。

① 零件拆开后按先后顺序摆放，并仔细观察各零部件结构及其所在位置。

② 装配前将各零件用汽油清洗干净。

③ 放入 O 形圈前，可在主阀芯及阀孔等部位涂少许液压油。

(5) 实验报告

① 根据实物，画出 XF 型顺序阀的工作原理简图。

② 简要说明 XF 型顺序阀的结构组成。

③ 通过拆装，熟悉 XF 型顺序阀内主要零部件构造，了解其加工工艺要求。

④ 掌握根据系统流量和压力正确选用顺序阀的方法。
⑤ 写出 XF 型顺序阀与直动式溢流阀的异同点。

(6) 思考题

① 顺序阀、减压阀和溢流阀一般各用在哪些场合？三者之间有何异同点？
② 先导式顺序阀与直动式顺序阀在结构上有何不同？性能上有何优点？
③ 改变底盖和阀盖的相对安装位置可以构成哪些形式的顺序阀？
④ 为什么直动式顺序阀的动作压力不能太高？

5.3.5 LA 型节流阀拆装

(1) 工作原理

节流阀是一种最简单又最基本的流量控制阀，是一种借助于控制机构使阀芯相对于阀体孔运动，通过改变节流截面或节流长度来控制流体流量的阀。图 5-15 所示是 LA 型节流阀的结构图。

压力油从进油口流入，经节流口从出油口流出。节流口的形式为轴向三角沟槽式。由于进油口的压力油经过阀体 3 上的通油孔通向上、下阀芯两端，作用于节流阀芯上的力是平衡的，因而调节力矩较小，便于在高压下进行调节。当调节节流阀的手轮时，可通过顶杆推动阀芯 4 向下移动。节流阀芯的复位靠弹簧 5 的弹簧力来实现。节流阀芯的上下移动改变着节流口的开口大小，从而实现对流体流量的调节。

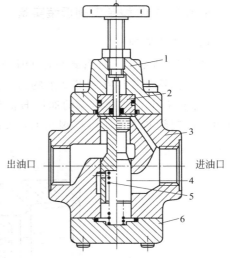

图 5-15 LA 型节流阀结构图
1—顶盖；2—导套；3—阀体；
4—阀芯；5—弹簧；6—底盖

(2) 拆卸步骤

① 首先将阀顶盖和阀体之间的螺钉松开并取下顶盖及相关零部件，使阀体与阀顶盖分离。
② 拧下阀顶盖上的锁紧螺母，从顶盖上旋下手轮。
③ 从顶盖中取出导套和导套中的推杆以及相应的 O 形密封圈。
④ 将下部底盖和阀体之间的螺钉松开，取出阀芯、O 形密封圈和弹簧等。

(3) 结构特点观察

① 注意观察阀体上两个分别通向阀芯上下两端的油孔的位置和走向。
② 注意观察手轮、推杆和阀芯之间的连接形式。
③ 注意观察该阀弹簧的安装位置和结构特点。
④ 注意观察该阀采用的密封结构形式。
⑤ 注意观察该阀节流口的形状特征。

(4) 装配要点和注意事项

装配顺序与拆卸顺序相反。装配时应注意以下事项。
① 零件拆开后按先后顺序摆放，并仔细观察各零部件结构及其所在位置。
② 装配前将各零件用汽油清洗干净。
③ 放入 O 形圈前，可在主阀芯及阀孔等部位涂少许液压油。

④ 拆卸或安装一组螺钉时，用力要均匀。

(5) 实验报告

① 根据实物，画出 LA 型节流阀的工作原理简图。
② 简要说明 LA 型节流阀的结构组成。
③ 通过拆装，熟悉 LA 型节流阀内主要零部件构造，了解其加工工艺要求。
④ 画出节流阀经常采用的阀口形式。

(6) 思考题

① 节流阀一般有哪几种形式？
② 该阀为何能带载调节？
③ 节流阀的刚度指的是什么？
④ 节流阀的主要性能指标有哪些？

5.3.6 DIF 型单向阀拆装实验

(1) 工作原理

图 5-16 所示是一种管式普通 DIF 型单向阀的结构图。压力油从阀体左端的油口 A 流入时，克服弹簧 3 作用在阀芯 2 上的力，使阀芯向右移动，打开阀口，并通过阀芯 2 上的径向孔 a、轴向孔 b 从阀体右端的油口 B 流出。但是压力油从阀体右端的油口 B 流入时，它和弹簧力一起使阀芯锥面压紧在阀座上，使阀口关闭，油液无法通过。

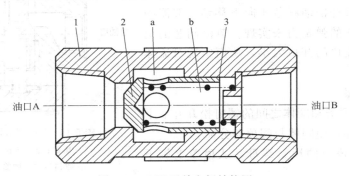

图 5-16 DIF 型单向阀结构图
1—阀体；2—阀芯；3—弹簧；a—径向孔；b—轴向孔

(2) 拆卸步骤

① 首先将单向阀内弹簧卡环用内卡簧钳取下。
② 取出弹簧。
③ 取出阀芯。

(3) 结构特点观察

① 注意观察阀芯头部的形状和朝向。
② 注意观察阀芯上输入输出油口位置和阀体上的箭头指向。
③ 注意观察该阀弹簧结构特点。

(4) 装配要点和注意事项

装配顺序与拆卸顺序相反。装配时应注意以下事项。
① 装配前将各零件用汽油清洗干净。

② 阀芯方向应与阀体上箭头指向保持一致。

(5) 实验报告

① 根据实物,画出单向阀的工作原理简图。
② 简要说明单向阀的结构组成。
③ 通过拆装,熟悉单向阀内主要零部件构造,了解其加工工艺要求。

(6) 思考题

① 普通单向阀按阀芯结构形式一般分哪几种?
② 单向阀的主要性能指标有哪些?
③ 单向阀如果做背压阀时弹簧应怎样调整?

5.3.7 A1Y型液控单向阀拆装

(1) 工作原理

A1Y型液控单向阀的结构如图5-17所示。当控制口K处无压力油通入时,它的工作机制和普通单向阀一样,压力油只能从油口A流向油口B,不能反向倒流。当控制口K有控制压力油时,因控制活塞6上腔与A腔相通,活塞1上移,推动顶杆顶开阀芯2,使油口B和油口A接通,油液就可在两个方向自由通流。

(2) 拆卸步骤

① 将上盖与阀体之间的连接螺钉松开并退下。
② 取出上盖与阀体间的密封圈、阀芯以及弹簧。
③ 将下盖与阀体之间的连接螺钉松开并退下。
④ 取出下盖与阀体间的密封圈以及控制活塞。

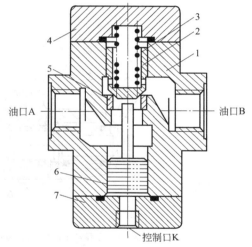

图5-17 A1Y型液控单向阀结构图
1—阀体;2—阀芯;3—弹簧;4—上盖;
5—阀座;6—控制活塞;7—下盖

(3) 结构特点观察

① 注意观察阀体上有无泄油口。
② 注意观察阀芯上输入输出油口位置和阀体上的箭头指向。
③ 注意观察控制活塞结构尺寸及与A腔的连通情况。

(4) 装配要点和注意事项

装配顺序与拆卸顺序相反。装配时应注意以下事项。
① 装配前将各零件用汽油清洗干净。
② 注意观察阀体上箭头指向。
③ 放入O形圈前,可在主阀芯及阀孔等部位涂少许液压油。

(5) 实验报告

① 根据实物,画出液控单向阀的工作原理简图。
② 简要说明液控单向阀的结构组成。
③ 通过拆装,熟悉液控单向阀内主要零部件构造,了解其加工工艺要求。

(6) 思考题
① 普通单向阀与液控单向阀结构上的主要区别是什么?
② 该液控单向阀属于内泄式还是外泄式?两种形式的液控单向阀各有何特点?
③ 该种液控单向阀一般用在什么回路?
④ 带卸载阀芯的液控单向阀一般用在什么回路?

5.3.8　34S 型三位四通手动换向阀拆装

(1) 工作原理

手动换向阀主要有弹簧复位和钢珠定位两种形式。图 5-18 所示是三位四通手动换向阀的结构图,属弹簧复位式,用手操纵手柄 8 即可推动阀芯 11 相对阀体 6 移动,从而改变其工作位置。它不能定位在两个极端位置,通过手柄推动阀芯后,要想维持在极端位置,必须用手扳住手柄不放,一旦松开了手柄,阀芯会在弹簧力的作用下,自动弹回中位。该阀操纵杠杆的支点采用的是销轴结构。

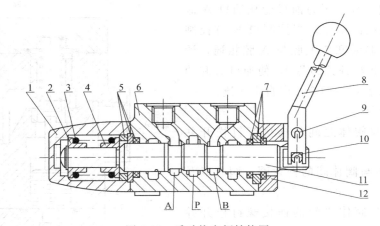

图 5-18　手动换向阀结构图
1—左阀盖;2—左弹簧座;3—复位弹簧;4—右弹簧座;5—垫圈及密封圈;6—阀体;
7—垫圈及密封圈;8—手柄;9—销轴;10—销子;11—阀芯;12—右阀盖

(2) 拆卸步骤
① 拆下左阀盖与阀体之间的连接螺钉,卸下左阀盖。
② 取出左阀盖端的左右弹簧座、复位弹簧以及垫圈、密封圈。
③ 拆下右阀盖与手柄相连的销轴,取下手柄。
④ 拆下右阀盖与阀体之间的连接螺钉。
⑤ 取出阀芯和与其相连的左端小轴以及垫圈和密封圈。

(3) 结构特点观察
① 注意观察阀体上有几个油口及各油口的分布位置。
② 注意观察阀上铭牌。铭牌标注了阀的基本参数,如中位机能、通径、工作压力等。
③ 注意观察阀芯上凸肩结构与阀体上沉割槽的对应位置关系。
④ 注意观察阀芯与左端小轴和复位弹簧的连接关系。

(4) 装配要点和注意事项

装配顺序与拆卸顺序相反。装配时应注意以下事项。

① 装配前将各零件用汽油清洗干净。
② 装配时可在主阀芯及阀孔等部位涂少许液压油。
③ 手柄装上后，应使其转动灵活，松开后对中良好。

(5) 实验报告

① 根据实物，画出 34S 型三位四通手动换向阀的工作原理简图。
② 简要说明该阀的结构组成。
③ 通过拆装，掌握该阀内主要零部件构造，了解其加工工艺要求。
④ 分析该阀泄漏油的排出通道。
⑤ 掌握拆装 34S 型三位四通手动换向阀的方法和拆装要点。

(6) 思考题

① 该阀与采用钢球定位的手动阀相比有何特点？
② 该阀为何要设置泄油通道？
③ 你所拆卸阀的中位机能是什么？用在什么场合？
④ 手柄操作方式除了销轴形式以外，还有没有其他形式？

5.3.9 34D 型三位四通电磁换向阀拆装

(1) 工作原理

图 5-19 所示为 34D 型三位四通电磁换向阀结构图，阀体 7 内有三个环形沉割槽，中间为进油腔 P，与其相邻的是出油口 A 和出油口 B。两端还有两个互相连通的回油腔 T（01、02）。阀芯两端分别装有弹簧座、复位弹簧 2 和推杆 8，阀体两端各装一个电磁铁。当两端电磁铁都断电时，阀芯处于中间位置，此时 P、A、B、T 各油腔互不相通。当左端电磁铁通电时，该电磁铁吸合，并推动阀芯向右移动，使 P 和 B 连通，A 和 T 连通。当其断电后，右端复位弹簧的作用力可使阀芯回到中间位置，恢复原来 4 个油腔的初始状态。当右端电磁铁通电时，其衔铁将通过推杆推动阀芯向左移动，使 P 和 A 相通、B 和 T 相通。电磁铁断电后，阀芯则在左弹簧的作用下回到中间位置。

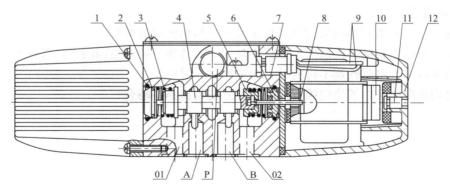

图 5-19 34D 型电磁换向阀结构图

1—O 形密封圈；2—密封圈；3—弹簧；4—阀芯；5—插头组件；6—导套；7—阀体；8—推杆；9—电线；10—衔铁；11—电磁铁；12—右端盖；P—进油口；A,B—出油口；01,02—回油口

(2) 拆卸步骤

① 松开电磁换向阀左端的螺钉，取下左边阀罩。
② 取出左端电磁铁和衔铁。

③ 依次取出左端密封圈、挡板、定位套、复位弹簧。
④ 松开电磁换向阀右端的螺钉，取下右边阀罩。
⑤ 取出右端电磁铁和衔铁。
⑥ 依次取出右端密封圈、挡板、定位套、复位弹簧及推杆。
⑦ 取出阀芯。

(3) 结构特点观察
① 注意观察两端电磁铁的类型。
② 注意观察阀芯台肩与阀体孔的对应位置和结构以及形状的匹配情况。
③ 注意观察该阀的密封结构特点。
④ 注意观察该阀泄油通道的结构形式和走向。
⑤ 注意观察铭牌。铭牌标注了阀的基本参数，如阀的通径，额定流量、压力、中位机能等。

(4) 装配要点和注意事项
装配顺序与拆卸顺序相反。装配时应注意以下事项。
① 装配前将各零件用汽油清洗干净。
② 零件按拆下的先后顺序摆放。
③ 放入 O 形圈前，可在主阀芯及阀孔等部位涂少许液压油。
④ 检查密封圈有无老化现象，如果有，更换新件。
⑤ 拆卸或安装一组螺钉时，用力要均匀。

(5) 实验报告
① 根据实物，画出三位四通电磁换向阀的工作原理简图。
② 简要说明三位四通电磁换向阀的结构组成。
③ 通过拆装，熟悉三位四通电磁换向阀内主要零部件构造，了解其加工工艺要求。
④ 掌握拆装 34D 型三位四通电磁换向阀的方法和拆装要点。
⑤ 了解电磁换向阀的控制信号类型和控制方式。

(6) 思考题
① 该三位四通电磁换向阀的各油口连接关系是如何改变的？
② 该三位四通电磁换向阀的中位机能是什么？其他三位四通阀的中位机能有哪些？
③ 当该阀左右电磁铁都不得电时，阀芯靠什么对中？
④ 电磁换向阀与电液换向阀有何不同？分别用在哪些场合？

第6章

可编程控制器

6.1 西门子 S7-200PLC 基础知识介绍

6.1.1 S7-200PLC 实验台简介

(1) S7-200 主机

S7-200PLC 有 5 种 CPU：S7-221、S7-222CN、S7-224CN、S7-224XP CN（S7-224XPsi CN）和 S7-226 CN，见表 6-1。

表 6-1 S7-200 系列 PLC 资源配置

特性	CPU221	CPU222	CPU224	CPU224XP	CPU226
外形尺寸/mm	90×80×62	90×80×62	120.5×80×62	140×80×62	190×80×62
程序存储器/字节					
可在运行模式下编辑	4096	4096	8192	12288	16384
不可在运行模式下编辑	4096	4096	12288	16384	24576
数据存储区/字节	2048	2048	8192	10240	10240
掉电保持时间/h	50	50	100	100	100
本机 I/O					
数字量	6入/4出	8入/6出	14入/10出	14入/10出	24入/16出
模拟量	—	—	—	2入/1出	—
扩展模块数量	0个模块	2个模块	7个模块	7个模块	7个模块
高速技术器					
单相	4路 30kHz	4路 30kHz	6路 30kHz	4路 30kHz 2路 200kHz	6路 30kHz
双向	2路 20kHz	2路 20kHz	4路 20kHz	3路 20kHz 1路 100kHz	4路 20kHz
脉冲输出(DC)	2路 20kHz	2路 20kHz	2路 20kHz	2路 100kHz	2路 20kHz
模拟电位器	1	1	2	2	2
实时时钟	配时钟卡	配时钟卡	内置	内置	内置
通信口	1 RS-485	1 RS-485	1 RS-485	2 RS-485	2 RS-485
浮点数运算	有				
I/O 映像区	256(128入/128出)				
布尔指令执行速度	0.22μs/指令				

实验室共有 6 个 PLC 实验台,每个实验台上有 2 台 S7-224CN 和 1 台 S7-224XP CN,这两款 PLC 都属于整体机,即将一个微处理器、一个集成电源和数字量 I/O 点集成在一个紧凑的封装中,从而形成了一个功能强大的微型 PLC,见图 6-1。

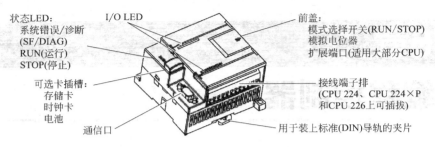

图 6-1 S7-200 系列 PLC 主机结构

(2) S7-200 扩展模块

为了更好地满足应用要求,S7-200 系列提供多种类型的扩展模块,可以利用这些扩展模块完善 CPU 的功能。表 6-2 列出了 S7-200 现有的扩展模块。

表 6-2 S7-200 的扩展模块

扩展模块		型　　号		
数字量模块	输入	8-DC 输入	8-AC 输入	16-DC 输入
	输出	4-DC 输出	4-继电器输出	
		8-DC 输出	8-AC 输出	8-继电器输出
	混合	4-DC 输入/4-DC 输出	8-DC 输入/8-DC 输出	16-DC 输入/16-DC 输出
		4-DC 输入/4-继电器输出	8-DC 输入/8-继电器输出	16-DC 输入/16-继电器输出
模拟量模块	输入	4 输入	4 热电偶输入	2 热电阻输入
	输出	2 输出		
	混合	4 输入/1 输出		
智能模块		定位	调制解调器	PROFIBUS-DP
		以太网	互联网	
其他模块	ASI			

实验室扩展模块的型号为 EM 223 CN 数字量输入/输出模块,8-DC 输入/8-继电器输出,安装在 S7-224CN 主机的扩展接口。PLC 主机与扩展模块间的连接,如图 6-2 所示。

(3) PLC 主机与外部设备间的连接

S7-200 PLC 为 CPU224CN AC/DC/RLY 型,主机接入电源为 AC 120~240V,输入设备驱动电源是直流电源,输出设备驱动电源可以是直流电源,也可是交流电源,具体电源类型取决于负载的类型。PLC 主机与外部设备间的连接如图 6-3 所示。

(4) 程序的编写与下载

有两种方式连接 S7-200 和编程设备:通过 PPI 多主站电缆直接连接,或者通过带有 MPI 电缆的通信处理器 (CP) 卡连接。其中使用 PPI 多主站编程电缆是最常用和最经济的方式,它将 S7-200 的编程口与计算机的 RS-232 相连,如图 6-4 所示。上位计算机中安装 Step 7-Micro/WIN 编程软件,可在软件中进行程序的编制和调试,调试无误的程序便可通

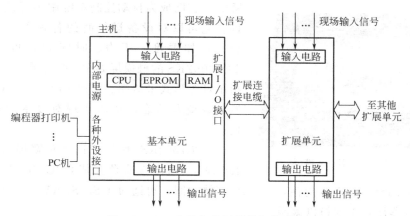

图 6-2　PLC 主机与扩展模块间的连接

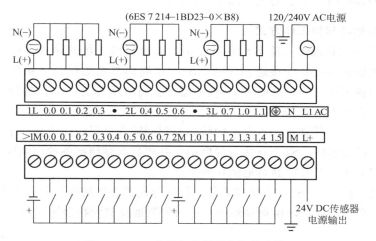

图 6-3　PLC 主机与外部设备间的连接

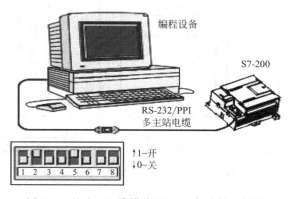

图 6-4　通过 PPI 线缆将 S7-200 与计算机相连

过 PPI 线缆下载到 S7-200PLC 主机中。Step 7-Micro/WIN 编程软件的安装和使用方法见附录 2。

（5）触摸屏

触摸屏是设备或系统的操作者与机器交流信息的最主要的工具，随着触摸屏成本的不断

图 6-5 TPC7062KS 触摸屏

降低，它已成为自动控制系统中不可或缺的控制元件。它可以对设备运行时的各种参数进行监视或设定，如温度、压力、时间和长度等。型号为 TPC7062KS 的触摸屏如图 6-5 所示，可以以文字或指示灯等形式来监视、修改 PLC 内部寄存器或继电器的数值及状态，从而实现对设备的在线控制和监视。

TPC7062KS 为 7in[1]16：9 宽屏 TFT，800×480 像素，65536 彩色，其 CPU 为 32 位 ARM9 内核，400MHz RISC，64MB 内存，128MB 存储空间，可通过 USB SLAVE 接口或串口从上位计算机下载程序，不支持以太网。

6.1.2 S7-200 PLC 的工作方式及内部资源

(1) PLC 的循环扫描工作方式

S7-200 将程序和物理输入输出点联系起来，通过监视现场的输入，根据程序设计的控制逻辑去控制现场输出设备的接通和关断。S7-200 周而复始地执行一系列任务，这种工作方式称为循环扫描工作方式，见图 6-6。任务循环执行一次称为一个扫描周期。在一个扫描周期中，S7-200 将执行下列操作：

◆ 读输入　S7-200 将物理输入点上的状态复制到输入过程映像寄存器中；
◆ 执行逻辑控制程序　S7-200 执行程序指令并将数据存储在各种存储区中；
◆ 处理通信请求　S7-200 执行通信任务；
◆ 执行 CPU 自诊断　S7-200 检查固件、程序存储器和扩展模块是否工作正常；
◆ 写输出　在输出过程映像寄存器中存储的数据被复制到物理输出点。

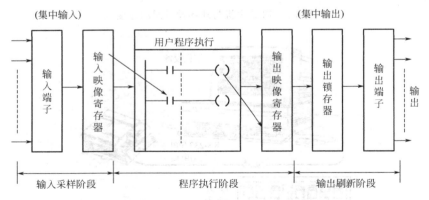

图 6-6 PLC 的循环扫描工作方式

S7-200 有停止和运行两种工作模式。当 S7-200 处于运行模式时，CPU 执行程序；当 S7-200 处于停止模式时，CPU 不执行程序。在扫描周期的执行程序阶段，CPU 按自上而下、自左向右的顺序依次执行应用程序各条指令，如图 6-7 所示。

---

[1] 1in=25.4mm。

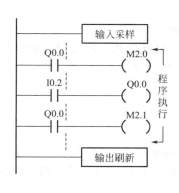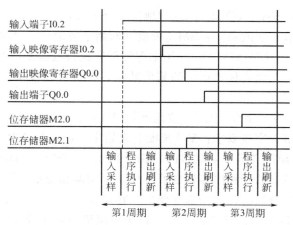

图 6-7　PLC 的工作方式举例

（2）S7-200 系列 PLC 的软元件（表 6-3）

表 6-3　S7-200 系列 PLC 的软元件列表

1	输入继电器（I）	8	定时器（T）
2	输出继电器（Q）	9	计数器（C）
3	通用辅助继电器（M）	10	模拟量输入映像寄存器（AI）
4	特殊继电器（SM）	11	模拟量输出映像寄存器（AQ）
5	变量存储器（V）	12	高速计数器（HC）
6	局部变量存储器（L）	13	累加器（AC）
7	顺序控制继电器（S）		

① 输入继电器（I）　即图 6-6 中的输入映像寄存器。在每次扫描周期的开始，CPU 对物理输入点进行采样，并将采样值写入输入继电器中。可以按位、字节、字或双字来存取输入继电器中的数据。

位：I［字节地址］.［位地址］　I0.1

字节、字或双字：I［长度］［起始字节地址］　IB4

② 输出继电器（Q）　即图 6-6 中的输出映像寄存器。在每次扫描周期的结尾，CPU 将输出过程映像寄存器中的数值复制到物理输出点上。可以按位、字节、字或双字来存取输出过程映像寄存器。

位：Q［字节地址］.［位地址］　Q1.1

字节、字或双字：Q［长度］［起始字节地址］　QB5

③ 通用辅助继电器（M）　作为控制继电器来存储中间操作状态和控制信息，可以按位、字节、字或双字来存取位存储区。

位：M［字节地址］.［位地址］　M26.7

字节、字或双字：M［长度］［起始字节地址］　MD20

④ 特殊继电器（SM）　为 CPU 与用户程序之间传递信息提供了一种手段。可以用这些位选择和控制 S7-200 CPU 的一些特殊功能。例如：首次扫描标志位、按照固定频率开关的标志位或者显示数学运算或操作指令状态的标志位。可以按位、字节、字或双字来存取 SM 位。

位：SM［字节地址］.［位地址］ SM0.1

字节、字或双字：SM［长度］［起始字节地址］ SMB86

⑤ 变量存储器（V） 用来存储程序执行过程中控制逻辑操作的中间结果，也可以用它来保存与工序或任务相关的其他数据，并且可以按位、字节、字或双字来存取 V 存储区中的数据。

位：V［字节地址］.［位地址］ V10.2

字节、字或双字：V［长度］［起始字节地址］ VW100

⑥ 局部变量存储器（L） S7-200 有 64 个字节的局部存储器，其中 60 个可以用作临时存储器或者给子程序传递参数。局部存储器和变量存储器很相似，但有一处区别，变量存储器是全局有效的，而局部存储器只在局部有效。

⑦ 顺序控制继电器（S） 用于组织机器操作或者进入等效程序段的步骤。SCR 提供控制程序的逻辑分段。可以按位、字节、字或双字来存取 S 位。

位：S［字节地址］.［位地址］ S3.1

字节、字或者双字：S［长度］［起始字节地址］ SB4

⑧ 定时器存储区（T） 定时器可用于时间累计，其分辨率（时基增量）分为 1ms、10ms 和 100ms 三种。有两个变量。

当前值：16 位有符号整数，存储定时器所累计的时间。

定时器位：按照当前值和预置值的比较结果置位或者复位。

⑨ 计数器存储区（C） 用于累计其输入端脉冲电平由低到高的次数。CPU 提供了三种类型的计数器：加 1 计数器、减 1 计数和可逆计数。有两个变量。

当前值：16 位有符号整数，存储累计值。

计数器位：按照当前值和预置值的比较结果置位或者复位。预置值是计数器指令的一部分。

⑩ 模拟量输入映像寄存器（AI） 将模拟量值（如温度或电压）转换成 1 个字长（16 位）的数字量。因为模拟输入量为 1 个字长，且从偶数位字节（如 0，2，4）开始，所以必须用偶数字节地址（如 AIW0，AIW2，AIW4）来存取这些值。模拟量输入值为只读数据。

格式：AIW［起始字节地址］ AIW4

⑪ 模拟量输出映像寄存器（AQ） 把 1 个字长（16 位）数字值按比例转换为电流或电压。因为模拟量为 1 个字长，且从偶数字节（如 0，2，4）开始，所以必须用偶数字节地址（如 AQW0，AQW2，AQW4）来改变这些值。模拟量输出值是只写数据。

格式：AQW［起始字节地址］ AQW4

⑫ 高速计数器（HC） 对高速事件计数，它独立于 CPU 的扫描周期。高速计数器有一个 32 位的有符号整数计数值（或当前值）。高速计数器的当前值是只读数据，仅可以作为双字（32 位）来寻址。

格式：HC［高速计数器号］ HC1

⑬ 累加器（AC） 累加器是可以像存储器一样使用的读写设备。例如，可以用它来向子程序传递参数，也可以从子程序返回参数，以及用来存储计算的中间结果。S7-200 提供 4 个 32 位累加器（AC0，AC1，AC2 和 AC3），并且可以按字节、字或双字的形式来存取累加器中的数值。被访问的数据长度取决于存取累加器时所使用的指令。

6.2 基本指令实验

6.2.1 常用基本指令

(1) 实验目的

掌握常用基本指令的使用方法。

① 学会用基本逻辑与、或、非等指令实现基本逻辑组合电路的编程。

② 掌握输入/输出接口的使用方法。

③ 熟悉编译调试软件的使用。

(2) 实验器材

① PC 机一台

② PLC 实验箱一台

③ 编程电缆一根

④ 导线若干

(3) 实验内容

① 触点

常开触点指令（LD、A 和 O）与常闭触点指令（LDN、AN 和 ON）从存储器或者过程映像寄存器中得到参考值。当位值为 1 时，常开触点闭合；当位值为 0 时，常闭触点闭合。

② 线圈

输出指令（＝）将新值写入输出点的过程映像寄存器，当输出指令执行时，可编程控制器将输出过程映像寄存器中的位接通或者断开。

③ 输入/输出接口的使用方法

输入设备及输出设备与 PLC 之间的连接方法如图 6-8 所示。

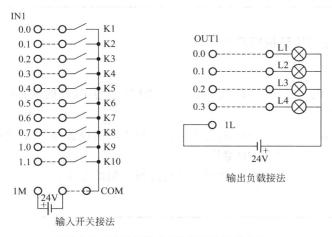

图 6-8 PLC 的输入/输出接口连接方法

输入接口 将输入接口的相应端口，根据需要与钮子开关或按钮用双头线相连。输入接口的控制端 1M 或 2M 接 24V，钮子开关或按钮的公共端接 GND。这样，当开关闭合或按下按钮时，相应端口的输入指示灯就会点亮，表示有输入到 PLC。

输出接口　将输出接口的相应端口，根据需要接发光二极管，输出接口的控制端 1L 或 2L 或 3L 接 GND，发光二极管的公共端接 24V。这样当 PLC 相应的输出端口有输出时，所接的发光二极管点亮。

(4) 实验步骤

① 实验前，先用下载电缆将 PC 机串口与 S7-200 CPU224 主机的 PORT1 端口连好，然后对实验箱通电，并打开 24V 电源开关。主机和 24V 电源的指示灯亮，表示工作正常，可进入下一步实验。

② 进入编译调试环境，用指令符或梯形图输入练习程序。

③ 根据程序，进行相应的连线。

④ 下载程序并运行，观察运行结果。

梯形图（图 6-9）

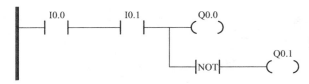

图 6-9　基本指令实验 1 梯形图

语句表

步　序	指　令	器件号	说　明
1	LD	I0.0	要想激活 Q0.0，常开触点 I0.0 和 I0.1 必须为接通(闭合)。NOT 指令作为一个反向器使用，在 RUN 模式下，Q0.0 和 Q0.1 具有相反的逻辑状态
2	A	I0.1	
3	=	Q0.0	
4	NOT		
5	=	Q0.1	

6.2.2　PLC 控制气动执行实验

(1) 实验目的

① 掌握西门子 PLC 中 S7-200-224 AC/DC/RLY 型号 PLC 的硬件结构、组成、原理和使用方法。

② 进一步体会输入、输出端子的定义，以及输入输出设备与 PLC 之间的连接方法。

③ 掌握西门子 S7-200 PLC 的编程方法。

④ 体会通过单向电磁阀实现对单作用气缸进行控制的方法。

(2) 实验器材

序　号	器　材	数　量
1	西门子 PLCS7-200-224-AC/DC/RLY	1
2	电源模块	1
3	编程电缆	1
4	单向电磁阀 4V110-0.6	2

续表

序 号	器 材	数 量
5	单作用气缸	2
6	装有 Step7-MircoWinV4.0-SP6 的微机	1
7	导线	若干

(3) 实验内容及实验步骤

① 控制要求

当按下 SB1 启动按钮后，升降气缸上升，上升到极限位后伸缩缸伸出至极限位。按下停止按键 SB2 后，伸缩缸缩回，缩回至极限位后升降缸下降至极限位。要求气缸两端极限开关要互锁。

② PLC I/O 分配（表 6-4）

表 6-4 基本指令实验 2 的输入/输出端子分配

DO 接线	Z 轴伸出电磁阀 YV4	Q0.3
	提升电磁阀 YV5	Q0.4
	1L、2L	0V
	M1、M2	24V
DI 接线	启动(SB1)	I0.0
	停止(SB2)	I0.1
	Z 轴伸出限位 SP6	I0.7
	Z 轴缩回限位 SP7	I1.0
	Y 轴上限位 SP6	I1.1
	Y 轴下限位 SP7	I1.2

③ 实验步骤

a. 根据图 6-10 所示连接电路和气路。

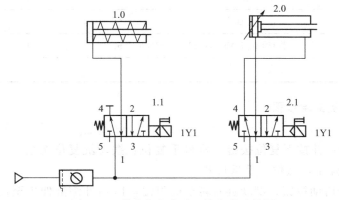

图 6-10 基本指令实验 2 的气路连接图

b. 根据输入/输出端子分配连接 PLC 模块、电源模块和电磁阀，如图 6-11 所示。

c. 在 Step7-WinMicro 环境下进行程序编制。

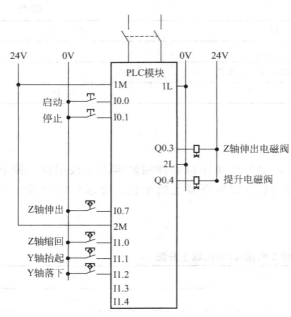

图 6-11 基本指令实验 2 的电路连接图

d. 程序下载及运行调试。

(4) 思考

① 如果气压很低，如何保障气缸左右运动？

② 如何控制气缸运动时间和运动次数？

(5) 实验报告

仔细观察实验现象，认真记录实验中发现的问题、错误、故障及解决方法。

6.2.3 定时器功能实验

(1) 实验目的

① 学习使用 PLC，根据控制要求练习设计梯形图，写出语句表。

② 练习 PLC 的 I/O 分配，画出硬件原理图和 PLC 连线图。

③ 学习定时器指令的使用方法和编程技巧。

④ 进一步提高 PLC 编程、调试的能力。

(2) 实验器材

序 号	器 材	数 量
1	西门子 PL CS7-200-224-AC/DC/RLY	1
2	电源模块	1
3	编程电缆	1
4	单向电磁阀 4V110-0.6	2
5	单作用气缸	2
6	双作用气缸	1
7	装有 Step7-MircoWinV4.0-SP6 的微机	1
8	导线	若干

(3) 实验内容及实验步骤

① 控制要求

a. 按下启动按钮并按下复位按键，机械手复位：摆动缸复位至最左位，伸缩缸缩回至极限位，升降缸下降至最低位，手爪打开。

b. 再按下一个启动按钮，摆动缸右转至极限位，1s 后伸缩缸伸出至极限位，2s 后升降缸提升至极限位，3s 后手爪夹紧。

c. 按下停止按钮后，手爪立即张开，1s 后升降缸复位，2s 后缩缸复位，3s 后摆动缸复位。

d. 程序运行过程中任一时刻按下急停按钮，所有气缸立即停止动作。

② PLC I/O 分配（表 6-5）

表 6-5　基本指令实验 3 输入/输出端子分配表

DO 接线	左摆电磁阀 YV1	Q0.0
	右摆电磁阀 YV2	Q0.1
	手爪夹紧电磁阀 YV3	Q0.2
	Z 轴伸出电磁阀 YV4	Q0.3
	Y 轴提升电磁阀 YV5	Q0.4
	1L、2L	0V
DI 接线	M1、M2	24V
	启动（SB1）	I0.0
	停止（SB2）	I0.1
	复位（SB3）	I0.2
	急停（SB4）	I0.3
	手爪夹紧	I0.4
	摆缸左限位 SP2	I0.5
	摆缸右限位 SP3	I0.6
	Z 轴伸出限位 SP6	I0.7
	Z 轴缩回限位 SP7	I1.0
	伸缩缸上限位 SP4	I1.1
	伸缩缸下限位 SP5	I1.2

③ 实验步骤

a. 根据图 6-12 所示连接气路。

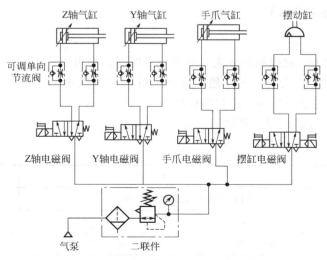

图 6-12　基本指令实验 3 气路连接图

b. 根据输入/输出端子分配连接 PLC 模块、电源模块和电磁阀，如图 6-13 所示。

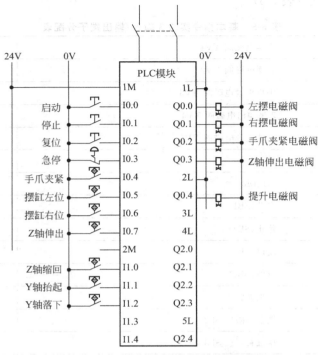

图 6-13　基本指令实验 3 电路连接图

c. 在 Step7-WinMicro 环境下进行程序编制。
d. 程序下载及运行调试。

(4) 思考

如何延长气缸运动时间？

(5) 实验报告

仔细观察实验现象，认真记录实验中发现的问题、错误、故障及解决方法。

6.2.4　计数器功能实验

(1) 实验目的

① 学习使用 PLC，根据控制要求练习设计梯形图，写出语句表。
② 练习 PLC 的 I/O 分配，画出硬件原理图和 PLC 连线图。
③ 学习计数器指令的使用方法和编程技巧。
④ 进一步提高 PLC 编程、调试的能力。

(2) 实验器材

序　号	器　材	数　量
1	西门子 PLCS7-200-224-AC/DC/RLY	1
2	电源模块	1
3	编程电缆	1
4	单向电磁阀 4V110-0.6	2

续表

序 号	器 材	数 量
5	单作用气缸	2
6	双作用气缸	1
7	装有 Step7-MircoWinV4.0-SP6 的微机	1
8	导线	若干

(3) 实验内容及实验步骤

① 控制要求

a. 按下启动按钮并按下复位按键，机械手复位：摆动缸复位至最左位，伸缩缸缩回至极限位，升降缸下降至最低位，手爪打开。

b. 再按下一个启动按钮，摆动缸右转至极限位，1s 后伸缩缸伸出至极限位，2s 后升降缸提升至极限位，3s 后手爪夹紧，然后所有缸复位，至此一个动作周期结束，并立即开始新一周期动作，直至动作 5 个周期为止。

c. 按下停止按钮后，手爪立即张开，1s 后升降缸复位，2s 后伸缩缸复位，3s 后摆动缸复位。

d. 程序运行过程中任一时刻按下急停按钮，所有气缸立即停止动作。

② PLC I/O 分配（表 6-6）

表 6-6 基本指令实验 4 输入/输出端子分配表

DO 接线	左摆电磁阀 YV1	Q0.0
	右摆电磁阀 YV2	Q0.1
	手爪夹紧电磁阀 YV3	Q0.2
	Z 轴伸出电磁阀 YV4	Q0.3
	Y 轴提升电磁阀 YV5	Q0.4
	1L、2L	0V
DI 接线	M1、M2	24V
	启动(SB1)	I0.0
	停止(SB2)	I0.1
	复位(SB3)	I0.2
	急停(SB4)	I0.3
	手爪夹紧	I0.4
	摆缸左限位 SP2	I0.5
	摆缸右限位 SP3	I0.6
	Z 轴伸出限位 SP6	I0.7
	Z 轴缩回限位 SP7	I1.0
	伸缩缸上限位 SP4	I1.1
	伸缩缸下限位 SP5	I1.2

③ 实验步骤

a. 根据图 6-14 所示连接气路。

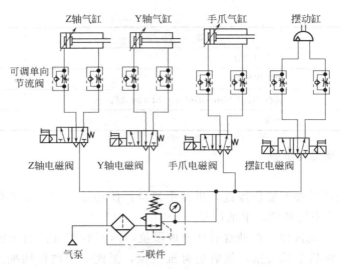

图 6-14 基本指令实验 4 气路连接图

b. 根据输入/输出端子分配连接 PLC 模块、电源模块和电磁阀，如图 6-15 所示。

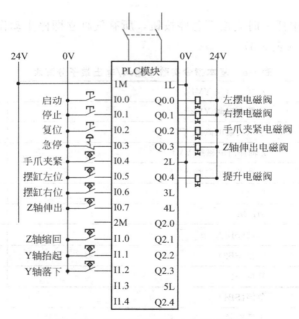

图 6-15 基本指令实验 4 电路连接图

c. 在 Step7-WinMicro 环境下进行程序编制。

d. 程序下载及运行调试。

6.3 PLC 之间 PPI 网络通信

【实验目的】

① 熟悉西门子 S7-200 PLC 进行 PPI 通信时线缆连接方法。

② 熟练掌握基于网络通信的编程方法。

【实验器材】

序　号	器　材	型　号	数　量
1	西门子 PLC 模块	DL-SIM224R01	2
2	西门子 PLC 模块	DL-SIM224T01	1
3	24V 直流稳压电源模块挂箱	DL-DY2402	1
4	DP 通信电缆	紫色	1
5	PC/PPI 通信电缆		1
6	导线		若干

【实验内容】

(1) 控制要求

利用搬运站的启动、停止按钮控制供料加工站，进行颜色分辨。

当料仓有料时，按下启动按钮 SB1，供料气缸将工件推出，推送到位后延时 1s，气缸缩回，并且分辨出颜色，三色灯开始闪烁以表示不同颜色（红色料块，红灯以 1Hz 频率闪烁；金属银色，黄色灯以 1Hz 频率闪烁；黑色料块，绿色灯以 1Hz 频率闪烁）。再经过 2s，输送气缸将料块推走，然后气缸缩回，再经过 3s，三色灯熄灭。供料气缸再次送料，如此循环。当料仓无料时，三色灯同时闪烁。当按下停止按钮 SB2 时，三色灯熄灭，气缸缩回。

(2) PLC I/O 分配（表 6-7）

表 6-7　PLC 通讯实验 1 输入/输出端子分配表

DI 接线	SB1 启动	搬运站 I0.2
	SB2 停止	搬运站 I0.3
	供料气缸缩回极限	供料站 I0.2
	供料气缸伸出极限	供料站 I0.3
	输送缸缩回极限	供料站 I0.4
	输送缸伸出极限	供料站 I0.5
	料仓有无料	供料站 I0.6
	光纤传感器	供料站 I0.7
	电感式传感器	供料站 I1.0
	光电式传感器	供料站 I1.1
DO 接线	供料气缸	供料站 Q0.0
	输送气缸	供料站 Q0.1
	绿灯	搬运站 Q0.5
	黄灯	搬运站 Q1.0
	红灯	搬运站 Q1.1

(3) 实验步骤

① 按控制要求和所确定的 I/O 分配接线，如图 6-16 所示。

② 按控制要求和所确定的 I/O 分配编写 PLC 应用程序。

③ 完成 PLC 与实验模块的外部电路连接，然后通电运行：

　a. 将 PLC 运行开关置 "STOP"，接通其电源，向 PLC 写入程序，然后使运行开关置 "RUN"。

　b. 模拟模块接通电源，观察系统有无异样。

　c. 观察二极管的点亮和熄灭情况是否符合控制程序。

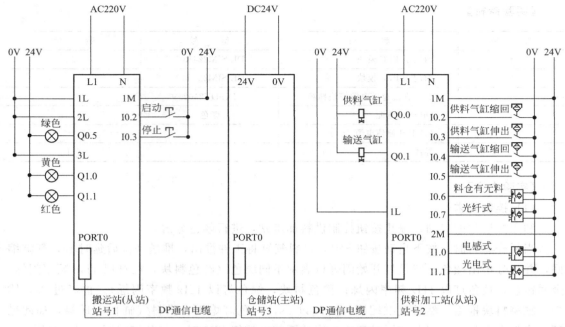

图 6-16　PLC 通信实验 1 电气连接图

d. 按照控制要求中的步骤进行实验，观察是否符合控制要求。如不符合，则调试程序直至正确为止。

【实验报告要求】

① 写出控制要求。
② 画出 PLC I/O 端口和电源及线缆接线图。
③ 列出调试好的实验程序梯形图、指令表和注释说明。
④ 整理出运行和监视程序时出现的现象。
⑤ 写出实验中的问题及分析。

【思考题】

① 如何调节气缸推送工件的力度？
② 如何改变气缸导杆伸出和缩回的长度？

6.4　工程应用实例

6.4.1　交通信号灯的自动控制

(1) 实验目的

① 掌握 PLC 功能指令的用法。
② 掌握用时序法设计 PLC 控制程序的方法。

(2) 实验器材

① 装有 Step7-Win/Micro 的 PC 机一台
② S7-224 CN PLC 实验箱一台
③ 交通灯控制模块

④ 编程电缆一根

⑤ 导线若干

(3) 实验内容及步骤

① 分析设计要求

交通信号灯模块挂箱如图 6-17 所示。信号灯受一个启动开关 B1 和一个停止开关 B2 控制，当启动开关接通时，B1 和 B2 均为不带锁开关。当按下启动按钮，信号灯系统开始工作，动作顺序如下：

南北向红灯亮 10s，东西向绿灯亮 4s 闪 3s，东西向黄灯亮 3s，然后东西向红灯亮 10s，南北向绿灯亮 4s 闪 3s，南北向黄灯亮 3s，并不断循环反复。

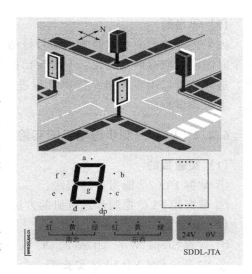

图 6-17 交通信号灯模块挂箱

任意时刻按下停止按钮，所有信号灯全灭。

② 根据表 6-8 所示输入/输出端口分配方案，并编写程序。

表 6-8 交通信号等自动控制实验输入/输出端子分配表

输入			输出		
主机	实验模块	注释	主机	实验模块	注释
I0.0	B1	启动	Q0.0	SNR	红灯（南北）
I0.1	B2	停止	Q0.1	SNG	绿灯（南北）
1M	24V		Q0.2	SNY	黄灯（南北）
			Q0.3	EWR	红灯（东西）
	KCOM	GND	Q0.4	EWG	绿灯（东西）
			Q0.5	EWY	黄灯（东西）
			PSNR⟶SNR		人行道红灯（南北）
			PSNG⟵SNG		人行道绿灯（南北）
			PEWR⟶EWR		人行道红灯（东西）
			PEWG⟵EWG		人行道绿灯（东西）
			1L	24V	

③ 编译程序，无误后下载至 PLC 主机的存储器中，并运行程序。

④ 调试程序，直至符合设计要求。

(4) 实验报告要求

① 按所选择的实验方案写出控制要求。

② 画出 PLC I/O 端口和电源接线图。

③ 列出调试好的实验程序梯形图、指令表和注释说明。

④ 整理出运行和监视程序时出现的现象。

⑤ 写出实验中的问题及分析。

(5) 思考题

如果把南北方向和东西方向信号灯的动作过程看成是一个顺序动作过程,那么其中的每一个时序同时应有两个输出:一个输出控制南北方向信号灯,另一个输出控制东西方向信号灯,这样就可以用步进指令按单流程进行编程。试编制其时序图,并转换成梯形图和指令表,上机调试程序。

6.4.2 PLC 控制步进电机的实验

(1) 实验目的

① 掌握 PLC 功能指令的用法。
② 掌握用 PLC 控制步进电机的方法。

(2) 实验器材

① 装有 Step7-Win/Micro 的 PC 机一台
② S7-224 CN XP PLC 实验箱一台
③ 步进电机控制模块
④ 编程电缆一根
⑤ 导线若干

(3) 实验原理

① 步进电机与步进电机驱动器的接线

步进电机是一种将电脉冲转化为角位移的执行机构。当步进驱动器接收到一个脉冲信号,它就驱动步进电机按设定的方向转动一个固定的角度(称为"步距角"),它的旋转是以固定的角度一步一步运行的,可以通过控制脉冲个数来控制角位移量,从而达到准确定位的目的;同时可以通过控制脉冲频率来控制电机转动的速度和加速度,从而达到调速的目的。步进电机可以作为一种控制用的特种电机,利用其没有积累误差(精度为 100%)的特点,广泛应用于各种开环控制。

现在比较常用的步进电机包括反应式步进电机(VR)、永磁式步进电机(PM)、混合式步进电机(HB)和单相式步进电机等。

电机固有步距角 它表示控制系统每发出一个步进脉冲信号电机所转动的角度。电机出厂时给出了一个步距角的值。如 86BYG250A 型电机给出的值为 0.9°/1.8°(表示半步工作时为 0.9°,整步工作时为 1.8°),这个步距角可以称之为"电机固有步距角",它不一定是电机实际工作时的真正步距角,真正的步距角和驱动器有关。

步进电机的相数 是指电机内部的线圈组数,目前常用的有两相、三相、四相、五相步进电机。电机相数不同,其步距角也不同,一般两相电机的步距角为 0.9°/1.8°,三相的为 0.75°/1.5°,五相的为 0.36°/0.72°。在没有细分驱动器时,用户主要靠选择不同相数的步进电机来满足自己步距角的要求。如果使用细分驱动器,则"相数"将变得没有意义,用户只需在驱动器上改变细分数,就可以改变步距角。

两相四线的步进电机,四根引出线分别为:红色 A+;绿色 A−;黄色 B+;蓝色 B−。

接线时应与步进驱动器一一对应，参见图 6-18。

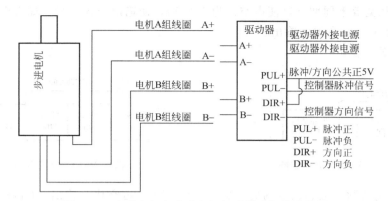

图 6-18　步进电机与步进电机驱动器之间的连接图

驱动器就是为步进电机分时供电的，多相时序控制器必须由双环形脉冲信号、功率驱动电路等组成控制系统方可使用。

步进驱动器接线可分为共阴和共阳两种。根据所选 PLC 来选择驱动器，西门子 PLC 输出信号为高电平信号，应采用共阴接法；三菱 PLC 输出信号为低电平信号，应采用共阳接法。

一般 PLC 不能直接与步进驱动器相连，因为驱动器的控制信号是＋5V，而 PLC 的输出信号为＋24V。

解决方法：

PLC 与步进驱动器之间串联一只 2kΩ 1/4W 的电阻，起分压作用。

步进驱动器接线：

CP＋/CP－　脉冲接线端子；

DIR＋/DIR－　方向控制信号接线端子。

② PLC 的高速输出点控制步进电机

高速输出指令，即在 PLC 的指定输出点上实现脉冲输出 PTO 和脉宽调制 PWM 功能。

S7-200 共有两个 PTO/PWM 发生器（Q0.0 和 Q0.1），可以产生一个高速脉冲串或一个脉冲调制波形。当 Q0.0/Q0.1 作为高速输出点使用时，其普通输出点禁用。PTO/PWM 输出必须至少有 10% 的额定负载，才能完成从关闭至打开以及从打开至关闭的顺利转换。

③ 脉冲输出（PLS）指令

脉冲输出（PLS）指令被用于控制在高速输出（Q0.0 和 Q0.1）中提供的"脉冲串输出"（PTO）和"脉宽调制"（PWM）功能（图 6-19）。

Q0.X：脉冲输出范围，为 0 时 Q0.0 输出；为 1 时 Q0.1 输出。数据类型：WORD。

PTO 提供方波（50%占空比）输出，配备周期和脉冲数用户控制功能。

◇ PWM 操作（图 6-20）

PWM 提供连续性变量占空比输出，配备周期和脉宽用户控制功能，以微秒或毫秒为时间基准指定周期和脉宽。

周期的范围从 10μs 至 65535μs 或从 2ms 至 65535ms。

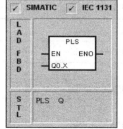

图 6-19　Step7-Micro/Win 中的 PLS 指令

脉宽时间范围从 0μs 至 65535μs 或从 0ms 至 65535ms。

如果设置脉宽等于周期（这使占空比为 100%），使输出连续运行；如果设置脉宽等于 0（这使占空比为 0%），会关闭输出。

◇ PTO 操作（图 6-21）

图 6-20　PWM 波形示意图　　　　　　图 6-21　PTO 波形示意图

PTO 为指定的脉冲数和指定的周期提供方波（50%占空比）输出。PTO 可提供单脉冲串或多脉冲串（使用脉冲轮廓），可指定脉冲数和周期（以微秒或毫秒递增）。

周期范围从 10μs 至 65535μs 或从 2ms 至 65535ms。

脉冲计数范围从 1 至 4294967295 次脉冲。

④ 与 PLS 指令相关的特殊寄存器的含义（表 6-9 和表 6-10）

表 6-9　与 PLS 指令相关的特殊寄存器

S7-200 符号名称	SM 地址	功　　能
PTO0_Status	SMB66	PTO0 状态
	SM66.0~SM66.3	保留
PLS0_Err_Abort	SM66.4	PTO0 包络中止:0=无错;1=异常中止
PLS0_Cmd_Abort	SM66.5	PTO0 包络中止:0=未被用户命令中止;1=被用户命令中止
PLS0_Ovr	SM66.6	PTO0 管道溢出(使用外部管道时会由系统清除,否则必须由用户复位):0=无溢出;1=管道溢出
PLS0_Idle	SM66.7	PTO0 空闲位:0=PTO 正在执行;1=PTO 空闲
PLS0_Ctrl	SMB67	Q0.0 的控制位控制寄存器
PLS0_Cycle_Update	SM67.0	PTO0/PWM0 更新周期时间值:1=写入新周期时间
PWM0_PW_Update	SM67.1	PWM0 更新脉冲宽度值:1=写入新脉冲宽度
PTO0_PC_Update	SM67.2	PTO0 更新脉冲计数值:1=写入新脉冲计数
PLS0_TimeBase	SM67.3	PTO0/PWM0 时基:0=1μs/tick;1=1ms/tick
PWM0_Sync	SM67.4	同步更新 PWM0:0=异步更新;1=同步更新
PTO0_Op	SM67.5	PTO0 操作:0=单段操作;1=多段操作
PLS0_Select	SM67.6	PTO0/PWM0 模式选择:0=PTO;1=PWM
PLS0_Enable	SM67.7	PTO0/PWM0 使能位:1=使能
PLS0_Cycle	SMW68	周期时间值、脉冲链式或脉冲宽度调制输出 0 字数据:PTO0/PWM0 周期时间值(2~65535 个时基单位)
PWM0_PW	SMW70	脉冲宽度调制输出 0 的脉冲宽度值 字数据:PWM0 脉冲宽度值(0~65535 个时基单位)
PTO0_PC	SMD72	脉冲链式输出 0 的脉冲计数值 双字数据:PTO0 脉冲计数值($1 \sim 2^{32}-1$)

续表

S7-200 符号名称	SM 地址	功　能
PTO1_Status	SMB76	PTO1 状态
	SM76.0～SM76.3	保留
PLS1_Err_Abort	SM76.4	PTO1 包络中止；0＝无错，1＝异常中止
PLS1_Cmd_Abort	SM76.5	PTO1 包络中止；0＝未被用户命令中止；1＝被用户命令中止
PLS1_Ovr	SM76.6	PTO1 管道溢出（使用外部管道时由系统清除，否则必须由用户复位）；0＝无溢出；1＝管道溢出
PLS1_Idle	SM76.7	PTO1 空闲位；0＝PTO 正在执行；1＝PTO 空闲
PLS1_Ctrl	SMB77	Q0.1 的控制位控制寄存器
PLS1_Cycle_Update	SM77.0	PTO1/PWM1 更新周期时间值；1＝写入新周期时间
PWM1_PW_Update	SM77.1	PWM1 更新脉冲宽度值；1＝写入新脉冲宽度
PTO1_PC_Update	SM77.2	PTO1 更新脉冲计数值；1＝写入新脉冲计数
PLS1_TimeBase	SM77.3	PTO1/PWM1 时间基准；0＝1μs/tick，1＝1ms/tick
PWM1_Sync	SM77.4	同步更新 PWM1；0＝异步更新，1＝同步更新
PTO1_Op	SM77.5	PTO1 操作；0＝单段操作；1＝多段操作
PLS1_Select	SM77.6	PTO1/PWM1 模式选择；0＝PTO；1＝PWM
PLS1_Enable	SM77.7	PTO1/PWM1 使能位；1＝使能
PLS1_Cycle	SMW78	周期时间值、脉冲链式或脉冲宽度调制输出 1 字数据：PTO1/PWM1 周期时间值（2～65535 个时基单位）
PWM1_PW	SMW80	脉冲宽度调制输出 1 的脉冲宽度值 字数据：PWM1 脉冲宽度值（0～65535 个时基单位）
PTO1_PC	SMD82	脉冲链式输出 1 的脉冲计数值 双字数据：PTO1 脉冲计数值（1～$2^{32}-1$）

表 6-10　PTO/PWM 高速输出寄存器与输出位对应关系

寄存器	Q0.0	Q0.1
装入新的脉冲数	SMD72	SMD82
脉冲宽度	SMW70	SMW80
周期	SMW68	SMW78

SMB66 至 SMB85 PTO/PWM 高速输出寄存器被用于监督和控制 PLC（脉冲）指令的脉冲链输出和脉冲宽度调制功能。

⑤ 使用位置控制向导

第 1 步　在【工具】菜单项下面选择【位置控制向导】菜单项，打开位置控制向导配置界面，如图 6-22 所示。选择"配置 S7-200PLC 内置 PTO/PWM 操作"选项。

第 2 步　点击【下一步】，弹出如图 6-23 所示的脉冲输出向导界面。由于 S7-200 PLC 提供两个脉冲发生器（Q0.0 和 Q0.1），在这个界面中需要制定到底是要配置哪个输出位。这里选择 Q0.0。

第 3 步　点击【下一步】，弹出如图 6-24 所示的脉冲发生方式选择界面。脉冲发生方式

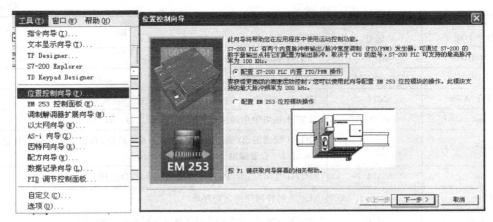

图 6-22　打开位置控制向导配置界面

可以配置为线性脉冲串输出（PTO）和脉冲宽度调制（PWM）两种。这里选择 PTO 方式，即输出指定周期的方波信号。

图 6-23　脉冲发生器选择界面

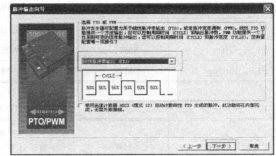

图 6-24　脉冲发生方式选择

第 4 步　点击【下一步】，弹出如图 6-25 所示速度设置界面，对步进电机的最高转速、电机的启动/停止速度进行设置。

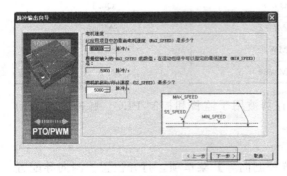

图 6-25　步进电机速度设置界面

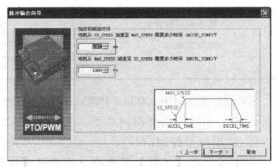

图 6-26　步进电机加速/减速时间设置界面

第 5 步　点击【下一步】，弹出如图 6-26 所示加速/减速时间设置界面，对步进电机的加速时间（从启动转速提升到最高速度所需的时间）和减速时间（从最高转速降低到停止速度所需的时间）进行设置。

第 6 步　点击【下一步】，弹出如图 6-27 所示运动包络定义界面。

第7步 点击【新网络】，弹出如图 6-28 所示新运动包络设置界面，对新定义包络的操作模式、目标速度和结束速度进行设置。也可通过点击【绘制包络】，通过曲线绘制来定义运动包络。

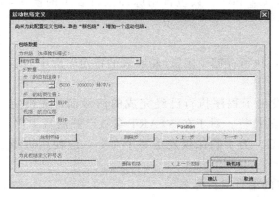
图 6-27 运动包络定义首界面

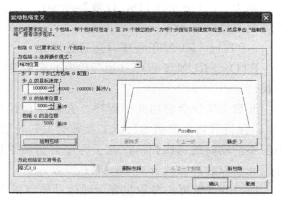
图 6-28 新运动包络参数设置界面

第8步 点击【确认】，弹出如图 6-29 所示存储区配置界面。PTO 操作需要配置 70 个字节的 V 存储区。

图 6-29 存储区配置界面

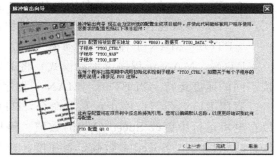
图 6-30 脉冲输出向导的完成界面

第9步 点击【下一步】，弹出如图 6-30 所示脉冲输出向导的完成界面。点击【完成】按键，即可实现脉冲指令的完全配置，系统将自动生成图 6-31 所示脉冲生成向导生成的三个子程序。

◇ PTOx_CTRL 子程序

PTOx_CTRL 子程序（控制）启用和初始化与步进电机或伺服电机合用的 PTO 输出，在程序中只使用一次，并且确定在每次扫描时得到执行。始终使用 SM0.0 作为 EN 的输入。

(a) PTOx_CTRL   (b) PTOx_RUN   (c) PTOx_MAN

图 6-31 脉冲生成向导生成的三个子程序

I_STOP（立即停止）输入是一布尔输入。当此输入为低时，PTO 功能会正常工作。当此输入变为高时，PTO 立即终止脉冲的发出。

D_STOP（减速停止）输入是一布尔输入。当此输入为低时，PTO 功能会正常工作。

当此输入变为高时，PTO 会产生将电机减速至停止的脉冲串。

完成输出是一布尔输出。当完成位被设置为高时，表明上一个指令也已执行。当完成位为高时，错误字节会报告无错误或有错误代码的正常完成。

如果 PTO 向导的 HSC 计数器功能已启用，C_Pos 参数包含用脉冲数目表示的模块，否则此数值始终为零。

◇ PTOx_RUN 子程序（运行轮廓）

PTOx_RUN 子程序（运行轮廓）命令 PLC 执行存储于配置/轮廓表的特定轮廓中的运动操作。

开启 EN 位会启用此子程序。在懲瓿蓝位发出子程序执行已经完成的信号前，先确定 EN 位保持开启。开启 START 参数会发起轮廓的执行。对于在 START 参数已开启且 PTO 当前不活动时的每次扫描，此子程序会激活 PTO。为了确保仅发送一个命令，应使用边沿探测元素以脉冲方式开启 START 参数。

Profile（轮廓）参数包含为此运动轮廓指定的编号或符号名。

开启 Abort（终止）参数命令位控模块停止当前轮廓并减速至电机停止。

当模块完成本子程序时，Done（完成）参数开启。Error（错误）参数包含本子程序的结果。

C_Profile 参数包含位控模块当前执行的轮廓。

C_Step 参数包含目前正在执行的轮廓步骤。如果 PTO 向导的 HSC 计数器功能已启用，C_Pos 参数包含用脉冲数目表示的模块，否则此数值始终为零。

◇ PTOx_MAN 子程序（手动模式）

PTOx_MAN 子程序（手动模式）将 PTO 输出置于手动模式，允许电机启动、停止和按不同的速度运行。当 PTOx_MAN 子程序已启用时，任何其他 PTO 子程序都无法执行。

启用 RUN（运行/停止）参数命令，PTO 加速至指定速度［Speed（速度）参数］，可以在电机运行中更改 Speed 参数的数值。停用 RUN 参数命令，PTO 减速至电机停止。当 RUN 已启用时，Speed 参数确定着速度。速度是一个用每秒脉冲数计算的 DINT（双整数）值，可以在电机运行中更改此参数。

Error（错误）参数包含本子程序的结果。如果 PTO 向导的 HSC 计数器功能已启用，C_Pos 参数包含用脉冲数目表示的模块，否则此数值始终为零。

以上三个子程序的应用举例见图 6-32。

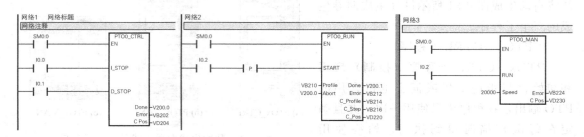

图 6-32　三个脉冲输出子程序的应用举例

（4）实验要求与实验步骤

① 实验要求

控制模块中的步进电机工作方式为四相八拍，电机的四相线圈分别用 A、B、C、D 表示,公共端已接地。

当电机正转时,其工作方式如下:A→AB→B→BC→C→CD→D→DA→A。

当电机反转时,其工作方式如下:A→AD→D→DC→C→CB→B→BA→A。

设计程序,要求能控制步进电机正反转并能控制它的转速。

② 实验步骤

a. 确定输入、输出端口(表6-11)并编写程序。

b. 编译程序,无误后下载至PLC主机的存储器中并运行程序。

c. 调试程序,直至符合设计要求。

表 6-11 PLC控制单片机实验输入/输出端子分配表

输入			输出		
主机	实验模块	注释	主机	实验模块	注释
I0.0	启动	启动	Q0.0	XA	步进电机A相
I0.1	停止	停止	Q0.1	XB	步进电机B相
I0.2	正转	正转	Q0.2	XC	步进电机C相
I0.3	反转	反转	Q0.3	XD	步进电机D相
I0.4	快速	快速	Q0.4	LA	A相指示灯
I0.5	慢速	慢速	Q0.5	LB	B相指示灯
			Q0.6	LC	C相指示灯
1M	24V		Q0.7	LD	D相指示灯
	COM1←→GND	开关公共端			
			1L、2L		24V
			COM2←→GND		电机公共端

6.4.3 不同颜色工件分拣控制

(1) 实验目的

① 掌握功能指令的用法。

② 掌握各种类型传感器的工作原理。

(2) 实验器材

① 装有 Step7-Win/Micro 的 PC 机一台。

② S7-224 CN PLC 实验箱一台。

③ 工件分拣控制模块。

④ 编程电缆一根。

⑤ 导线若干。

(3) 实验内容及步骤

利用供料站上的三种传感器检测三种不同颜色(金属银色、红色和黑色)的料块,并做出不同的处理动作。

当料仓有料时,按下启动按钮SB1,供料气缸将工件推出,推送到位后延时1s,气缸缩回,并且分辨出颜色,三色灯开始闪烁以表示不同的颜色(红色料块,红灯以1Hz频率闪烁;金属银色,黄色灯以1Hz频率闪烁;黑色料块,绿色灯以1Hz频率闪烁)。再经过

2s，输送气缸将料块推走，然后气缸缩回，再经过 3s，三色灯熄灭，供料气缸再次送料。如此循环，当料仓无料时，三色灯同时闪烁。当按下停止按钮 SB2 时，三色灯熄灭，气缸缩回。

颜色分辨由三种不同的传感器完成：光电式传感器、电感式传感器和光纤式传感器。光纤传感器对三种颜色的料块均输出高电平；电感式传感器只对金属块输出高电平；光电式传感器对红色料块和金属料块输出高电平，参见图 6-33。

(a) 电感式传感器　　　　　(b) 光电式传感器　　　　　(c) 光纤式放大器

图 6-33　实验用到的三种传感器

(4) 实验报告要求
① 写出控制要求。
② 画出 PLC I/O 端口和电源接线图。
③ 列出调试好的实验程序梯形图、指令表和注释说明。
④ 整理出运行和监视程序时出现的现象。
⑤ 写出实验中的问题及分析。

(5) 思考题
如何调节光纤式传感器和光电式传感器的灵敏度？

6.4.4　天塔之光模拟实验

(1) 实验目的
① 掌握灯光闪烁的 PLC 控制原理。
② 掌握移位寄存器指令的功能及应用移位寄存器指令实现步进顺控的方法和步骤。

(2) 实验器材

序号	器　　材	数量
1	S7-224 CN PLC 实验箱	1
2	开关模块	1
3	天塔之光模块挂箱	1
4	电源箱	1
5	编程电缆	1
6	装有 Step7-Win/Micro 的 PC 机	1
7	导线	若干

(3) 实验内容及实验步骤

① 控制要求

天塔之光模拟控制挂箱面板如图 6-34 所示。当 SB1（按钮模块上任意一个不带锁按钮）闭合时，L1 亮 0.5s 后灭，接着 L2、L3、L4、L5 亮 0.5s 后灭，接着 L6、L7、L8、L9 亮 0.5s，重复该过程。任意时刻按动 SB2（按钮模块上任意一个不带锁按钮）时，所有灯灭。

② PLC I/O 分配

确定各输入/输出设备的端子后，填写到表 6-12 中。

③ 实验步骤

a. 按控制要求和所确定的 I/O 分配接线。

b. 按控制要求和所确定的 I/O 分配编写 PLC 应用程序。

c. 完成 PLC 与实验模块的外部电路连接，然后通电运行：

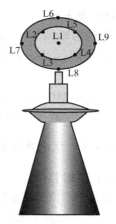

图 6-34 天塔之光实验板图

• 将 PLC 运行开关置"STOP"，接通其电源，向 PLC 写入程序，然后使运行开关置"RUN"；

表 6-12 天塔之光实验 I/O 分配表

DO 接线	L1	
	L2	
	L3	
	L4	
	L5	
	L6	
	L7	
	L8	
	L9	
DI 接线	SB1(启动按键)	
	SB2(停止按键)	

• 模拟模块接通电源，观察系统有无异样；

• 按下启动按钮，观察实验模块上 L1~L9 共 9 只发光管的点亮和熄灭情况是否符合控制要求；

• 按下停止按钮，发光二极管熄灭，系统停止。

如不符合，则调试程序直至正确为止。

(4) 实验报告要求

① 按所选择的实验方案写出控制要求。

② 画出 PLC I/O 端口和电源接线图。

③ 列出调试好的实验程序梯形图、指令表和注释说明。

④ 整理出运行和监视程序时出现的现象。

⑤ 写出实验中的问题及分析。

(5) 思考题

① 隔两灯闪烁　L1、L4、L7 亮，1s 后灭，接着 L2、L5、L8 亮，1s 后灭，接着 L3、L6、L9 亮，1s 后灭，接着 L1、L4、L7 亮，1s 后灭……如此循环。试编制程序并上机调试运行。

② 发射型闪烁　L1 亮，2s 后灭，接着 L2、L3、L4、L5 亮 2s 后灭，接着 L6、L7、L8、L9 亮 2s 后灭，接着 L1 亮，2s 后灭……如此循环。试编制程序并上机调试运行。

6.4.5　水塔水位模拟实验

(1) 实验目的

① 了解用 PLC 进行过程控制的方法，构造水塔水位自动控制系统。

② 熟练掌握基本逻辑指令的功能及应用，掌握 PLC 的编程技巧及程序的调试方法。

(2) 实验器材

序号	器材	数量
1	S7-224 CN PLC 实验箱	1
2	水塔水位自动控制模块挂箱	1
3	24V 直流稳压电源模块挂箱	1
4	开关模块	1
5	编程电缆	1
6	装有 Step7-Win/Micro 的 PC 机	1
7	导线	若干

(3) 实验内容及实验步骤

① 控制要求

水塔水位自动控制模块挂箱如图 6-35 所示。

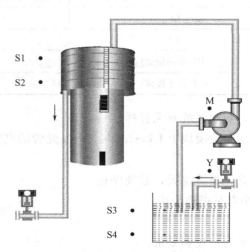

图 6-35　水塔水位模拟实验箱结构图

在总启停开关 S（开关模块任一带锁按钮）闭合的情况下：当水池水位低于水池低水位界（S4 为 ON 表示），阀 Y 打开进水（Y 为 ON），定时器开始定时，4s 后，如果 S4 还不为 OFF，那么阀 Y 指示灯以 5Hz 频率闪烁，表示阀 Y 没有进水，出现故障，S3 为 ON 后，阀

Y 关闭（Y 为 OFF）。当 S4 为 OFF 时，且水塔水位低于水塔低水位界时，S2 为 ON，电机 M 运转抽水。当水塔水位高于水塔高水位界 S1 时，电机 M 停止。

任一时刻断开总启停开关 S 时，停止一切动作，即阀 Y 停止防水，阀 Y 指示灯停止闪烁，电机 M 停止运转。

② PLC I/O 分配

确定各输入/输出设备的端子后，填写到表 6-13 中。

表 6-13 水塔水位模拟实验 I/O 分配表

DI 接线	总启停开关 S	
	限位开关 S1	
	限位开关 S2	
	限位开关 S3	
	限位开关 S4	
DO 接线	电机 M	
	阀 Y	
	阀 Y 指示灯	

③ 实验步骤

a. 按控制要求和所确定的 I/O 分配接线。

b. 按控制要求和所确定的 I/O 分配编写 PLC 应用程序。

c. 完成 PLC 与实验模块的外部电路连接，然后通电运行：

• 将 PLC 运行开关置"STOP"，接通其电源，向 PLC 写入程序，然后使运行开关置"RUN"；

• 模拟模块接通电源，观察系统有无异样；

• 观察二极管的点亮和熄灭情况是否符合控制程序；

• 按照控制要求中的步骤进行实验，观察是否符合控制要求。如不符合，则调试程序直至正确为止。

(4) 实验报告要求

① 按所选择的实验方案写出控制要求。

② 画出 PLC I/O 端口和电源接线图。

③ 列出调试好的实验程序梯形图、指令表和注释说明。

④ 整理运行和监视程序时出现的现象。

⑤ 写出实验中的问题及分析。

第7章 工业机器人

7.1 教学用六自由度机器人实验

7.1.1 六自由度机器人认知实验

(1) 实验目的
① 了解机器人的机构组成。
② 掌握机器人的工作原理。
③ 熟悉机器人的性能指标。
④ 掌握机器人的基本功能及示教运动过程。

(2) 实验器材
① REBot-V-6R-6500 六自由度垂直多关节机器人（教学机器人）一台。
② 装有 REBot-V-6R-6500 教学机器人控制系统软件的计算机一台。

(3) 实验原理

机器人是一种具有高度灵活性的自动化机器，是一种复杂的机电一体化设备。机器人按技术层次分为固定程序控制机器人、示教再现机器人和智能机器人等。本实验所使用的机器人为六自由度串联关节式机器人，其轴线相互平行或垂直，能够在空间内进行定位，采用伺服电机和步进电机混合驱动，主要传动部件采用可视化设计，控制简单，编程方便，是一个多输入多输出的动力学复杂系统，是进行控制系统设计的理想平台。它具有高度的能动性和灵活性，具有广阔的开阔空间，是进行运动规划和编程系统设计的理想对象。

整个系统包括机器人一台、控制柜一台（内含 Galil 6 轴运动控制卡一块）和机器人控制软件一套。

机器人采用串联式开链结构，即机器人各连杆由旋转关节或移动关节串联连接，如图 7-1 所示。各关节轴线相互平行或垂直。连杆的一端装在固定的支座上（底座），另一端处于自由状态，可安装各种工具以实现机器人作业。关节的作用是使相互连接的两个连杆产生相对运动。关节的传动采用模块化结构，由锥齿轮、同步

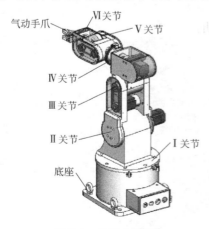

图 7-1 机器人结构

齿型带和谐波减速器等多种传动结构配合实现。

机器人各关节采用伺服电机和步进电机混合驱动，并通过 Windows 环境下的软件编程和运动控制卡实现对机器人的控制，使机器人能够在工作空间内任意位置精确定位。

机器人技术参数如表 7-1 所示。

表 7-1 机器人技术参数

结构形式		串联关节式
驱动方式		步进伺服混合驱动
负载能力		6kg
重复定位精度		±0.08mm
动作范围	关节Ⅰ	−150°～150°
	关节Ⅱ	−150°～−30°
	关节Ⅲ	−70°～50°
	关节Ⅳ	−150°～150°
	关节Ⅴ	−90°～90°
	关节Ⅵ	−180°～180°
最大速度	关节Ⅰ	60°/s
	关节Ⅱ	60°/s
	关节Ⅲ	60°/s
	关节Ⅳ	60°/s
	关节Ⅴ	60°/s
	关节Ⅵ	120°/s
最大展开半径		870mm
高度		1150mm
本体质量		≤100kg
操作方式		示教再现/编程
电源容量		单相 220V 50Hz 4A

机器人机械系统主要由以下几大部分组成：原动部件、传动部件、执行部件。基本机械结构连接方式为原动部件→传动部件→执行部件。机器人的传动简图如图 7-2 所示。

Ⅰ关节传动链主要由伺服电机、减速器构成。
Ⅱ关节传动链主要由伺服电机、减速器构成。
Ⅲ关节传动链主要由步进电机、同步带、减速器构成。
Ⅳ关节传动链主要由步进电机、减速器构成。
Ⅴ关节传动链主要由步进电机、同步带、减速器构成。
Ⅵ关节传动链主要由步进电机、同步带、减速器构成。
在机器人末端还有一个气动夹持器。

原动部件包括步进电机和伺服电机两大类，关节Ⅰ、Ⅱ采用伺服电机驱动方式，关节Ⅲ、Ⅳ、Ⅴ、Ⅵ采用步进电机驱动方式。REBot-V-6R-6500 机器人中采用了同步齿型带传动、RV 减速器、谐波减速传动等传动方式。执行部件采用了气动手爪机构，以完成抓取作业。

下面对 REBot-V-6R-6500 机器人中采用的各传动部件的工作原理及特点作简要介绍。

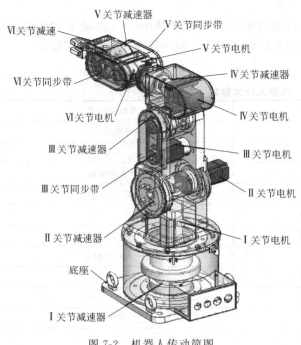

图 7-2 机器人传动简图

① 同步齿型带传动

同步齿型带传动通过带齿与轮齿的啮合传递运动和动力，如图 7-3 所示。

与摩擦型带传动相比，同步带传动兼有带传动、链传动和齿轮传动的一些特点。与一般带传动相比具有以下特点：

◇ 传动比准确，同步带传动是啮合传动，工作时无滑动；

◇ 传动效率高，可达 98% 以上，节能效果明显；

◇ 不需依靠摩擦传动，预紧张力小，对轴和轴承的作用力小，带轮直径小，所占空间小，重量轻，结构紧凑；

◇ 传动平稳，动态特性良好，能吸振，噪声小；

◇ 齿型带较薄，允许线速度高，可达 50m/s；

◇ 使用广泛，传递功率由几瓦至数千瓦，速比可达 10 左右；

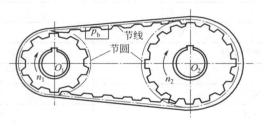

图 7-3 同步齿型带传动结构

◇ 使用保养方便，不需要润滑，耐油、耐磨性和抗老化好，还能在高温、灰尘、水及腐蚀介质等恶劣环境中工作；

◇ 安装要求较高，两带轮轴心线平行度高，中心距要求严格；

◇ 带和带轮的制造工艺复杂、成本高。

同步带传动不失为一种十分经济的传动装置，现已广泛用于要求精密定位的各种机械传动中。

② 谐波齿轮传动

谐波齿轮传动由三个基本构件组成：

a. 谐波发生器（简称波发生器）——由凸轮（通常为椭圆形）及薄壁轴承组成，随着凸轮转动，薄壁轴承的外环做椭圆形变形运动（弹性范围内）；

b. 刚轮——刚性的内齿轮；

c. 柔轮——薄壳形元件，具有弹性的外齿轮。

以上三个构件可以任意固定一个，成为减速传动及增速传动；或者发生器、刚轮主动，柔轮从动，成为差动机构（即转动的代数合成）。

谐波传动工作过程如图 7-4 所示。当波发生器为主动时，凸轮在柔轮内转动，使长轴附近柔轮及薄壁轴承发生变形（可控的弹性变形），这时柔轮的齿就在变形的过程中进入（啮合）或退出（啮出）刚轮的齿间，在波发生器的长轴处处于完全啮合，而短轴方向的齿就处于完全的脱开状态。

波发生器通常为椭圆形的凸轮，凸轮位于薄壁轴承内。薄壁轴承装在柔轮内，此时柔轮由原来的圆形变成椭圆形，椭圆长轴两端的柔轮和与之配合的刚轮齿则处于完全啮合状态，即柔轮的外齿与刚轮的内齿沿齿高啮合。这是啮合区，一

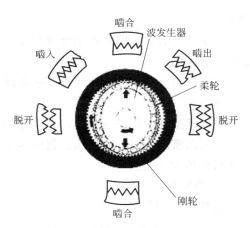

图 7-4　谐波齿轮传动工作过程

般有 30% 左右的齿处在啮合状态，椭圆短轴两端的柔轮齿与刚轮齿处于完全脱开状态，简称脱开。在波发生器长轴和短轴之间的柔轮齿，沿柔轮周长的不同区段内，有的逐渐退出刚轮齿间，处在半脱开状态，称之为啮出；有的逐渐进入刚轮齿间，处在半啮合状态，称之为啮入。

波发生器在柔轮内转动时，迫使柔轮产生连续的弹性变形，此时波发生器的连续转动就使柔轮齿的啮入—啮合—啮出—脱开这四种状态循环往复，不断地改变各自原来的啮合状态。这种现象称之为错齿运动。正是这一错齿运动，使减速器可以将输入的高速转动变为输出的低速转动。

对于双波发生器的谐波齿轮传动，当波发生器顺时针转动 1/8 周时，柔轮齿与刚轮齿就由原来的啮入状态而成啮合状态，而原来的脱开状态就成为啮入状态。同样道理，啮出变为脱开，啮合变为啮出，这样柔轮相对刚轮转动（角位移）了 1/4 齿；同理，波发生器再转动 1/8 周时，重复上述过程，这时柔轮位移一个齿距。依此类推，波发生器相对刚轮转动一周时，柔轮相对刚轮的位移为两个齿距。

柔轮齿和刚轮齿在节圆处啮合的过程如同两个纯滚动（无滑动）的圆环一样，两者在任何瞬间，在节圆上转过的弧长必须相等。由于柔轮比刚轮在节圆周长上少了两个齿距，所以柔轮在啮合过程中，就必须相对刚轮转过两个齿距的角位移，这个角位移正是减速器输出轴的转动，从而实现了减速的目的。

波发生器的连续转动，迫使柔轮上的一点不断地改变位置，这时在柔轮的节圆的任一点，随着波发生器角位移的过程，形成一个上下左右相对称的和谐波，故称之为"谐波"。

谐波齿轮传动的特点如下。

◇ 传动比大。单级传动比为 70～320。

◇ 侧隙小。由于其啮合原理不同于一般齿轮传动，侧隙很小，甚至可以实现无侧隙传动。

◇ 精度高。同时啮合齿数达到总齿数的 20% 左右，在相差 180° 的两个对称方向上同时啮合，因此误差被平均化，从而达到高运动精度。

◇ 零件数少、安装方便。仅有三个基本部件，且输入轴与输出轴为同轴线，因此结构简单，安装方便。

◇ 体积小、重量轻。与一般减速器比较，输出力矩相同时，通常其体积可减小 2/3，重

量可减小 1/2。

◇ 承载能力大。因同时啮合齿数多，柔轮又采用了高疲劳强度的特殊钢材，从而获得了高的承载能力。

◇ 效率高。在齿的啮合部分滑移量极小，摩擦损失少。即使在高速比情况下，也能维持高的效率。

◇ 运转平稳。周向速度低，又实现了力的平衡，故噪声低、振动小。

◇ 可向密闭空间传递运动。利用其柔性的特点，可向密闭空间传递运动。这一点是其他任何机械传动无法实现的。

③ 齿轮传动

齿轮传动的分类：

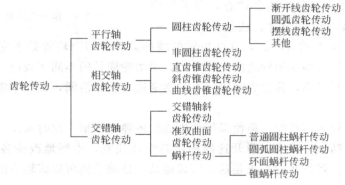

齿轮传动的特点：

◇ 瞬时传动比恒定，非圆齿轮传动的瞬时传动比又能按需要的变化规律设计；

◇ 传动比范围大，可用于减速或增速；

◇ 速度（指节圆圆周速度）和传动功率的范围大，可用于高速（$v>40\text{m/s}$）、中速和低速（$v<25\text{m/s}$）的传动，功率可从小于 1W 到 105kW；

◇ 传动效率高，一对高精度的渐开线圆柱齿轮，效率可达 99% 以上；

◇ 结构紧凑，适用于近距离传动；

◇ 制造成本较高，某些具有特殊齿形或精度很高的齿轮，因需要专用或高精度的机床、刀具和量仪等，故制造工艺复杂，成本高；

◇ 精度不高的齿轮，传动时噪声、振动和冲击大，污染环境；

◇ 无过载保护作用。

④ RV 传动

RV 传动是在摆线针轮传动基础上发展起来的一种新型传动（图 7-5），它具有体积小、

图 7-5 RV 减速器实物图

重量轻、传动比范围大、传动效率高等一系列优点,比单纯的摆线针轮行星传动具有更小的体积和更大的过载能力,且输出轴刚度大,因而在国内外受到广泛重视,在日本机器人的传动机构中,已在很大程度上逐渐取代单纯的摆线针轮行星传动和谐波传动。

RV 传动原理如图 7-6 所示,由渐开线圆柱齿轮行星减速机构和摆线针轮行星减速机构两部分组成。渐开线行星齿轮 2 与曲柄轴 3 连成一体,作为摆线针轮传动部分的输入。如果渐开线中心齿轮 1 顺时针方向旋转,那么渐开线行星齿轮在公转的同时还

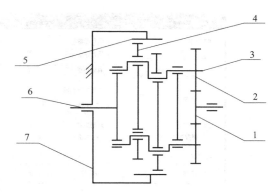

图 7-6 RV 传动简图
1—中心轮;2—行星轮;3—曲柄轴;4—摆线轮;5—针齿;6—输出轴;7—针齿壳

有逆时针方向自转,并通过曲柄轴带动摆线轮做偏心运动,此时,摆线轮在其轴线公转的同时,还将反向自转,即顺时针转动。同时还通过曲柄轴推动钢架结构的输出机构顺时针方向转动。

按照封闭差动轮系求解传动比基本方法,可以推算出 RV 传动的传动比推算公式如下:

$$i_{16}=1+Z_2\times Z_5/Z_1$$

其中　　Z_1——渐开线中心轮齿数;
　　　　Z_2——渐开线行星轮齿数;
　　　　Z_5——针轮齿数,$Z_5=Z_4+1$;
　　　　Z_4——摆线轮齿数。

RV 传动作为一种新型传动,从结构上看,其基本特点可概括如下:

◇ 如果传动机构置于行星架的支撑主轴承内,那么这种传动的轴向尺寸可大大缩小;

◇ 采用二级减速机构,处于低速级的摆线针轮行星传动更加平稳,同时,由于转臂轴承个数增多且内外环相对转速下降,其寿命也可大大提高;

◇ 只要设计合理,就可以获得很高的运动精度和很小的回差;

◇ RV 传动的输出机构是采用两端支撑的尽可能大的钢性圆盘输出结构,比一般摆线减速器的输出架构(悬臂梁结构)具有更大的刚度,且抗冲击性能也有很大提高;

◇ 传动比范围大,因为即使摆线轮齿数不变,只改变渐开线齿数,就可以得到很多的速比,其传动比为 $i=31\sim171$;

◇ 传动效率高,其传动效率为 $\eta=0.85\sim0.92$。

(4) 实验步骤

① 介绍机器人机械系统中原动部分、传动部分以及执行部分的位置及在机器人系统中的工作状况。

② 启动计算机,运行机器人软件。

③ 接通控制柜电源,按下"启动"按钮。

④ 点击主界面"机器人复位"按钮,机器人进行回零运动。观察机器人的运动,6 个关节全部运动完成后,机器人处于零点位置。

⑤ 点击"关节运动"按钮,出现如图 7-7 所示界面。

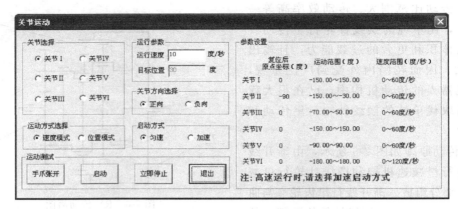

图 7-7 关节运动界面

⑥ 选择"关节Ⅰ",关节方向选择"正向",启动方式选择"加速",运动方式选择"位置模式",运行速度取默认值,目标位置取-120°,点击"启动"按钮,观察机器人第Ⅰ关节运动情况。

⑦ 选择"关节Ⅰ",关节方向选择"反向",启动方式选择"加速",运动方式选择"速度模式",运行速度取默认值,点击"启动"按钮,观察机器人第Ⅰ关节运动情况,然后点击"立即停止"按钮。

⑧ 选择"关节Ⅱ",关节方向选择"正向",启动方式选择"匀速",运动方式选择"位置模式",运行速度取默认值,目标位置取-120°,点击"启动"按钮,观察机器人第Ⅱ关节运动情况。

⑨ 选择"关节Ⅱ",关节方向选择"反向",启动方式选择"匀速",运动方式选择"速度模式",运行速度取默认值,点击"启动"按钮,观察机器人第Ⅱ关节运动情况,然后点击"立即停止"按钮。

⑩ 选择"关节Ⅲ",关节方向选择"正向",启动方式选择"加速",运动方式选择"位置模式",运行速度取默认值,目标位置取 30°,点击"启动"按钮,观察机器人第Ⅲ关节运动情况。

⑪ 选择"关节Ⅲ",关节方向选择"反向",启动方式选择"加速",运动方式选择"速度模式",运行速度取默认值,点击"启动"按钮观察机器人第Ⅲ关节运动情况,然后点击"立即停止"按钮。

⑫ 选择"关节Ⅳ",关节方向选择"正向",启动方式选择"匀速",运动方式选择"位置模式",运行速度取默认值,目标位置取 60°,点击"启动"按钮,观察机器人第Ⅳ关节运动情况。

⑬ 选择"关节Ⅳ",关节方向选择"反向",启动方式选择"匀速",运动方式选择"速度模式",运行速度取默认值,点击"启动"按钮,观察机器人第Ⅳ关节运动情况,然后点击"立即停止"按钮。

⑭ 选择"关节Ⅴ",关节方向选择"正向",启动方式选择"加速",运动方式选择"位置模式",运行速度取默认值,目标位置取 60°,点击"启动"按钮,观察机器人第Ⅴ关节运动情况。

⑮ 选择"关节Ⅴ",关节方向选择"反向",启动方式选择"加速",运动方式选择"速

度模式",运行速度取默认值,点击"启动"按钮,观察机器人第Ⅴ关节运动情况,然后点击"减速停止"按钮。

⑯ 选择"关节Ⅵ",关节方向选择"正向",启动方式选择"加速",运动方式选择"位置模式",运行速度取默认值,目标位置取60°,点击"启动"按钮,观察机器人第Ⅵ关节运动情况。

⑰ 选择"关节Ⅵ",关节方向选择"反向",启动方式选择"加速",运动方式选择"速度模式",运行速度取默认值,点击"启动"按钮,观察机器人第Ⅵ关节运动情况,然后点击"减速停止"按钮。

⑱ 点击"退出"按钮,退出关节运动界面。

⑲ 点击"机器人复位"按钮,使机器人回到零点位置。

⑳ 按下控制柜上的"停止"按钮,断开控制柜电源。

㉑ 退出机器人软件,关闭计算机。

(5) 注意事项

① 机器人通电后,身体的任何部位不要进入机器人运动可达范围之内。

② 机器人运动不正常时,及时按下控制柜的急停开关。

7.1.2 六自由度机器人控制系统实验

(1) 实验目的

① 了解机器人控制系统的组成。

② 熟悉机器人控制系统各部分的原理及作用。

(2) 实验设备

① EBot-V-6R-6500 机器人一台;

② EBot-V-6R-6500 机器人控制柜一台;

③ 装有运动控制卡和控制软件的计算机一台。

(3) 实验原理

EBot-V-6R-6500 机器人电控系统如图 7-8 所示,主要由计算机、Galil 多轴运动控制卡 DMC-2163、交流伺服电机驱动器及交流伺服电机等 4 部分组成。

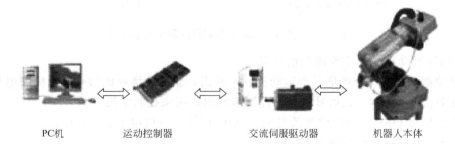

图 7-8 EBot-V-6R-6500 机器人电控系统构成

Galil 多轴运动控制卡 DMC-2163 由高性能 DSP 处理器、CPLD 可编程器件及伺服电机接口器件等组成,用于实现伺服电机的位置、速度、加速度的控制及多个伺服电机的多轴协调控制。其主要功能为:S 形、梯形自动加减速曲线规划;输出控制脉冲到电机驱动器,使电机运动;具有编码器位置反馈信号接口,监控电机实际运行状态;能利用零位开关、减速开关及编码器 Z 相信号，实现高速高精度原点返回操作；具有伺服驱动器报警信号 ALM 等伺服驱动器专用信号接口。

交流伺服电机驱动器用来把运动控制卡提供的低功率的脉冲信号转换为能驱动电机的大功率电信号，以驱动电机带动负载旋转。

机器人本体指的是机器人的机械结构实体，是交流伺服电机的驱动对象，也是机器人实际对外作业的实体。工业机器人一般由多个连杆和多个关节串联而成，每个关节处都有驱动连杆动作的电机。REBot-V-6R-6500 机器人上采用的是三菱 HC-KFS 系列的交流伺服电机和三菱 MR-J2S 系列伺服驱动器，具体的交流伺服驱动系统组成如图 7-9 所示，各个元器件的选型如表 7-2 所示。

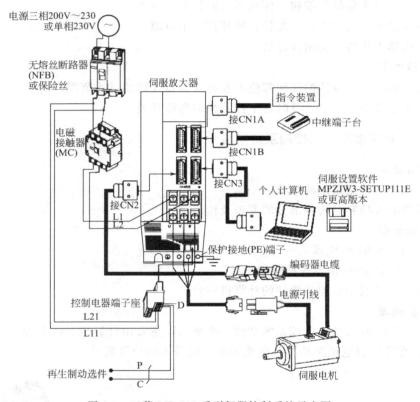

图 7-9　三菱 MR-J2S 系列伺服控制系统示意图

三菱伺服驱动器的其主要控制信号有：

① 脉冲信号 PULS　此信号由运动控制卡发出，驱动器接收此信号驱动伺服电机旋转；

② 方向信号 SIGN　此信号由运动控制卡发出，用来控制电机旋转方向；

③ 原点信号 ORG　由零位开关发出，ORG 信号可单独用于寻零操作，也可与编码器 Z 相信号配合，得到精度更高的寻零操作；

④ 限位信号 EL　由限位开关发出，＋EL 为电机运行正方向的限位信号，－EL 为电机运行反方向的限位信号（当与电机运行相同方向的 EL 信号为"ON"状态时，控制卡立即停止发出脉冲，电机自动停止运行。这个信号被锁存，即使 EL 又恢复成"OFF"状态，控制卡也不会再发出脉冲，可由指令发出相反方向运动的脉冲链，使电机反向运动，解除这一锁存状态）；

表 7-2　机器人控制系统元器件清单

序号	名称	规格型号		数量	备注
1	空气开关	DZ47-60/C20	2P	1个	
2	熔断器座	RT17-32X	32A	2套	
3	保险	RT18	6A	2个	
4	交流接触器	CJX2-18	220V,18A	1个	
5	继电器	MY2J	24V,5A	2套	
6	带灯按钮	LA42PD-10/G23		2只	
7	指示灯	AD16-22D/r23		2只	
8	紧急钮	LA39B2-01Z/r		2只	
9	按钮盒	XKA-3		1个	
10	电磁铁	DC24V		1个	
11	限位开关	Z-15GW22-B		1只	
12	开关电源	HF100W-S-24	24V,5A	1块	
13	风扇	DC24V,90×90		1台	轴承结构
14	航空插头	Y2M50TK	φ36	1套	
15	航空插头	Y2M37TK	φ28	1套	
16	航空插头	Y2M14TK	φ14	2套	
17	运动控制器	DMC2182	8轴	1块	
18	端子板	ICM20105T	4轴	2块	
19	插头	DB15	双排	6套	带金属线卡
20	插头	DB25	双排	1套	
21	转换器	RS232/RS422		1个	
22	锂离子电池	3.7V		2块	绝对值编码器用
23	接线柱	UKJ-1.5		30个	
24	接线柱	UKJ-2.5		6个	
25	导轨	外C型		0.5m	
26	线槽	40×40		3m	白色
27	屏蔽电缆	RVVP	16×0.12mm	4m	驱动器控制电缆
28	屏蔽电缆	RVVP	50×0.1mm	5.2m	双绞,编码器连接线
29	屏蔽电缆	RVVP	8×0.5mm	16m	驱动器与电机连接
30	电缆线	2×0.5mm		0.8m	连接电磁铁用
31	电线	0.75mm		若干	控制柜接线用,分色
32	电线	1.5mm		若干	驱动器输入电源线
33	控制箱			1个	
34	伺服驱动器	MR-J2S-40A		2台	
35	伺服驱动器	MR-J2S-20A		2台	
36	伺服驱动器	MR-J2S-10A		2台	带绝对编码器
37	伺服电机	HC-KF-S43		2台	
38	伺服电机	HC-KF-S23		2台	
39	伺服电机	HC-KF-S13		2台	

⑤ 驱动器报警信号 ALM　由驱动器发出，当驱动器发生故障时，报警信号 ALM 为"ON"状态，控制卡接收到这个信号后立即停止发出脉冲，电机自动停止运行；

⑥ 伺服 ON 信号　由运动控制卡发出，伺服驱动器接收到此信号后，即处于伺服状态；

⑦ 编码器信号　编码器输出 A、B、Z 相信号送到伺服驱动器，经伺服驱动器分频后发送到运动控制卡，用来反馈伺服电机实际运行的位置及实现闭环控制。

(4) 实验步骤和实验内容

① 控制柜主控电路的组成部分

EBot-V-6R-6500 机器人的主控电路组成如图 7-10 所示，主要由电机及驱动器、断路器、开关电源、按钮指示灯和其他附件组成。

具体接线图如图 7-10 所示。

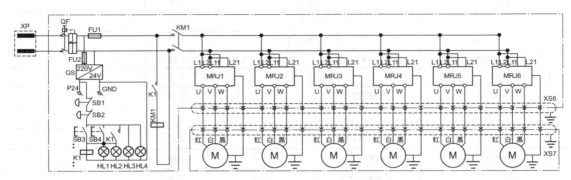

图 7-10　电控柜主控电路原理图

② DMC-2163 运动控制卡与 MR-J2S 交流伺服驱动器之间的连接

图 7-11(a) 给出了 Galil 公司的 6 轴运动控制卡 DMC-2163 通过其接口板 IMC20105T 与交流伺服电机驱动器 MR-J2S 之间的连接方法。图 7-11(b) 是 MR-J2S 4 个接口的接线：CN1A 与 IMC20105T 连接；CN1B 内部两两短接；CN2 接编码器；CN3 接 RS232 或者 RS422 串行通信。图 7-11(c) 给出的是 HC-KFS 配的绝对编码器的引线。图 7-11(d) 给出 PC 机通过串联方式实现与各伺服驱动器 RS-422 通信的方法。

③ 远程控制盒

为了便于操作机器人，除了在机器人的控制柜面板上设置启动和急停按钮以外，还设置了远程控制盒，如图 7-12 所示。远程控制盒上包括两个按钮（启动按钮 SB4 和急停按钮 SB2）和两个指示灯（弱电上电指示灯 HL4 和强电上电指示灯 HL2）。

a. 接通控制柜电源。

b. 松开急停按钮。

c. 按下"启动"按钮。

d. 使用结束后，按下"急停"按钮。

e. 断开控制柜电源。

④ 使用三菱伺服驱动器的下载线，将其中一个交流伺服电机的驱动器的 CN3 接口与 PC 机串口连接，如图 7-13 所示。

⑤ 利用三菱的伺服驱动监视软件 MELSERVO 与伺服驱动器进行通信，读取和设置伺服驱动器参数。三菱电机驱动器需要设置的参数包括（P19 ——→ 000E ——→ 下电——→ 再上电——→P19 以后才能设置）：

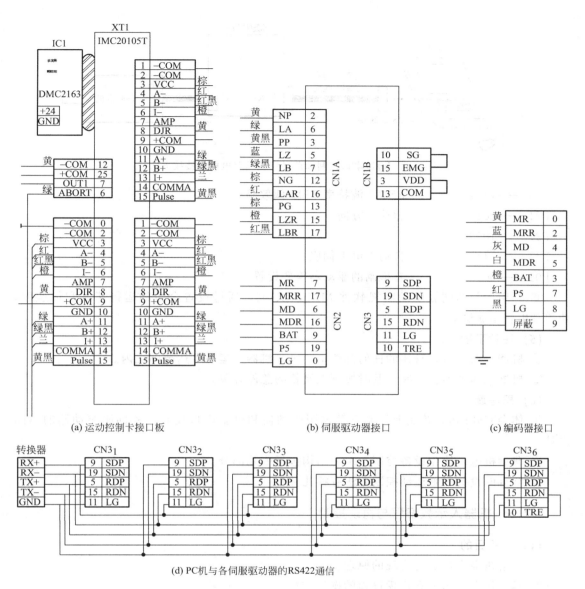

图 7-11 主控板与交流伺服驱动器之间的连线图及通信电路图

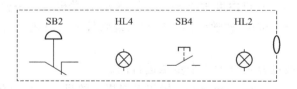

图 7-12 远程控制盒布局图

P0 ⟶ 0   位置模式
P03 ⟶ 8192
P04 ⟶ 625   03 04 两者参数设置每转 10000 个脉冲
P15 ⟶ 1 2 3 4 5 6   站点设置

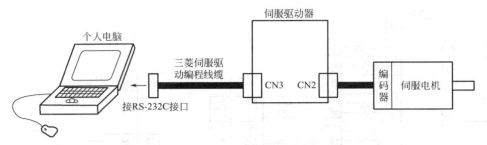

图 7-13 通过串口控制和调试三菱伺服电机的接线方法

P16 ⟶ 1101　　　　RS422 波特率 9600 偶效验
P21 ⟶ 0011　　　　脉冲＋方向
P27 ⟶ 10000
P41 ⟶ 0111　　　　自动上电上伺服
P01 ⟶ 0012　　　　有抱闸的驱动器需要设置

⑥ 利用三菱的伺服驱动监视软件 MELSERVO，通过设置合适的运行速度和加速度，使单轴电机 Jog 试运行。

(5) 注意事项

① 机器人通电后，身体的任何部位不要进入机器人运动可达范围之内。
② 机器人运动不正常时，及时按下控制柜的急停开关。

(6) 思考题

① 体会 Galil 运动控制卡控制三菱伺服驱动器和电脑串口控制三菱伺服驱动器的不同之处。
② 典型机电一体化设备控制系统的结构包括哪几部分？
③ 常见的设备多轴运动控制方法有哪几种？

7.1.3 机器人示教编程与再现控制

(1) 实验目的

① 了解机器人示教与再现的原理。
② 掌握机器人示教和再现过程的操作方法。

(2) 实验设备

① REBot-V-6R-6500 六自由度垂直多关节机器人 教学机器人一台。
② 装有 REBot-V-6R-6500 教学机器人控制系统软件的计算机一台。

(3) 实验原理

机器人的示教-再现过程是分为 4 个步骤进行的。

① 机器人示教（teach programming）　操作者把规定的目标动作（包括每个运动部件、每个运动轴的动作）一步一步地教给机器人。示教的简繁，标志着机器人自动化水平的高低。

② 记忆　机器人将操作者所示教的各个点的动作顺序信息、动作速度信息、位置姿态信息等记录在存储器中。存储信息的形式、存储量的大小决定机器人能够进行的操作的复杂程度。

③ 再现　将示教信息再次浮现，即根据需要，将存储器所存储的信息读出，向执行机

构发出具体的指令。至于是根据给定顺序再现，还是根据工作情况，由机器人自动选择相应的程序。再现这一功能的不同，标志着机器人对工作环境的适应性。

④ 操作　机器人以再现信号作为输入指令，使执行机构重复示教过程规定的各种动作。

在示教—再现这一动作循环中，示教和记忆是同时进行的，再现和操作也是同时进行的。这种方式是机器人控制中比较方便和常用的方法之一。

示教的方法有很多种，有主从式、编程式、示教盒式等多种。

主从式是由结构相同的大、小两个机器人组成。当操作者对主动小机器人手把手进行操作控制的时候，由于两机器人所对应关节之间装有传感器，所以从动大机器人可以以相同的运动姿态完成所示教操作。

编程是运用上位机进行控制，将示教点以程序的格式输入到计算机中，当再现时，按照程序语句一条一条地执行。这种方法除了计算机外，不需要任何其他设备，简单可靠，适用小批量、单件机器人的控制。

示教盒和上位机控制的方法大体一致，只是由示教盒中的单片机代替了电脑，从而使示教过程简单化。这种方法由于成本较高，所以适用在较大批量的成型的产品中。

（4）实验步骤

① 启动计算机，运行机器人软件。

② 接通控制柜电源，按下"启动"按钮。

③ 点击主界面"机器人复位"按钮，机器人进行回零运动。观察机器人的运动，6个关节全部运动完成后，机器人处于零点位置。

④ 点击"关节示教"按钮，出现如图7-14所示界面。

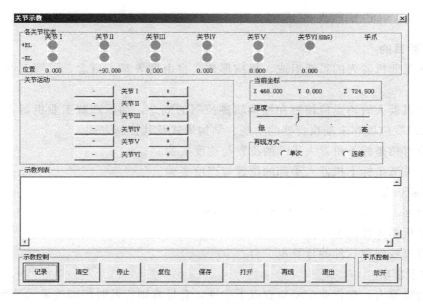

图7-14　关节示教界面

⑤ 在"速度"中选择示教速度（由左到右从低速到高速1.5°/s、6°/s、12°/s、24°/s共4个挡，默认是6°/s，一般情况下建议选择12°/s）。在"关节运动"中有每个关节的正反向运动，持续按下相应关节的按钮，机器人的关节会按照指令运动，松开相应的按钮，机器人的关节会停止运动。

⑥ 在机器人"各关节状态"和"当前坐标"中，可以实时显示机器人的运动状态。每运动到一个点，必须按下"记录"按钮，在再现时机器人将忽略中间过程而只再现各个点，在"示教列表"中会记录并显示机器人相应关节运动的信息，继续运动其他关节，直到整个示教程序完成。

⑦ 点击"保存"按钮，示教完的信息以（*.RBT6）格式保存在示教文件中。

⑧ 点击"再现"按钮，机器人按照记录的机器人关节信息再现一遍运动轨迹。

⑨ 点击"清空"按钮，会把示教列表全部清除。

⑩ 点击"退出"按钮，退出当前界面。

⑪ 点击"机器人复位"按钮，使机器人回到零点位置。

⑫ 按下控制柜上的"停止"按钮，断开控制柜电源。

⑬ 退出机器人软件，关闭计算机。

(5) 思考题

① 通过实验总结机器人示教－再现的概念。

② 试分析机器人的示教属于 PTP（点到点）控制还是输入 CP（连续轨迹）控制。

(6) 注意事项

① 机器人通电后，身体的任何部位不要进入机器人运动可达范围之内。

② 机器人运动不正常时，及时按下控制柜的急停开关。

7.2 工业用六自由度机械手实验

7.2.1 FANUC 机器人

(1) 实验目的

① 巩固工业机器人的系统组成、机构形式、自由度等基本概念，了解工业机器人的工作原理。

② 巩固机器人轨迹点位控制和连续轨迹控制的概念，加深理解工业机器人工作站的组成原则，认识变位机和末端执行器的功能、结构形式及其控制方式。

③ 理解直角坐标下机器人手部的位置与速度实验。

④ 理解关节坐标下机器人手部的位置与速度实验。

(2) 实验设备

① FANUC-ArcMate M6ib 工业机器人一台。

② 工业机器人控制柜一台。

③ 装有离线编程软件的计算机一台。

(3) 注意事项

① 进行机器人示教作业前要检查以下事项，有异常则应及时修理或采取其他必要措施：

- 机器人动作有无异常；
- 外部电线遮盖物及外包装有无破损。

② 示教编程器用完后须放回原处；不要强迫机器人移动，更不要吊在机器人上或站在机器人上。

③ 不要依靠在 M6i 控制柜上，不要随意按开关、按钮。

④ 通电过程中，除专职的操作人员外，其他人员均不得触摸 M6i 柜和示教编程器。
⑤ 注意安全，听从老师的安排，操作机器人时不要进入机器人工作范围内。
⑥ 着装要求：
- 操作机器人时不要戴手套；
- 不要佩戴特别大的耳环、饰物等；
- 务必穿戴安全鞋、安全帽。

(4) 实验原理

① Fanuc 机器人简介

◇ 机器人的主要参数

FANUC 机器人本体型号为 ARC Mate M6iB，控制柜型号为 M-6iB。机器人的具体性能参数如下：轴数　6；手部负重（kg）　6；运动范围；重复定位精度；最大运动速度。

◇ FANUC 机器人的安装环境

环境温度　0～45℃

环境湿度　普通 75%RH

短时间　85%（1个月之内）

振动　＝0.5G（4.9m/s^2）

◇ FANUC 机器人的编程方式

在线编程和离线编程。

◇ FANUC 机器人的特色功能

High sensitive collision detector　高性能碰撞检测机能，机器人无需外加传感器，各种场合均适用。

Soft float　软浮动功能，用于机床工件的安装和取出，有弹性的机械手。

Remote TCP。

② FANUC 机器人的构成

◇ FANUC 机器人软件系统

Handling Tool　用于搬运。

Arc Tool　用于弧焊。

Spot Tool　用于点焊。

Sealing Tool　用于布胶。

Paint Tool　用于油漆。

Laser Tool　用于激光焊接和切割。

◇ FANUC 机器人硬件系统

如图 7-15 所示，通用 FANUC 机器人硬件系统包括机器人本体、机器人控制柜、操纵台（或变位器）和示教操作盒。

作为焊接机器人的 Fanuc ArcMate 100iB 机器人，除了具有通用机器人的组件外，还包括焊接所需的各个组件：

Power Wave F355i　如图 7-16 所示。

适合材料　碳钢/不锈钢/合金钢/铝合金。

焊接波形　CV/Pulse/Rapid Arc/
　　　　　Power Mode/Pulse on Pulse。

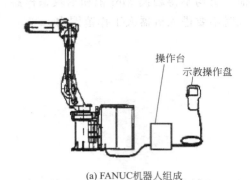
(a) FANUC机器人组成

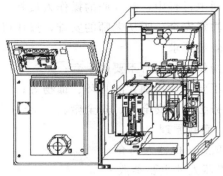
(b) 机器人控制柜内部结构

图 7-15　FANUC 机器人硬件系统

电流范围　5～425A，300A/100％，350A/60％。

图 7-16　电焊机 Power Wave F355i

波形控制技术　Wave Control Technology TM。
通信方式　ArcLink®
逆变技术　Inverter（60kHz）。
全数字焊机　Total Digital。
输入电源　380V/50Hz/3Phase/PE。
Power Feeder 10R　如图 7-17 所示。
适合焊丝　实芯/药芯/铝焊丝。
速度反馈装置，闭环精确控制。
四轮驱动，更换焊丝不需工具。

通信方式　ArcLink®。
输入　40V DC。
送丝速度范围　50～800IPM（1.3～20.3m/min）；
　　　　　　　70～1200IPM（2.0～30.5m/min）。
实芯焊丝范围　0.025～3/32in（0.6～2.4mm）；
　　　　　　　0.025～1/16in（0.6～1.6mm）；
药芯焊丝范围　0.035～0.120in（0.9～3.0mm）；
　　　　　　　0.035～5/64in（0.9～2.0mm）。

图 7-17　送丝机 Power Feeder 10R

图 7-18　焊枪 Tough Gun 500A

Tough Gun 500A（泰霸） 如图 7-18 所示。

焊丝　碳钢/不锈钢，实芯/药芯，0.7~1.6mm。

电流　500A/100%/CO_2，350A/100%/Ar 混合气。

焊枪角度　22°，45°，180°。

③ 认识 TP（Teach Pendant）。

如图 7-19 所示。其上的主要按键和开关的功能如下。

图 7-19　示教操纵盒正面及反面照片

紧急停止按键　此按钮被按下时，机器人立刻停止运动。

ON/OFF 开关　ON：TP 有效；OFF：TP 无效。当 TP 无效时，示教、编程及手动不能被使用。

Dead Man 开关　当 TP 有效时，只有 Dead Man 开关被按到适中位置，机器人才能运动，一旦松开或者按紧，机器人立即停止运动，并出现报警。

◇ TP 的作用

TP 的作业包括：点动机器人，编写机器人程序，试运行程序，生产运行和查阅机器人的状态（I/O 设置，位置，焊接电流）。

◇ 认识 TP 上的操作键

TP 上各操作键的分布如图 7-20 所示。

具体各个按键的功能如下。

 RESET 键（复位键）　按此键清除报警信息。

 SHIFT 键　与其他键配合使用执行特定功能。

Jog 键　使用这些键来点动机器人：

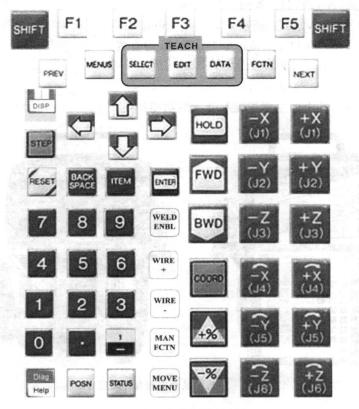

图 7-20 TP 上各操作键的分布

COORD 键　用该键来切换机器人运动的坐标系（World，Tool，Joint）。如图 7-21 所示，坐标系有关节坐标系（Joint）、直角坐标系（World）、工具坐标系（Tool）和其他坐标系。

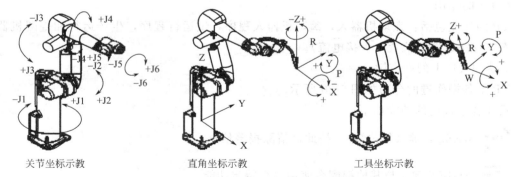

关节坐标示教　　　　直角坐标示教　　　　工具坐标示教

图 7-21 机器人在不同坐标系下示教

速度键　用这些键来调整机器人的运动速度。

程序键　用这些键来选择编程时的菜单选项：

SELECT 键　显示程序清单。

EDIT 键　显示当前使用或编写的程序。

DATA 键　显示 weld schedules，weld processes，weave schedules，TorchMate data 等。

[F1 F2 F3 F4 F5]　功能键　使用这些键，根据屏幕显示执行指定的功能和操作。

[NEXT] NEXT 键　按下该键，显示更多的对应于 F1、F2、F3、F4、F5 按键的功能键。

[←↑↓→] 光标键　使用这些键，在屏幕上按一定的方向移动光标。

数字键　这些键用来输入数值：0，1，2，3，4，5，6，7，8，9，减号（—），小数点（.），逗号（,）。

[ENTER] 确认键　使用该键，确认一个数值的输入，或者从一个菜单中确认选择一个项目。

[STEP] STEP 键　在 T1 或 T2 模式中，使用该键在以下两种执行模式间切换：单步模式（每次执行程序中的一行）；连续模式（连续运行程序）。

[FWD] FWD（前进）键　在 STEP 开启时使用该键来执行下一个程序语句。连续运行程序时，使用该键驱使机器人开始执行编好的程序。

[BWD] BWD（后退）键　用该键执行排在光标前面的程序语句。

[WELD ENBL] WELD ENBL 键　运行一个程序时，使用该键来控制是否开启焊接过程。

[WIRE+][WIRE-] 焊丝运动键　Wire"+"使焊丝经由焊枪送出，Wire"-"使焊丝经由焊枪回抽。

[ITEM] ITEM 键　用该键 在一个列表中选择一个项目。

例 1：要在一个 TP 程序列表中选择一行，按下 ITEM，输入要选择的编号后，按下 ENTER。

例 2：要在一个 System Variables 清单中选择一行，按下 ITEM 键，输入要选行的编号后，按下 ENTER。

[BACK SPACE] BACK SPACE 键　使用该键，能依次删除光标前的字母和数字。

[PREV] PREV 键　用该键能显示上一级屏幕界面。

[MENUS] MENUS 键　用该键显示菜单屏幕。下面是按下 MENUS 后出现的列表：

1. UTILITIES＞　　　　　　　　：显示提示
2. TEST CYCLE＞　　　　　　　：为测试操作指定数据
3. MANUAL FCTNS＞　　　　　　：执行宏指令
4. ALARM＞　　　　　　　　　　：显示报警历史和详细信息
5. I/O＞　　　　　　　　　　　：显示和手动设置输出，仿真输入/输出，分配信号
6. SETUP＞　　　　　　　　　　：设置系统

7. FILE＞	：读取或存储文件
8. USER	：显示用户信息
9. SELECT	：列出和创建程序
10. EDIT	：编辑和执行程序
11. DATA＞	：显示寄存器、位置寄存器和堆码寄存器的值
12. STATUS＞	：显示系统和弧焊状态
13. POSITION	：显示机器人当前的位置
14. SYSTEM＞	：设置系统变量，Mastering
15. BROWSER	：浏览网页，只对 iPendant 有效

HOLD 键　用该键可停止机器人的运动。

FCTN 键　用该键显示补充菜单。按下 FCTN 键后出现的典型项目：

ABORT（ALL）	：强制中断正在执行或暂停的程序
Disable FWD/BWD	：使用 TP 执行程序时，选择 FWS/BWD 是否有效
CHANGE GROUP	：改变组
QUICK/FULL MENUS	：在快速菜单和完整菜单之间选择
SAVE	：保存当前屏幕中相关的数据到软盘中
PRINT SCREEN	：打印当前屏幕的数据
……	

（5）实验内容与实验步骤

① 开机

◇ 打开机器人控制柜的断路开关，按住"ON"按钮几秒，示教盒的开机画面将会显示出来。

◇ 手持示教盒，按下并且始终握住"Dead man switch"，将示教盒上的开关打到"ON"的位置。

◇ 在示教盒键盘上找到"STEP"键，按一下并确认左上部的"STEP"状态指示灯亮，此时屏幕顶端右面的蓝色状态行应该为－Joint 10％。

② 关节坐标模式（Joint Coordinate）下移动机器人

◇ 按下并保持"SHIFT"，配合其他方向键移动机器人。

◇ 通过示教盒上的"＋％"和"－％"键进行调节（或同时配合"SHIFT"进行大范围的调节）。为了安全起见，在开始的时候尽量以较低的速度移动机器人，在确认不会发生碰撞时再适当地提高移动速度。

③ 直角坐标模式下移动机器人

松开"SHIFT"键，在键盘上找到并按"COORD"键直到蓝色的状态栏显示"World"（注意，切换了示教模式之后，机器人移动速度会自动降低到 10％）。此时再移动机器人时，机器人不再单轴（单关节）转动，而是当按前面三组 J1、J2、J3 键时，机器人的 TCP 以直线运动；当按后面三组 J4、J5、J6 键时，机器人的 TCP 固定不动，绕相应的直线坐标轴旋转。

④ 认识轴的软件限位

◇ 一直按住"J3，＋Z"键，第三轴提升到一定程度将自动停止继续往上升，此时，在屏幕顶部的信息提示栏中应该有限位或者位置不可达的报警提示，按"RESET"键消除报警。
◇ 按住"J3，-Z"键，使第三轴往回运动。
⑤ 认识 Dead-Man/E-Stop 开关作用
◇ 当释放"Dead-Man"开关，状态信息栏中就会有报警信息。要消除报警，只有重新按住并保持住，报警信息将自动消失。
◇ "Dead-Man"开关是个 3 位开关，按压力太大也会导致报警。
⑥ 急停按钮的使用
◇ 按一下示教盒右上方红色的"E-STOP"急停按钮，在屏幕的状态信息显示栏中会有急停报警。
◇ 要复位该信息，只需顺时针旋转使按钮复位，再按"RESET"键复位即可。

注意 在进行急停或复位急停操作时，除了可以听得到第二轴和第三轴的抱闸声音，还可以听到机器人控制柜内部断路器的跳闸声音。

(6) 思考题
① 简述工业机器人的定义，说明 FANUC 机器人的主要特点是什么？
② 机器人为几自由度机器人？主要有哪几个关节？分别可做什么样的运动？
③ 工业机器人与数控机床有什么区别？
④ 说明工业机器人的基本组成与主要特点。

7.2.2 ABB 机器人

(1) 实验目的
① 介绍 ＡＢＢ 机器人的基本操作与运行。
② 巩固机器人轨迹点位控制和连续轨迹控制的概念，加深理解工业机器人工作站的组成原则，认识变位机和末端执行器的功能、结构形式及其控制方式。
③ 理解直角坐标下机器人手部的位置与速度实验。
④ 理解关节坐标下机器人手部的位置与速度实验。

(2) 实验设备
① ABB-IRB6640-180 工业机器人一台
② 工业机器人控制柜一台
③ 装有离线编程软件的计算机一台

(3) 系统安全
由于机器人系统复杂而且危险性大，在实验期间，对机器人进行任何操作都必须注意安全。无论什么时候进入机器人工作范围，都可能导致严重的伤害，只有经过培训认证的人员才可以进入该区域。

以下的安全守则必须遵守：
- 万一发生火灾，应使用二氧化碳灭火器；
- 急停开关（E-Stop）不允许被短接；
- 机器人处于自动模式时，任何人员都不允许进入其运动所及的区域；
- 在任何情况下，不要使用机器人原始启动盘，用复制盘；
- 机器人停机时，夹具上不应置物，必须空机；
- 机器人在发生意外或运行不正常等情况下，均可使用 E-Stop 键，停止运行；

- 因为机器人在自动状态下，即使运行速度非常低，其动量仍很大，所以在进行编程、测试及维修等工作时，必须将机器人置于手动模式；
- 气路系统中的压力可达 0.6MPa，任何相关检修都要切断气源；
- 在手动模式下调试机器人，如果不需要移动机器人时，必须及时释放使能器（Enable Device）；
- 调试人员进入机器人工作区域时，必须随身携带示教器，以防他人误操作。

（4）实验原理

① ABB-IRB 6640 机器人系统结构

如图 7-22 所示，ABB-IRB 6640 机器人系统包括以下几个组成部分。

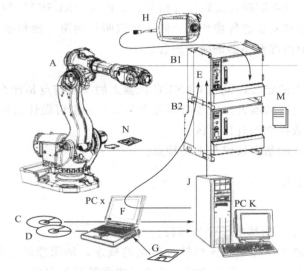

图 7-22　ABB-IRB 6640 机器人系统组成部分

　A　本体。

　B1　IRC5 Control Module，包含机器人系统的控制电子装置。

　B2　IRC5 Drive Module，包含机器人系统的电源电子装置。在 Single Cabinet Controller 中，Drive Module 包含在单机柜中。MultiMove 系统中有多个 Drive Module。

　C　RobotWare 光盘包含所有机器人软件。

　D　说明文档光盘。

　E　由机器人控制器运行的机器人系统软件。系统已通过局域网中的服务器加载到控制器。

　F　RobotStudio Online 计算机软件（安装于 PC x 上）。RobotStudio Online 用于将 RobotWare 软件载入服务器以及配置机器人系统，并将整个机器人系统载入机器人控制器。

　G　带 Absolute Accuracy 选项的系统专用校准数据磁盘。不带此选项的系统所用的校准数据通常随串行测量电路板（SMB）提供。

　H　与控制器连接的 FlexPendant，用于执行何时使用 FlexPendant 和 RobotStudio Online。

　J　网络服务器（不随产品提供）。可用于手动储存 RobotWare、成套机器人系统、说明文档。

在此情况下，服务器可视为某台计算机使用的存储单元，甚至计算机本身！
如果服务器与控制器之间无法传输数据，则可能是服务器已经断开！

PCK 服务器的用途：
- 使用计算机和 RobotStudio Online 可手动存取所有的 RobotWare 软件；
- 手动存储通过便携式计算机创建的全部配置系统文件；
- 手动存储由便携式计算机和 RobotStudio Online 安装的所有机器人说明文档。

在此情况下，服务器可视为由便携式计算机使用的存储单元。

M RobotWare 许可密钥。原始密钥字符串印于 Drive Module 内附纸片上（对于 Dual Controller，其中一个密钥用于 Control Module，另一个用于 Drive Module；而在 MultiMove 系统中，每个模块都有一个密钥）。RobotWare 许可密钥在出厂时安装，从而无需额外的操作来运行系统。

N 处理分解器数据和存储校准数据的串行测量电路板（SMB）。对于不带 Absolute Accuracy 选项的系统，出厂时校准数据存储在 SMB 上。

PC x 计算机（不随产品提供）可能就是图 7-22 所示的服务器 J。如果服务器与控制器之间无法传输数据，则可能是计算机已经断开连接。

② IRC5 控制柜（图 7-23）

IRC5 控制器包含移动和控制机器人的所有必要功能。标准 IRC5 控制器由一个机柜组成，也可以选择分为两个模块：Control Module 和 Drive Module。这种控制器称为 Dual Cabinet Controller。

Control Module 包含所有的电子控制装置，例如主机、I/O 电路板和闪存。

Drive Module 包含所有为机器人电机供电的电源电子设备。IRC5 Drive Module 最多可包含 9 个驱动单元，它能处理 6 根内轴，附加 2 根普通轴或附加轴，具体取决于机器人的型号。

使用一个控制器运行多个机器人时（MultiMove 选项），必须为每个附加的机器人添加额外的 drive module。但只需使用一个 control module。

控制柜上的开关：

A 为总开关；B 为紧急停止；C 为电机开启；D 为模式开关；E 为安全链 LED（选项）；F 为 USB 端口（选项）；G 为计算机服务端口（选项）；H 为负荷计时器（选项）；J 为服务插口 115/230 V，200 W（选项）；K 为 Hot plug 按钮（选项）；L 为 FlexPendant 连接器。

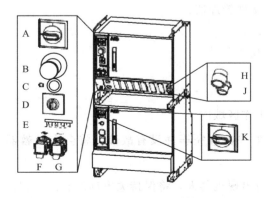

图 7-23 IRC5 控制柜结构

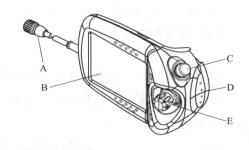

图 7-24 FlexPendant 控制柜结构

③ FlexPendant（图 7-24）

图中，A 为连接器；B 为触摸屏；C 为紧急停止按钮；D 为使能装置；E 为控制杆。

操作 FlexPendant 时，通常会手持该设备，如图 7-25 所示。

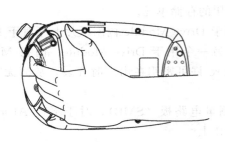

图 7-25　FlexPendant 的手持方式　　图 7-26　FlexPendant 触摸屏界面组成

图 7-26 显示了 FlexPendant 触摸屏的各种重要元件。图中，A 为 ABB 菜单；B 为操作员窗口；C 为状态栏；D 为关闭按钮；E 为任务栏；F 为快速设置菜单。

④ RobotStudio 简介

RobotStudio 是一个计算机应用程序，用于离线创建、编程和模拟机器人单元。RobotStudio 可进行完全、自定义和最小化安装。最小化安装用于在控制器上作为 FlexPendant 的一个部件以在线模式工作。完全（和自定义）安装提供高级的编程和模拟工具。

RobotStudio 在线模式功能：

- 用于创建、安装和维护系统的 System Builder；
- 用于编辑系统运行参数的配置编辑器；
- 用于联机编程的程序编辑器；
- 用于监控和储存机器人事件的事件日志；
- 用于备份和恢复系统的工具；
- 用于 User Authorization System 的管理员工具；
- 用于计算机和控制器之间交换文件的文件管理器；
- 用于操作控制器中各种任务的任务窗口；
- 用于查看和处理控制器与系统属性的其他工具。

（5）实验内容与实验步骤

① 启动机器人

注意　通电前，先确认没有人在机器人工作区域内。

打开主开关 ⊖，机器人将进行自检。如果检查完毕并没有故障，将会在示教器上出现一条信息，如图 7-27 所示。

在自动模式下，生产窗口将在随后几秒内出现机器人，将保持关电前的状态。程序点仍然不变，所有的数字输出和关电前一样，包括系统参数值。

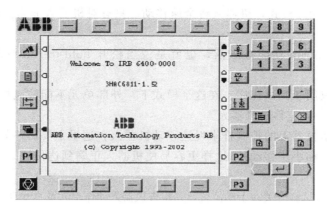

图 7-27 ABB 操作系统初始界面

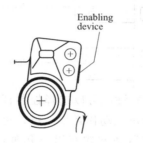

② 打开电机 MOTORS ON
◇ 在自动模式，按下操作盘上的 Motors On 按钮。
◇ 在手动模式，按下示教器上的使能按钮 enabling device 一半，将转到 Motors On 模式。
◇ 如果使能设备按钮 enabling device 被松开，然后在半秒内又被按下，机器人将不会回到 Motors On 状态。如果发生这样的情况，先松开 enabling device，等一会儿再按下一半。

③ 关掉机器人

注意 关掉机器人时，所有的输出信号将为 0，这将影响到夹具及外部设备，所以关机前，先检查是否有人在工作区域内。

如果程序在运行，通过按下示教器上的停止 STOP 按钮来停止，然后关掉主开关 main switch 机器人的存储器。由于有后备电池，所以不会受关机的影响。

④ 选择工作模式

通过模式选择开关选择工作模式。

◇ 自动模式（生产模式）

注意 当机器人自动工作时，不能有人进入安全区域。

自动模式用于生产，自动运行全部程序。在这个模式下，使能设备 enabling device 按钮将被断开连接，编程功能也被锁住。

◇ 减速手动运行（编程模式）

如果控制运行 hold-to-run 被激活（通过系统参数），当松开控制运行 hold-to-run 键时，将立即停止程序运行。

手动减速模式用于编程或在机器人工作区域被工作。在这个模式下，外部单元不能被遥控指挥。

◇ 手动全速运行（可选，测试模式）

注意 在手动100%模式，机器人将全速移动。只有对机器人非常熟练的人才能使用这种模式。

控制运行 hold-to-run 功能被激活，也就是说当松开 hold-to-run 键时，程序立即停止运行。

全速手动模式只用于测试程序。在这个模式下，外部单元不能被遥控指挥。

⑤ 用控制杆手动慢速移动机器人

可以通过操作示教器上的控制杆来慢速移动机器人。这里主要讲述如何直线移动（就是移动路线是线性的 0 和小步移动），这样更容易使机器人正确到达位置。

◇ 直线移动

首先确定工作模式选择开关在手动位置，并检查机器人动作单元及直线动作形式是否被选择。

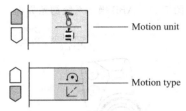

通过 Motion unit（动作单元）键，可以选择控制杆操作的对象、机器人或连接到控制柜上的其他单元。通过 Motion type（动作类型）键，可以选择在手动状态下控制杆控制机器人以何种方式运动。机器人的运动方式有以下几种：直线运动；特殊定位；轴-轴移动（组 1：轴 1～3；组 2：轴 4～6）。

本次练习使用直线运动。当选择直线动作形式时，机器人将会沿着图 7-28 所示的世界坐标系轴向直线运动。

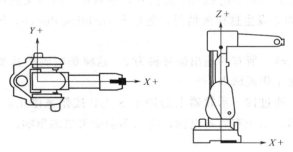

图 7-28 机器人的直线运动模式

Tool0 点将会沿直线运动。Tool0 位于上臂前方正中处，见图 7-29 所示。

图 7-29 IRB6640 的 Tool0 点位置示意

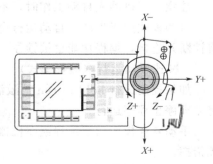

图 7-30 使用控制杆控制机器人

按下使能设备按钮 enabling device 至一半,打开电机。

现在可以使用控制杆控制机器人了。Tool0 点将会沿 $X-$、$Y-$、$Z-$ 轴直线运动,如图 7-30 所示。

注意 机器人移动的速度取决于操作控制杆的速度,移动控制杆越快,机器人动作就越快。

⑥ 开始运行程序

打开需要运行的程序,如图 7-31 所示,机器人首先将一步一步地运行,然后连续运行。

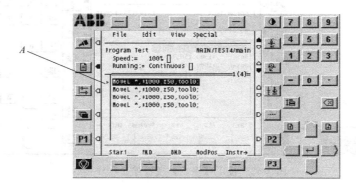

图 7-31 ABB 示教程序打开界面

重新选择程序指令窗口。程序点(PP)所指的指令就是程序即将开始的指令。按下一个选项:Start、FWD 或 BWD,程序开始运行。

通过按-%键,将速率降低至 75%,见图 7-32。如果增量达到 5% 时,将执行修正。

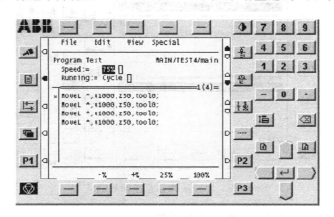

图 7-32 通过速度调节按键调节机器人移动速度

注意 程序现在可以启动。但一定要确定机器人工作区域内没有人。

◇ 程序单步动作模式

按下使能设备 enabling device 及 FWD 按钮开始程序,如图 7-31 所示。当程序开始运行时,只执行一条单独的指令,然后就停止。按 FWD 开始下一条指令,再按一次再执行下面一条,如此类推,从头到尾一步一步地运行程序。当机器人到位后才能按 FWD。按 FWD 到达最后一条指令后,程序将从头再运行。

◇ 程序循环动作模式

移动指针至运行 Running 区域并改变至循环 Cycle 执行,将指针移回程序,通过按下 Start 开始程序。如果选择了 Cycle,程序将执行一遍(一个循环),再次选择连续 Continuous 运行。

⑦ 停止程序

通过按下示教器上的停止 Stop 键停止程序,如图 7-33 所示。

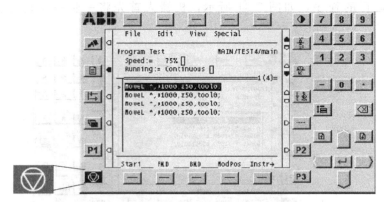

图 7-33　按下【停止】按键停止程序运行

⑧ 故障

如果发生故障,在示教器上将出现一条信息。如果同时发生几个故障,将会显示最先发生的故障,见图 7-34。

图 7-34　故障信息显示界面

所有的故障及状态改变都记录在一个日志里。

◇ 手动慢速轴-轴移动机器人

确定工作模式选择开关在手动位置,通过动作选择键选择轴-轴移动方式。轴的移动由示教器的关节选择决定,如图 7-35 所示,机器人末端 TCP 将不再按直线移动。

(6) 思考题

① ABB-IRB6640-180-255 的承载能力是 180kg,它有抓取大负载后机器人重心偏离机身轴线较大距离,造成较大偏心距的问题吗?

② ABB 的腕部三个关节属于什么组合形式?对机器人运动会造成什么影响?

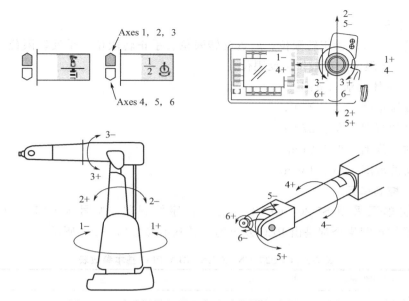

图 7-35　手动操纵机器人各个关节轴在关节空间动作

7.3　TVT-99D 机械手模型

7.3.1　TVT-99D 模型简介

(1) TVT-99D 本体

机械手本体按功能由二轴平移机构、旋转底盘、旋转手臂机构、气动夹手、支架、限位开关等部件组成。按活动关节分为 S 轴、L 轴、U 轴、T 轴、B 轴等机构，其结构示意图如图 7-36 所示。

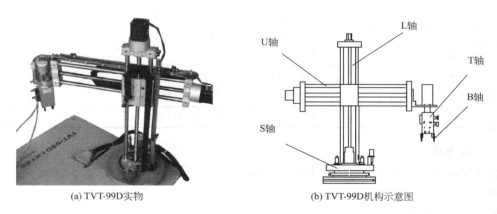

(a) TVT-99D 实物　　　　　　　(b) TVT-99D 机构示意图

图 7-36　TVT-99D 四自由度机械手机械结构

① 执行机构

横轴步进电机 1 个，竖轴步进电机 1 个，底盘旋转电机（直流电机）1 个，手旋转电机（直流电机）1 个，手开关（气动）1 个。步进电机由驱动模块驱动，手动作由电磁气动阀驱动。

② 检测设备

接近开关 4 个（底盘正转限位、底盘反转限位、手正转限位、手反转限位），微动开关 4 个（上限位、下限位、正限位、反限位）。

③ 机械手本体的活动范围：

底盘的旋转角度　大于 270°；

旋转手臂的范围　大于 270°；

水平移动的范围　小于 21cm；

垂直移动的范围　小于 15cm。

(2) PLC 控制单元

PLC 控制单元采用 S7-200 CPU224 可编程序控制器，型号为 CPU224CN AC/DC/RLY，所有操作控制指令都是由 PLC 发出的。其基本参数如表 7-3 所示。

表 7-3　CPU224CN AC/DC/RLY PLC 基本参数表

（程序存储器）在线程序编辑时	16384 bytes
布尔量运算执行时间	$0.22\mu s$
本机数字量输入/输出	14 DI/10 DO
允许最大的扩展 I/O 模块	7 个模块
脉冲捕捉输入	24
高速计数器	
单相计数器	6，每个 30kHz
两相计数器	4，每个 20kHz
脉冲输出	2 个 20kHz（仅限于 DC 输出）
接口	2 个 RS-485 接口（PPI，DP/T，波特率：9.6kbps，19.2kbps 和 187.5kbps）
输入电压	85～264V AC（47～63Hz）
输入电流	60/30mA（仅 CPU，120/240V AC） 200/100mA（最大负载，120/240V AC）
输入类型	漏型/源型（IEC 类型 1/漏型）
逻辑 1 信号（最小）	15V DC，2.5mA
逻辑 0 信号（最大）	5V DC，1mA
输出类型	干触点
额定电压	24V DC（电压范围：20.4～28.8V DC）

(3) 电源单元

输入交流电压　110～220V/50Hz、60Hz；

输出直流电压　24V/6.5A；

最大功率　156W。

7.3.2　控制原理及基本工作流程

系统在电气设计上，两轴平移机构采用步进电机进行控制，旋转手臂及旋转底盘采用直流电机进行控制，夹手采用气动电磁阀进行控制。机械手在动作过程的原点判断及限位保护都是采用微动开关进行设计，机械手臂以及旋转底盘的原点判断及限位保护都是采用接近开关进行检测。为了检测底盘旋转的位移，采用旋转码盘来记录其旋转位置。

（1）步进电机

采用两相八拍混合式步进电机，具有体积小、有较高的启动和运行频率、有定位转矩等优点。型号42BYGH101。电气原理图如图7-37所示。

快接线插头：红色表示A相，蓝色表示B相。

如果发现步进电机转向不对，可以将A相或B相中的两条线对调。

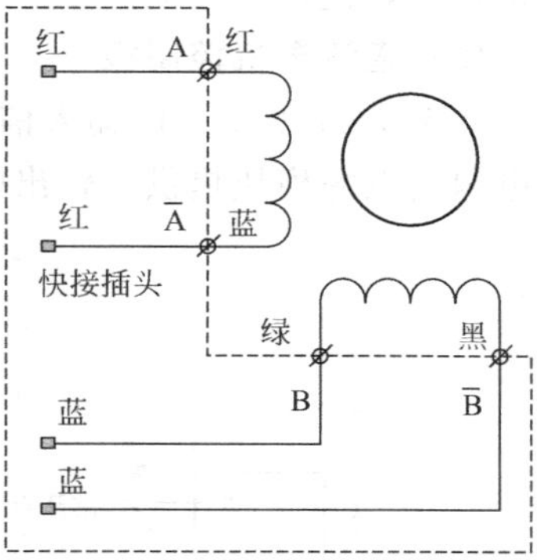

（2）步进电机驱动模块

采用SH系列步进电机驱动器，主要有电源输入部分、信号输入部分、输出部分等。电源输入部分由电源模块提供，用两根导线连接，注意极性（图7-38）。

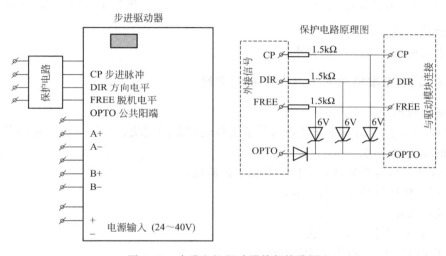

图7-37 步进电机原理图

图7-38 步进电机驱动器外部接线图

信号输入部分，信号源由FP0主机提供。由于FP0提供的电平为24V，而输入部分的电平为5V，中间加了保护电路。输出部分与步进电机连接，注意相序。

（3）传感器

① 接近开关

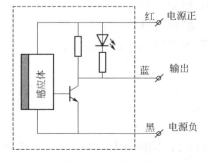

图7-39 接近开关结构图

接近开关有三根连接线（红、蓝、黑），红色接电源的正极，黑色接电源的负极，蓝色为输出信号。当与挡块接近时，输出电平为低电平，否则为高电平。结构图如图7-39所示。

② 微动开关

当挡块碰到微动开关时动作（常开点闭合），如图7-40所示。

（4）直流电机

输入电压为12～24V，两根导线输入红色为直流电机正极，蓝色为负极。

（5）直流电机控制板

如图 7-41 所示，由输入信号、输入电源、输出等组成。输入信号由 FP0 模块提供。输入电源由电源模块提供。输出驱动直流电机。

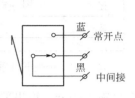
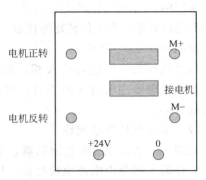

图 7-40　微动开关原理图　　　　　　图 7-41　直流电机控制板

（6）旋转码盘

机械手每旋转 3°发出一个脉冲。

7.3.3　四自由度机械手 TVT-99D 控制实验

（1）实验目的

① 掌握 PLC 控制的基本原理，以及步进电机和驱动模块、直流电机、传感器、开关电源等器件的原理及使用。

② 掌握计算机监控软件，掌握计算机上位监控。

③ 掌握位置控制技术、气动技术。

（2）实验设备

TVT-99D 机械手模型　1 台
西门子 PLC　S7-200 224XP　1 台
计算机（安装 Step7-Win/Micro 软件）　1 台
编程电缆　1 根

（3）基本实验要求

机械手的基本功能是进行货物的搬运、码垛，一般工作流程如下所示：

① 横轴前升；　　　② 手旋转到位；　　　③ 电磁阀动作，手张开；
④ 竖轴下降；　　　⑤ 电磁阀复位，手夹紧；　⑥ 竖轴上升；
⑦ 横轴缩回；　　　⑧ 底盘旋转到位；　　⑨ 横轴前升；
⑩ 手旋转；　　　　⑪ 竖轴下降；　　　　⑫ 电磁阀动作，手张开；
⑬ 竖轴上升复位。

I/O 分配如表 7-4 所示。

系统的接线原理框图如图 7-42 所示。

（4）实验步骤及实验内容

① 接好实验台上控制板各模块所需的直流电源（DC24V），同时接好 PLC 主机电源及 COM 点［输入公共端 1M/2M 接电源的正极，输出公共端 1L/2L 接电源的正极］。

表 7-4 各输入输出设备 PLC 端子分配表

输入	I0.7	横轴正限位	输出	Q0.0	横轴脉冲
	I0.1	竖轴正限位		Q0.1	竖轴脉冲
	I0.2	横轴反限位		Q0.2	横轴方向
	I0.3	竖轴反限位		Q0.3	竖轴方向
	I0.0	旋转脉冲(Out5)		Q1.2	手正转
	I1.2	手正转限位(Out1)		Q1.3	手反转
	I1.3	手反转限位(Out2)		Q1.0	底座正转
	I1.0	底座正转限位(Out3)		Q1.1	底座反转
	I1.1	底座反转限位(Out4)		Q1.4	电磁阀动作

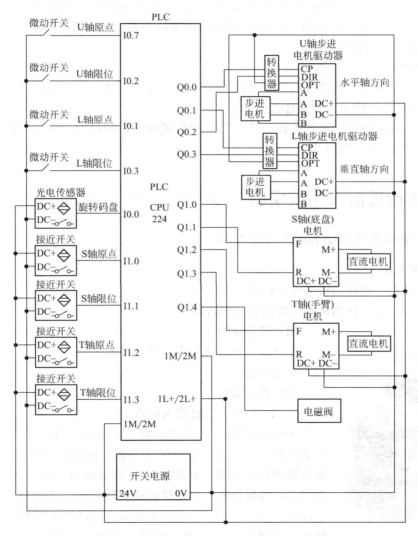

图 7-42 西门子 S7-200 PLC 与 TVT99D 的外部接线图

② 定义实验板上的步进驱动器，上为 1 号，下为 2 号。将 1 号步进驱动器输出的信号

与机械手横轴的步进电机线相连。将 2 号步进驱动器输出的信号与机械手竖轴的步进电机线相连。其他的线，根据线标接在实验板或主机上的相应位置。

③ PLC 输出脉冲信号接入步进电机的驱动器（Q0.0、Q0.2 为一通道的脉冲与方向；Q0.1、Q0.3 为二通道的脉冲与方向；驱动器的 OPTO 端接电源的正极）：

Q0.0—1-CP　　　Q0.1—2-CP

Q0.2—1-DIR　　Q0.3—2-DIR

④ 确定接线无误时，先把主机的 RUN-PROG 开关拨在 PROG 上，避免通上电就立即动作。通上电后，拨动各个微动开关的信号是否是相对应的信号。如拨动竖轴的上微动开关，主机 I0.1 点亮；拨动竖轴的下微动开关，主机 I0.3 点亮；拨动横轴靠手边的微动开关，主机 I0.7 点亮；拨动横轴靠步进电机微动开关，主机 I0.2 点亮。

⑤ 用下载线连接 PLC 到 PC 机，下载已编制程序到 PLC。

⑥ 把主机上的 RUN-PROG 开关拨在 RUN 上，如果不在初始位置上，步进开始运转（横轴向手部方向移动，竖轴向上移动）。如运转的方向不对，立即切断电源，将方向不对的步进电机线的红色两根线对调。

(5) 思考题

① 控制该四自由度机器人的 PLC 的型号是什么？Q0.0，和 Q0.1 的输出方式是什么类型？其余输出端子的输出方式是什么类型？

② 简述直流电机驱动板的工作原理。它是如何实现电机的启动、停止和换向的？能否实现直流电机的调速？为什么？

7.4 移动机器人系统实验

7.4.1 两轮差动移动机器人系统 AS-R

(1) 实验目的

① 了解两轮差动移动机器人的机构组成。

② 了解两轮差动移动机器人的控制系统结构。

(2) 实验器材

① AS-R 移动机器人一台，如图 7-43。

② 自检程序。

(3) 实验原理

① AS-R 研究版机器人简介

图 7-43　两轮差动移动机器人 AS-R

AS-R 研究版机器人采用世界上先进的科研机器人设计理念，并兼顾教学和比赛需要，使用工业控制主板、Core 双核处理器。机器采用双轮驱动，使用优质铝合金材料，配合 Maxon 直流电机和 500 线编码器，实现精确的闭环控制，其高强度铝合金机身可以抗击 5m/s 速度下的直接冲撞，通过军事级碰撞测试，最大速度能达到 2.5m/s。其组成结构如图 7-44 所示，规格参数见表 7-5。

② 机器人上加载的传感器，见表 7-6。

图 7-44　AS-R 自主机器人外观图

表 7-5　AS-R 机器人规格参数

参数	指标	参数	指标
长×宽×高	495mm×495mm×400mm	越障高度	2.5cm
质量	33kg	跨沟宽度	9cm
负载	40kg	爬坡能力	25% grade(15°)
材料	4mm 铝合金(激光切割)	运动地形	室内地板、地砖、地毯
电池	24V,20A·h 锂电池	声呐	范围 41cm～7m,精度 5%
运行时间	2h	PSD	范围 10～80cm,精度 30%
充电时间	10h	编码器	500 线
电机	24V,70W　Maxon 电机	计算机	Core 双核处理器/1G/320G
驱动	差动驱动	最大接口	5 个 PCI 扩展槽,8 个 USB2.0 接口,2 个 COM 口
减速比	33∶1	无线通信	54M
执行机构	轮式结构	A/D	可外接 32 路 A/D(0～5V)
转弯半径	0	开发系统	主流操作系统 Windows2000/XP
最大速度	2.5m/s	开发语言	VC
转身	35cm	编程方式	方便、可网络编程
位置闭环精度	0.6%(运动 5m,3cm 偏差)	通信	无线路由器
速度闭环精度	1%	语音	无线麦克及语音识别系统
推力	10kg	能源	20A·h 锂电池套件

表 7-6　AS-R 机器人上加载的传感器

视觉	CMOS 摄像机 130 万像素、30 帧/s	传感器	激光测距传感器及配套软件(中等精度)
	两自由度云台及配套软件		激光测距传感器及配套软件(高等精度)
	全景摄像机及配套软件		三维数字罗盘
	立体相机及配套软件		超声传感器
传感器	三维激光测距仪		PSD 红外测距传感器

③ 机械系统结构

如图 7-45 所示，机械系统结构包括驱动电机，分别驱动左右两个驱动轮。轮子由两个同一回转中心的固定式轮和一个万向轮组成。由两个直流电机通过齿轮传动分别驱动两固定轮，通过左右轮的不同转速来实现机器人的不同运动方式。

④ 控制系统结构

AS-R 机器人的硬件体系结构如图 7-46 所示。系统采用标准的数据总线与外界进行数据通信，系统预留有 3 个 PCI 接口和 8 路 USB2.0 接口用于系统扩展。视觉系统可通过 PCI 总线介入视频采集卡来实现。

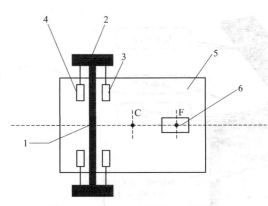

图 7-45 两轮驱动机器人机械结构
1—轴；2—固定式驱动轮；3—直流电机；
4—光电编码器；5—车架；6—万向轮

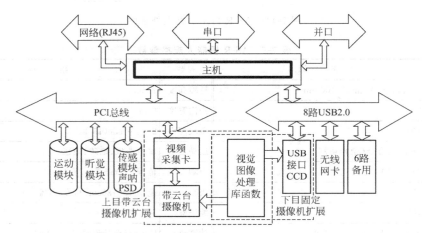

图 7-46 AS-R 机器人控制系统结构图

运动模块用于驱动和控制两个主动轮。两轮驱动的机器人结构简单，分别由两个直流电机控制两轮速度，只需通过两轮的不同速度即可实现机器人的启、停、转弯等不同运动方式，因此，算法也较简单且易于实现，同时性能也较稳定。缺点是活动不够灵活，到达定点的速度不够快，向一个方向做直线运动，通常需要先做旋转运动以调整姿态。

(4) 实验内容及实验步骤

① 插上电源，启动 AS-R 总开关，机器人主机进入 XP 操作系统。

② 输入密码，运行 AS-R Check 程序。

③ 查看 PSD 红外测距传感器，检测距离 10～80cm。

④ 查看超声传感器。

⑤ 查看摄像头。

⑥ 查看 GPS。

⑦ 查看三维数字罗盘。

⑧ 设置参数，单独动作左轮。

⑨ 设置参数，单独动作右轮。

⑩ 设置参数，左右轮等速运动。
⑪ 设置参数，左右轮差速运动。

(5) 思考题

① GPS 传感器的作用是什么？为什么在室内 GPS 数据有时获取不到？

② PSD 红外测距传感器的传感距离范围是多少？如果要检测更大距离范围的障碍物需要什么传感器？

③ CCD 摄像头与 CMOS 摄像头的区别是什么？各有什么优缺点？普通手机中的摄像头是 CMOS 的还是 CCD 的？

④ 差动移动机器人转弯时是否存在转弯半径？移动机器人的转弯半径与哪些设计参数相关？

7.4.2　全方位移动机器人系统 AS-RO

(1) 实验目的

① 了解全方位移动机器人的机构组成及运动特点。

② 了解全方位移动机器人的控制系统结构。

(2) 实验仪器

① AS-R 移动机器人 1 台

② 全景摄像机 1 台

③ 笔记本（带 1394 接口）

(3) 实验原理

① AS-RO 简介

AS-RO 足球机器人是一款专为 RoboCup 设计的竞赛用机器人，具有良好的性能。如图 7-47 所示，全向运动机构有 3 个驱动电机，3 个万向轮分布在等边三角形的顶点上，驱动轮的轴线交于等边三角形中。全向轮的基本结构是大轮边缘套有侧向小轮，这样机器人在横向移动时始终保持与地面为滚动摩擦，大大减小了移动阻力。三轮全向机器人具有全向运动能力的关键在于其全向轮系结构，当 3 个轮子保持初始位置以相同速度转动时，车体保持原地转动。当 3 个轮子转角相同并以相同速度驱动时，车体则按该转角方向直线运动，施加适当的控制，车体能够按照任意指定轨迹运动，具有较高的运动灵活性。全向移动机器人是目前中型组 RoboCup 机器人的主要结构，由于它可直接向任意方向做直线运动，并在运动中调

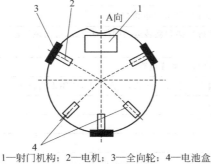

1—射门机构；2—电机；3—全向轮；4—电池盒

(a) 三轮全向机器人小车车体　　　　　(b) 全向轮

图 7-47　三轮全向机构

整自身的姿态，运动快速灵活，进攻性强，回防及时，其缺点是机构较两轮驱动更为复杂，成本较高，同时在运动时振动较大，承载能力不够大。

AS-RO机器人的特点如下。

◇ **工业级智能全景视觉系统**　进口的工业数字相机和工业镜头、全金属非球面反射镜的硬件配置，能实现远距离、高质量、高速率获取环境图像信息，可无盲区、无偏差地还原周围360°图像。基于智能视觉处理算法的相机自学习系统，使得机器人可以根据外界环境进行参数自调整，以适应不同光照条件的比赛环境。

◇ **高速全向移动**　瑞士进口伺服电机，配合自主开发的高抓地力全向轮，驱动力十足、抓地力强、耐磨，配合专门的嵌入式伺服驱动控制器，使得机器人具备高速、灵活的全方位移动性能。

◇ **实时全局定位**　融合EKF、粒子滤波等多种处理算法，机器人能实现比赛环境下的实时准确定位。即便在受到外界撞击或者轮子打滑条件下，机器人仍能保证定位不丢。

◇ **多机器人协作和动态路径规划**　通过多机器人信息共享和接传球配合，可实现机器人群体配合和技战术演示。

◇ **主动盘带球**　专门设计的主动带球机构，使得机器人可。

规格参数如表7-7所示。

表7-7　AS-RO机器人规格参数

类别	参数	指标
整体	长×宽×高	480mm×480mm×780mm
	质量	30kg
	最大设计载重	40kg
	材料	高强度铝合金，关键部位采用高性能不锈钢加固
	结构	专门针对比赛特点，有针对地在各连接接口处进行了稳定性设计，使得机器人具有很好的高强度对抗能力
	射门装置	专门设计的气动射门装置，安全，配有专门的储气瓶，连续有效射门距离超过14m
供电方式	动力电源/控制电源	电力电源和控制电源完全独立，每个模块分别配有高效的9000mA·h镍氢电池组，带有低电压保护功能，电压不足可自动报警并提供界面显示，同时提供平衡充电器一套
	电池充电时间	16h(标准充电)，3h(快速充电)
	电池供电运行时间	>2h
运动特性	电机	24V，150W　瑞士原装进口电机(3个)
	运动方式	全向移动，可进行平移和旋转运动的任意合成，可实现机器人平移的同时调整运动方向
	减速比	12.5∶1，原装进口精密减速箱
	执行机构	三轮结构，美国原装进口全向轮，摩擦力大，使用寿命长
	转弯半径	0(可原地旋转)
	最大平移速度	4.2m/s
	最大旋转速度	480°/s
	重复定位精度	0.5%(5m往反直线行走误差在5cm内)
	速度闭环精度	<0.01mm/s
	运动地形	室内地板、地砖、地毯

续表

类别	参数	指标
控制及传感器	体系结构	双层控制结构,底层控制由高性能 DSP 控制器实现,视觉、定位、路径规划等算法由主控制器完成
	伺服驱动/底层控制	专门定制的大功率驱动板卡/高性能 DSP 控制器
	主控制器及接口	Thinkpad 高性能超薄笔记本(Intel 酷睿 2 双核处理器,1G 内存,160G SATA 硬盘),3 个 USB2.0,1 个 Express 卡,内置 3 合 1 读卡器,1 个 VGA 接口,1 个 RJ45
	编码器	4000 线高精度光电编码器
	方位传感器	具有自主知识产权的数字指南针
	相机	进口工业数字相机,分辨率 640×480,最高帧率可达 60 帧/s,进口原装 1394b 卡和传输线,传输速度可达 800Mbps
	镜头	原装进口工业镜头,可保证色彩的最大程度保真
	全景反射镜	高精度光学反射镜,全金属材料,可实现全方位覆盖,配合进口工业相机可无盲区、无偏差地还原周围 360°图像
	无线通信	笔记本内置无线网卡和蓝牙
软件开发	开发系统	主流操作系统 Windows2000/XP/Vista 可选(默认 XP 系统)
	开发语言	VC
	Robocup 中型组比赛配套软件	提供教练程序和整套的比赛程序,包括多角色行为动作库以及比赛策略
		同时提供特有的角色切换系统,机器人能在比赛的过程中,在无人工干预的情况下,实现机器人角色的自主判断并进行角色切换
		提供多机器人的协同围捕、配合等功能
		机器人完全适应中型组国际比赛规则
	独有比赛增强系统	实时定位系统:机器人能实现比赛环境下的实时准确定位,即便在受到外界撞击或者轮子打滑条件下,机器人仍能保证定位不丢
		相机自学习系统:无需任何手工调整,相机可自动根据外界环境进行学习并对相机参数进行调整,对比赛环境具有自适应能力
		调试指令系统:提供例如"速度 2m/s 前进到前方 5m 的位置"、"向左移动到 3m 位置,同时调整机器人朝向到 180°"、"走弧线,曲率半径 2m"等多达几十种机器人动作指令,并专门设计了接口和用户使用界面,上手容易,方便调试,能最快地使用机器人竞赛平台,根据自己的需求,向指令库中增加自定义指令
		主动带球系统:专门设计的主动带球机构,可实现机器人主动盘带球功能
		路径规划系统:在准确识别障碍物的基础上可进行自主避障
		多机器人协作系统:多机器人之间可进行信息共享,机器人具有相互协作能力
		自适应射门功能:机器人可根据距离球门的远近,自适应调整踢球力量

② AS-RO 控制系统结构

足球机器人 AS-RO 运动控制系统按控制结构采用分级控制结构,如图 7-48 所示。上面一级主控计算机负责整个系统的决策以及路径规划。下面一级选用 DSP,主要负责机器人速度控制和姿态控制以及伺服控制处理。由于机器人的不同功能可由不同的处理器并行地完成,因而提高了工作速度和处理能力。

下位控制器采用三自由度 DSP 控制板,设计选用 TMS320F2811 DSP 芯片作为中心控制部分,实现对直流电机的控制,控制显示屏显示机器人的状态,并且对接收传感器送入信号做出相应的规避动作。此芯片强大的数据处理和控制能力,可大幅度提高应用效率和降低功耗,具有精度高、速度快、集成度高等特点。此外,该芯片还具有丰富的硬件资源。图 7-

(a) 全方位移动机器人外形图   (b) 底盘驱动机构布局图

图 7-48 全方位移动机器人

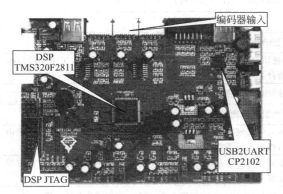

(a) DSP三直流电机运动控制卡   (b) MOSFET三直流电机驱动板

图 7-49 全方位移动机器人运动控制卡及驱动板

49 为全方位移动机器人运动控制卡及驱动板的照片。

③ 配套程序的使用

AS-RO 要正常使用，需要 Chart、Player、Set、标定、RoServer 等主要 5 个程序。

◇ Chart 程序

分为 General 部分和 Playground 部分。

General 部分（图 7-50）完成以下功能：图像设置以及阈值调整；定位测试以及参数调整；相机参数设置以及自动调整。

S1 原始图像。

S2 处理后的效果图，颜色阈值调整后的效果、距离标定后的效果、扫描线生成后的效果、Mask 图像实际效果等，都在 S2 部分对结果进行显示。

B1 Open 按钮，用来打开想要打开的图像，支持的格式为 .bmp 和 .jpg。推荐对所有的图像使用 BMP 格式，因为 JPG 格式为了对图像进行压缩，部分图像的颜色信息会有所丢失。

B2：先拖动滑块，增加或缩小图像比例效果。

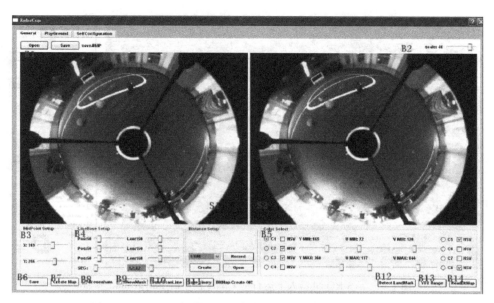

图 7-50　AS-RO 机器人上运行的 Chart 程序的 General 界面

　　B3　MidPoint Setup。这部分为两个可以滑动的滑块，分别对应中心点的 X 坐标和 Y 坐标。当中心点调整结束后，如果需要进行保存，先点击 B6（Save），再点击 B7（Create Map）。具体的顺序为先点击 B6，然后再点击 B7。

　　B4　这部分主要用来对图像的扫描线参数进行设置。考虑到实时性，机器人在实际运行的过程中，并非对全部的图像信息进行处理，而只对图像的部分信息进行处理，机器人所要处理的图像范围用扫描线来进行限制。

　　B5　阈值调整部分。C1～C8 代表 8 种颜色。约定 C1 代表白色（场地中边线的颜色）；C2 代表绿色（场地中地毯的颜色）；C3 代表球的颜色（一般为橙红色）；C4 代表对方机器人的颜色（现在规则中为黑色）；C5～C8 为预留。

　　颜色模型的选择有两种：HSV 框被选中，表明使用的是 HSV 的颜色模型，当 HSV 框不被选中时候，表明使用的是 YUV 的颜色模型。这里并不直接使用日常中经常接触的 RGB 颜色模型，因为 RGB 模型对光照的影响太敏感。YUV 和 HSV 中专门有一个分量用来表示照度，YUV 常用在数字电视的信号中，而 HSV 常用在数字成像中。

　　C1 白色，建议采用 YUV 模型；C2 绿色，建议采用 HSV 模型；C3 橙色，建议采用 HSV 模型；C4 黑色，建议采用 YUV 模型。

　　当 4 个颜色的阈值全部调整完成后，可以点击 B14（ReadBitMap）对最终的效果进行检查。任意一个颜色在调整结束后，需要先点击 B6（save）后再点击 B7（Create Map）按钮，才会真正生效。

　　Playground 部分如图 7-51 所示，主要是机器人信息在模拟环境下的显示，显示机器人和球坐标信息，显示定位相关的信息。

　　Playground 主要分为 4 个部分。

　　A　机器人信息在模拟环境下的显示部分。注意，这里使用的坐标系同平时常用的坐标系有点区别，向右为 X 正轴，向下为 Y 正轴。

　　B　显示机器人和球的坐标信息。

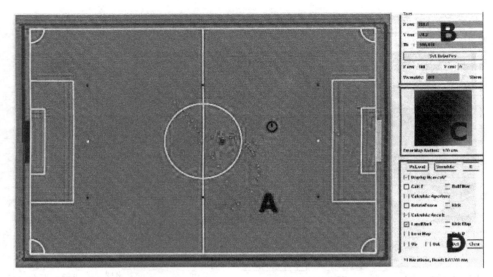

图 7-51 AS-RO 机器人上运行的 Chart 程序的 Playground 界面

C 显示定位相关的信息（调试用）。
D 功能选择部分（调试用）。

◇ Player 程序

A 区和 B 区为机器人当前状态的显示，C 区为机器人启动的总开关。

A 区 以图 7-52 显示的为例：2-173.17.58.188-2571

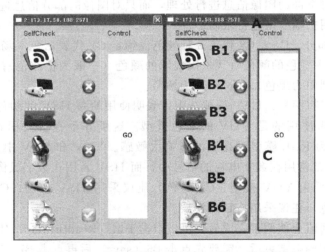

图 7-52 AS-RO 机器人上运行的 Player 程序界面

2 代表的是当前机器人的 ID 号（当有 5 台机器人在场上时，机器人的编号规则为 1~5）。
173.17.58.188 代表的是连接的服务器 IP 地址。
2571 代表的连接的端口号。

B 区 首先介绍所有设备可能存在的三种状态：

(不能使用) (勉强能用，即将失效) (工作正常)

B1 表示通过无线网卡同服务器端的连接情况。B2 表示底层控制板的电池状态。B3 表示底层控制板是否工作正常。B4 表示视觉系统是否工作正常。B5 表示动力电池状态。B6 表示系统运行所必需的配置文件是否成功加载。

C 区 只有一个按钮，作为整体运行的总开关。只有当所有的子系统运行正常的情况下，此按钮才是可用状态。

◇ set 配置程序

用于设置不同机器人的参数，如机器人 ID 号、连接服务器设置、机器上场信息、底层运动控制板连接配置、开始按钮是否启用、角色选择以及相机偏差修正等。

◇ RoTest 距离标定程序

首先进行中心点的设置，然后再进行距离的标定，实现将机器人采集的图片上的像素点还原到实际的距离。

◇ RoServer 服务器端程序

服务器的主界面如图 7-53 所示。

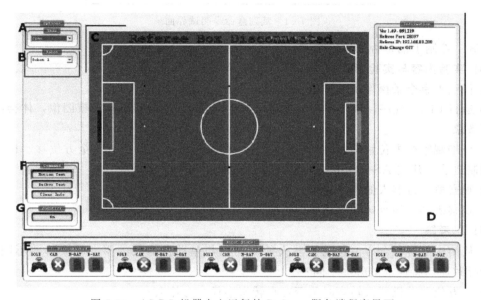

图 7-53 AS-RO 机器人上运行的 RoSever 服务端程序界面

A 区 队伍颜色的选择。根据国际比赛的规则，共有两种队伍颜色可以进行选择，分别为 Cyan 和 Magenta。注意，这个选择会影响最终裁判盒命令的转发，所以这个选择应该和最终比赛时队伍上的队标颜色一致。

B 区 选择想控制的机器人。

C 区 显示场上所有机器人的位置、姿态以及球的位置。

D 区 随时显示机器人的状态以及网络情况。

E 区 角色当前信息。

在场上比赛时候，主要有 5 种角色。

A：大前锋，担当主要的进攻队员。

As：小前锋，主要是配合主攻队员，在合适的时候会上去帮忙主前锋进行围捕或进攻。

L：左后卫，防守左路的对方机器人突破或射门。

R：右后卫，防守右路的对方机器人突破或射门。

G：门将，堵门，并在关键时候解围，在某些合适的时候也会直接远射得分。

F 区 裁判盒命令测试。点击 Refbox Test 按钮激活测试程序。这里所有的命令都完全和裁判盒的命令一致。参见图 7-54。

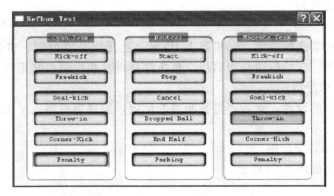

图 7-54 裁判盒命令测试界面

G 区 控制手柄是否被启用。

(4) 实验内容与实验步骤

① 仔细观察全景摄像机的结构。

② 运行 Chart 程序，连接串口，连接 AVT Guppy 1394a 相机，观察图像，体会图像阈值设置效果。

③ 仔细观察全方位移动轮（Mecanum 轮）的结构组成，分析三轮全方位移动机器人的速度控制方法，建立 AS-RO 机器人的运动学模型。

④ 观察整个机器人的锂电池供电系统的组成。

⑤ 观察机器人的盘球和踢球机构组成。

(5) 思考题

① 从结构上看，全方位移动机器人的驱动轮与差动机器人的驱动轮有哪些不同之处？这可能导致运动特性上的哪些不同？

② 全方位移动机器人转弯时是否存在转弯半径？为什么？

③ 简述全景摄像机的工作原理。

④ 简述直流伺服驱动电机的工作原理和控制方法。

7.5 Robotics Toolbox for Matlab 的机器人仿真

7.5.1 机器人坐标系的建立

(1) 实验目的

① 了解机器人建立坐标系的意义。

② 了解机器人坐标系的类型。

③ 掌握用 D-H 方法建立机器人坐标系的步骤。

(2) 实验设备

① Matlab 7.0 以上版本软件的计算机 1 台。

② 软件中添加 Robotics Toolbox 组件。

(3) 实验原理

① D-H 坐标系的建立及 D-H 参数

机器人通常是由一系列连杆和相应的运动副组合而成的空间开式链，实现复杂的运动，完成规定的操作。因此，机器人运动学描述的第一步，自然是描述这些连杆之间以及它们和操作对象（工件或工具）之间的相对运动关系。假定这些连杆和运动副都是刚性的，描述刚体的位置和姿态（简称位姿）的方法是：首先规定一个直角坐标系，相对于该坐标系，点的位置可以用 3 维列向量表示；刚体的方位可用 3×3 的旋转矩阵来表示，而 4×4 的齐次变换矩阵则可将刚体位置和姿态（位姿）的描述统一起来。

机器人的每个关节坐标系的建立可参照以下的三原则：

a. z_{n-1} 轴沿着第 n 个关节的运动轴；

b. x_n 轴垂直于 z_{n-1} 轴并指向离开 z_{n-1} 轴的方向；

c. y_n 轴的方向按右手定则确定。

机器人坐标系建立的方法常用的是 D-H 方法，这种方法严格定义了每个关节的坐标系，并对连杆和关节定义了 4 个参数，如图 7-55 所示。

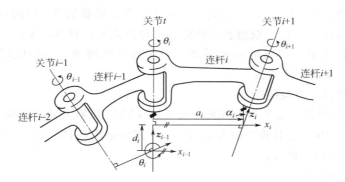

图 7-55 转动关节连杆四参数示意图

机器人机械手是由一系列连接在一起的连杆（杆件）构成的。需要用两个参数来描述一个连杆，即公共法线距离 a_i 和垂直于 a_i 所在平面内两轴的夹角 α_i；需要另外两个参数来表示相邻两杆的关系，即两连杆的相对位置 d_i 和两连杆法线的夹角 θ_i。

除第一个和最后一个连杆外，每个连杆两端的轴线各有一条法线，分别为前、后相邻连杆的公共法线，这两法线间的距离即为 d_i。称 a_i 为连杆长度，α_i 为连杆扭角，d_i 为两连杆距离，θ_i 为两连杆夹角。

机器人机械手上坐标系的配置取决于机械手连杆连接的类型。有两种连接：转动关节和棱柱联轴节。对于转动关节，θ_i 为关节变量。连杆 i 的坐标系原点位于关节 i 和 $i+1$ 的公共法线与关节 $i+1$ 轴线的交点上。如果两相邻连杆的轴线相交于一点，那么原点就在这一交点上。如果两轴线互相平行，那么就选择原点使对下一连杆（其坐标原点已确定）的距离 d_{i+1} 为零。连杆 i 的 z 轴与关节 $i+1$ 的轴线在一直线上，而 x 轴则在关节 i 和 $i+1$ 的公共法线上，其方向从 i 指向 $i+1$。当两关节轴线相交时，x 轴的方向与两矢量的交积 $z_{i-1} \times z_i$ 平行或反向平行，x 轴的方向总是沿着公共法线从转轴 n 指向 $i+1$。当两轴 x_{i-1} 和 x_i 平行且同向时，第 i 个转动关节的 θ_i 为零。

一旦对全部连杆规定坐标系之后，就能够按照下列顺序由两个旋转和两个平移来建立相

邻两连杆 $i-1$ 与 i 之间的相对关系。

绕 z_{i-1} 轴旋转 θ_i 角，使 x_{i-1} 轴转到与 x_i 同一平面内。

沿 z_{i-1} 轴平移一距离 d_i，把 x_{i-1} 移到与 x_i 同一直线上。

沿 i 轴平移距离 a_{i-1}，把连杆 $i-1$ 的坐标系移到使其原点与连杆 n 的坐标系原点重合的地方。

绕 x_{i-1} 轴旋转 α_{i-1} 角，使 z_{i-1} 转到与 z_i 同一直线上。

这种关系可由表示连杆 i 对连杆 $i-1$ 相对位置的 4 个齐次变换来描述，并叫做 $\mathbf{A}_i$ 矩阵。此关系式为

$$\mathbf{A}_i = \mathrm{Rot}(z,\theta_i)\mathrm{Trans}(0,0,d_i)\mathrm{Trans}(a_i,0,0)\mathrm{Rot}(x,a_i) \tag{7-1}$$

展开上式可得

$$^{i-1}\mathbf{A}_i = \begin{bmatrix} c\theta_i & -s\theta_i c\alpha_{i-1} & s\theta_i c\alpha_{i-1} & a_{i-1}c\theta_i \\ s\theta_i & c\theta_i c\alpha_{i-1} & -c\theta_i s\alpha_{i-1} & a_{i-1}s\theta_i \\ 0 & s\alpha_{i-1} & c\alpha_{i-1} & d_i \\ 0 & 0 & 0 & 1 \end{bmatrix} \tag{7-2}$$

当机械手各连杆的坐标系被规定之后，就能够列出各连杆的常量参数。对于跟在旋转关节 i 后的连杆，这些参数为 d_i、a_{i-1} 和 α_{i-1}。对于跟在棱柱联轴节 i 后的连杆来说，这些参数为 θ_i 和 α_{i-1}。然后，α 角的正弦值和余弦值也可计算出来。这样，$\mathbf{A}$ 矩阵就成为关节变量 θ 的函数（对于旋转关节）或变量 d 的函数（对于棱柱联轴节）。一旦求得这些数据之后，就能够确定 6 个 $\mathbf{A}_i$ 变换矩阵的值。

② Matlab 中机器人对象的建立

要建立自定义的机器人对象，首先要了解 PUMA560 机器人建立方法的 D-H 参数，可以利用 Robotics Toolbox 工具箱中的 link 和 robot 函数来建立 PUMA560 的机器人对象。

其中 link 函数的调用格式：

  L=LINK([alpha A theta D])

  L=LINK([alpha A theta D sigma])

  L=LINK([alpha A theta D sigma offset])

  L=LINK([alpha A theta D], CONVENTION)

  L=LINK([alpha A theta D sigma], CONVENTION)

  L=LINK([alpha A theta D sigma offset], CONVENTION)

参数 CONVENTION 可以取 "standard" 和 "modified"，其中 "standard" 代表采用标准的 D-H 参数，"modified" 代表采用改进的 D-H 参数。参数 "alpha" 代表扭转角，参数 "A" 代表杆件长度，参数 "theta" 代表关节角，参数 "D" 代表横距，参数 "sigma" 代表关节类型：0 代表旋转关节，非 0 代表移动关节。

另外 LINK 还有一些数据域：

LINK. alpha	%返回扭转角
LINK. A	%返回杆件长度
LINK. theta	%返回关节角
LINK. D	%返回横距
LINK. sigma	%返回关节类型
LINK. RP	%返回 R（旋转）或 P（移动）
LINK. mdh	%若为标准 D-H 参数返回 0，否则返回 1

LINK.offset	%返回关节变量偏移
LINK.qlim	%返回关节变量的上下限 [min max]
LINK.islimit（q）	%如果关节变量超限，返回-1，0，+1
LINK.I	%返回一个 3×3 对称惯性矩阵
LINK.m	%返回关节质量
LINK.r	%返回 3×1 的关节齿轮向量
LINK.G	%返回齿轮的传动比
LINK.Jm	%返回电机惯性
LINK.B	%返回黏性摩擦
LINK.Tc	%返回库仑摩擦
LINK.dh	return legacy DH row
LINK.dyn	return legacy DYN row

其中 robot 函数的调用格式：

ROBOT	%创建一个空的机器人对象
ROBOT（robot）	%创建 robot 的一个副本
ROBOT（robot，LINK）	%用 LINK 来创建新机器人对象来代替 robot
ROBOT（LINK，…）	%用 LINK 来创建一个机器人对象
ROBOT（DH，…）	%用 D-H 矩阵来创建一个机器人对象
ROBOT（DYN，…）	%用 DYN 矩阵来创建一个机器人对象

③ 利用 Matlab 中 Robotics Toolbox 工具箱中的 transl、rotx、roty 和 rotz，实现用齐次变换矩阵表示平移变换和旋转变换。

下面举例来说明。

a. 机器人在 x 轴方向平移了 0.5m，那么可以用下面的方法来求取平移变换后的齐次矩阵：

\>\>transl（0.5，0，0）

ans=

1.0000	0	0	0.5000
0	1.0000	0	0
0	0	1.0000	0
0	0	0	1.0000

b. 机器人绕 x 轴旋转 45°，那么可以用 rotx 来求取旋转后的齐次矩阵：

\>\>rotx（pi/4）

ans=

1.0000	0	0	0
0	0.7071	-0.7071	0
0	0.7071	0.7071	0
0	0	0	1.0000

c. 机器人绕 y 轴旋转 90°，那么可以用 roty 来求取旋转后的齐次矩阵：

\>\>roty（pi/2）

ans=

0.0000	0	1.0000	0
0	1.0000	0	0
-1.0000	0	0.0000	0
0	0	0	1.0000

d. 器人绕 z 轴旋转−90°，那么可以用 rotz 来求取旋转后的齐次矩阵：
＞＞rotz (-pi/2)
ans＝

0.0000	1.0000	0	0
−1.0000	0.0000	0	0
0	0	1.0000	0
0	0	0	1.0000

当然，如果有多次旋转和平移变换，只需要多次调用函数再组合就可以了。另外，可以和平移矩阵和旋转矩阵做个对比，应该是一致的。

(4) 实验步骤

① 参照机器人的运动机构简图（图 7-56），根据 D-H 方法建立机器人的笛卡尔坐标系，并且标出每个关节坐标系的原点。

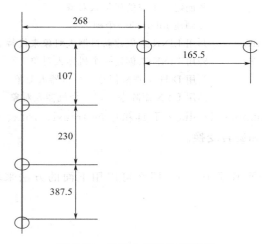

图 7-56 机器人运动机构简图

② 建好坐标系后填写表 7-8 中各个变量的值。

表 7-8 机器人的参数

杆件	变量为转角 θ_n	偏距 d_n/mm	扭角 α_n	杆长 a_n/mm
1				
2				
3				
4				
5				
6				

③ 利用 Robotics Toolbox 工具箱中的 link 和 robot 函数来建立该机器人的对象。

④ 根据表 7-8 中各个变量的值以及各杆件之间关系，利用符号函数运算方法写出相应的 $^{i-1}A_i$ 矩阵。

(5) 思考题

根据图 7-57 某机器人运动机构简图，试着用 D-H 坐标法建立其运动学模型，并画出坐标系。

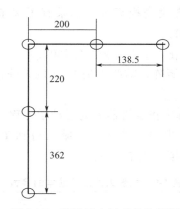

图 7-57 某机器人运动机构简图

7.5.2 机器人正运动学分析

(1) 实验目的

① 了解齐次变换矩阵的概念。
② 掌握机器人笛卡尔坐标系建立的过程。
③ 掌握运用齐次变换矩阵求解机器人正运动学的方法。

(2) 实验设备

① Matlab 7.0 以上版本软件的计算机 1 台。
② 软件中添加 Robotics Toolbox 组件。

(3) 实验原理

① 机器人运动学正问题概念

机器人运动学只涉及到物体的运动规律,不考虑产生运动的力和力矩。机器人正运动学所研究的内容是:给定机器人各关节的角度或位移,求解计算机器人末端执行器相对于参考坐标系的位置和姿态问题。

各连杆变换矩阵相乘,可得到机器人末端执行器的位姿方程(正运动学方程)为:

$$^0T_6 = {^0A_1}{^1A_2}{^2A_3}{^3A_4}{^4A_5}{^5A_6} = \begin{bmatrix} n_x & o_x & a_x & p_x \\ n_y & o_y & a_y & p_y \\ n_z & o_z & a_z & p_z \\ 0 & 0 & 0 & 1 \end{bmatrix} \quad (7-3)$$

其中:z 向矢量处于手爪入物体的方向上,称之为接近矢量 a,y 向矢量的方向从一个指尖指向另一个指尖,处于规定手爪方向上,称为方向矢量 o;最后一个矢量叫法线矢量 n,它与矢量 o 和矢量 a 一起构成一个右手矢量集合,并由矢量的叉乘所规定:$n = o \times a$。

式(7-3) 表示了机器人变换矩阵 $^0T_6$,它描述了末端连杆坐标系 {4} 相对基坐标系 {0} 的位姿,是机械手运动分析和综合的基础。

② 利用 Robotics Toolbox 中的 fkine 函数实现机器人运动学正问题的求解

其中 fkine 函数的调用格式为:

TR=FKINE(ROBOT,Q)

参数 ROBOT 为一个机器人对象,TR 为由 Q 定义的每个前向运动学的正解。

以 PUMA560 为例,定义关节坐标系的零点 qz=[0 0 0 0 0 0],那么 fkine (p560,qz)

将返回最后一个关节的平移的齐次变换矩阵。如果有了关节的轨迹规划之后,也可以用 fkine 来进行运动学的正解。比如:

t=0:0.056:2; q=jtraj(qz,qr,t); T=fkine(p560,q);

返回的矩阵 T 是一个三维的矩阵,前两维是 4×4 的矩阵代表坐标变化,第三维是时间。

(4) 实验步骤

① 利用符号函数的方法求解出指定机器人的运动学方程

根据机器人坐标系建立中得出的 A 矩阵,相乘后得到 T 矩阵,根据一一对应的关系,写出机器人正解的运算公式,并填入表 7-9 中。

表 7-9 机器人的正运动学的参数

参数	计 算 公 式
n_x	
n_y	
n_z	
o_x	
o_y	
o_z	
a_x	
a_y	
a_z	
p_x	
p_y	
p_z	

② 将这组数据带入式(7-3)中,求出各个分量的值,填入表 7-10 中。

表 7-10 机器人的正运动学的输入和输出参数

输入值	θ_1		θ_2		θ_3		θ_4	
	θ_5		θ_6					
输出值	n_x		o_x		a_x		p_x	
	n_y		o_y		a_y		p_y	
	n_z		o_z		a_z		p_z	

③ 将计算结果与用 Robotics for Matlab 中的计算结果做对比,看是否一致?如果不一致,检查修改自己编制的运动学求解程序。

(5) 思考题

对于该机器人来说,笛卡尔的坐标原点选择的不同,会对正运动学运算产生什么样的影响?

7.5.3 机器人逆运动学分析

(1) 实验目的

① 了解齐次变换矩阵的概念。

② 了解机器人工作空间的概念。
③ 掌握机器人笛卡尔坐标系建立的过程。
④ 掌握运用齐次变换矩阵求解机器人逆运动学的方法。

(2) 实验设备
① Matlab 7.0 以上版本软件的计算机 1 台。
② 软件中添加 Robotics Toolbox 组件。

(3) 实验原理
① 机器人逆运动学简介

机器人的运动学反解存在的区域称为机器人的工作空间，求解机器人逆解的目的也在于要求出机器人的工作空间。

工作空间是操作臂的末端能够到达的空间范围，即末端能够到达的目标点集合。值得指出的是，工作空间应该严格地区分为两类：

a. 灵活（工作）空间　指机器人手爪能够以任意方位到达的目标点集合，因此，在灵活空间的每个点上，手爪的指向可任意规定；

b. 可达（工作）空间　指机器人手爪至少在一个方位上能够到达的目标点集合。

机器人操作臂运动学反解的数目，决定于关节数目和连杆参数（对于旋转关节操作臂指的是 a_i、α_i 和 d_i）和关节变量的活动范围。

在解运动学方程时，碰到的另一问题是解不唯一（称为多重解）。在工作空间中任何点，机械手能以任意方位到达，并且有两种可能的形位，即运动学方程可能有两组解。

求解机器人的过程如下，求解的变量为 θ_1，θ_2，θ_3，θ_4，θ_5，θ_6。

$$T = \begin{bmatrix} n_x & o_x & a_x & p_x \\ n_y & o_y & a_y & p_y \\ n_z & o_z & a_z & p_z \\ 0 & 0 & 0 & 1 \end{bmatrix} \text{（各项公式见正解）}$$

整理矩阵各项可得：

$$p_x = d_6 * ax - c_1 * (d_4 s_{23} - a_3 c_{23} - a_2 c_2) \tag{7-4}$$

$$p_x = d_6 * ay - s_1 * (d_4 s_{23} - a_3 c_{23} - a_2 c_2) \tag{7-5}$$

$$p_z = d_6 * az - d_4 c_{23} - a_3 s_{23} - a_2 s_2 + d_1 \tag{7-6}$$

根据上述已知条件求出相应的变量 θ_1，θ_2，θ_3，θ_4，θ_5，θ_6。

注：其中　　　　　　　$s_{23} = s_2 c_3 + s_3 c_2$，$c_{23} = c_2 c_3 - s_2 s_3$

② 利用 Robotics Toolbox 中的 ikine 函数实现机器人运动学逆问题的求解

其中 ikine 函数的调用格式：

Q=IKINE（ROBOT，T）
Q=IKINE（ROBOT，T，Q）
Q=IKINE（ROBOT，T，Q，M）

参数 ROBOT 为一个机器人对象，Q 为初始猜测点（默认为 0），T 为要反解的变换矩阵。当反解的机器人对象的自由度少于 6 时，要用 M 进行忽略某个关节自由度。

有了关节的轨迹规划之后，也可以用 ikine 函数来进行运动学逆问题的求解。比如：

t=0:0.056:2；T1=transl(0.6,-0.5,0)；T2=transl(0.4,0.5,0.2)；T=ctraj(T1,T2,length(t))；q=ikine(p560,T)；

也可以尝试先进行正解，再进行逆解，看看能否还原。

Q=[0 −pi/4 −pi/4 0 pi/8 0]；T=fkine(p560,q)；qi=ikine(p560,T)；

(4) 实验步骤

① 计算出机器人运动学方程，根据一一对应的关系，求解出机器人逆解的运算公式。如果有的变量有两个值，应该全部保留，并填入表 7-11 中。

表 7-11　机器人的逆运动学求解公式

关节变量	求 解 公 式
θ_1	
θ_2	
θ_3	
θ_4	
θ_5	
θ_6	

② 将这组数据带入表 7-12 中，求出各个分量的值。如果有两组值，分别填入。

表 7-12　机器人的逆运动学的输入和输出参数

输入值	p_x		p_y		p_z	
	n_x		n_y		n_z	
	o_x		o_y		o_z	
	a_x		a_y		a_z	
输出值	θ_1		θ_2		θ_3	
	θ_4		θ_5		θ_6	

(5) 思考题

如果机器人逆解有两组解，请求出另外一组解。如果只取其中一个解，试分析取哪组解比较合理？

附录

附录 1　Step7-Micro/Win 软件的使用说明

1. 连接 RS-232/PPI 多主站电缆

如附图 1-1 所示，用 RS-232/PPI 多主站电缆连接 S7-200 和 PC 机，具体连接方法如下：

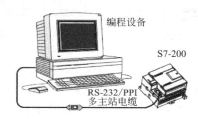

附图 1-1　S7-200 和 PC 机之间的连接

（1）连接 RS-232/PPI 多主站电缆的 RS-232 端（标识为"PC"）到编程设备的通信口上（本例中为 COM 4）；

（2）连接 RS-232/PPI 多主站电缆的 RS-485 端（标识为"PPI"）到 S7-200 的端口 0 （PORT 0）。

2. 打开 STEP 7-Micro/WIN

点击 STEP 7-Micro/WIN 的图标，打开一个新的项目，附图 1-2 所示为一个新项目。可通过点击左侧的操作栏中的图标，打开 STEP 7-Micro/WIN 项目中的组件。

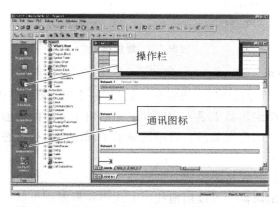

附图 1-2　STEP 7-Micro/WIN 中新建一个项目

3. 为 STEP 7-Micro/WIN 设置通信参数

（1）点击操作栏左下角的"设置 PG/PC 界面"图标，进入 PG/PC 设置对话框，可以用这个对话框为 STEP7-Micro/WIN 设置线缆连接方法，如附图 1-3 所示。

（2）选择"PC/PPI cable（PPI）"双击，设定传输率（R）为"19.2kbps"和连接到（C）"COM4"，如附图 1-4 所示，再单击"确定"。

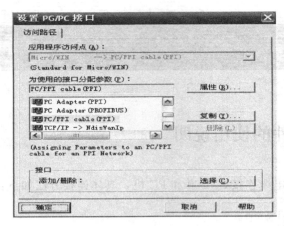

附图 1-3　设置 PG/PC 界面

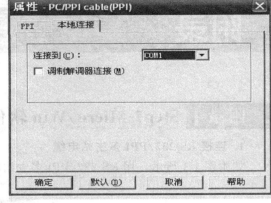

附图 1-4　接口属性

4. PC 与 PLC 的通信设置

单击左下角的"通信"，出现设置窗口，双击刷新，计算机自动搜索到 PLC 的型号。选择搜索到的 PLC，再单击"确定"按钮。如附图 1-5 所示。

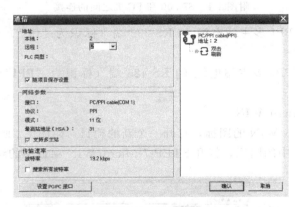

附图 1-5　通信设置

5. 创建一个例子程序

这个例子程序在 3 个程序段中用 6 条指令，完成了一个定时器自启动、自复位的简单功能。

在本例中，用梯形图编辑器来录入程序。下面给出了完整的梯形图和语句表程序。语句表中的注释，解释了程序的逻辑关系。时序图显示了程序的运行状态。如附图 1-6 所示。

（1）打开程序编辑器

点击程序块图标，打开程序编辑器，见附图 1-7。

注意指令树和程序编辑器。可以用拖拽的方式将梯形图指令插入到程序编辑器中。

在工具栏图标中有一些命令的快捷方式。

在输入和保存程序之后，可以下载程序到 S7-200 中。

（2）输入程序段 1：启动定时器

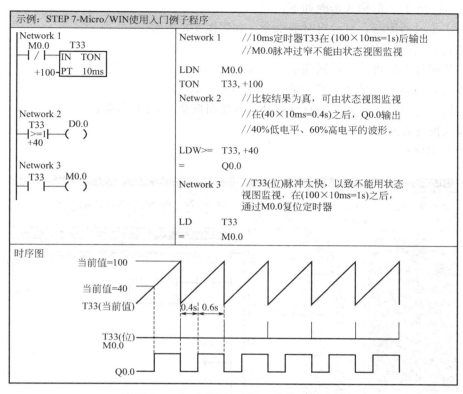

附图 1-6 Step7-Micro/WIN 软件使用举例

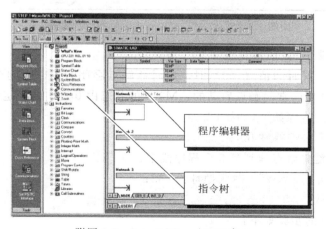

附图 1-7 Setp 7-Micro/WIN 窗口

当 M0.0 的状态为 0 时，常闭触点接通启动定时器。

输入 M0.0 的触点：

a. 双击位逻辑图标或者单击其左侧的加号可以显示出全部位逻辑指令；

b. 选择常闭触点；

c. 按住鼠标左键将触点拖到第一个程序段中；

d. 单击触点上的"???"并输入地址：M0.0；

e. 按回车键确认。

定时器指令 T33 的输入步骤如下：
a. 双击定时器图标，显示定时器指令，如附图 1-8 所示；
b. 选择延时接通定时器 TON；
c. 按住鼠标左键将定时器拖到第一个程序段中；
d. 单击定时器上方的"???"，输入定时器号：T33；
e. 按回车键确认后，光标会自动移动到预置时间值（PT）参数；
f. 输入预置时间值：100；
g. 按回车键确认。

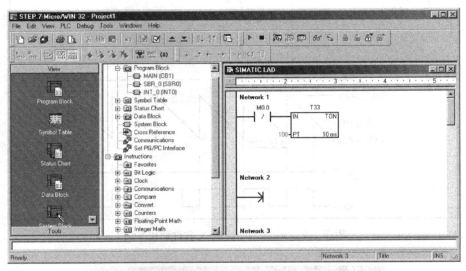

附图 1-8 Step7-Micro/Win 中定时器指令的输入

（3）输入程序段 3：定时器复位

当计时值到达预置时间值（100）时，定时器触点会闭合。T33 闭合会使 M0.0 置位。由于定时器是靠 M0.0 的常闭触点启动的，M0.0 的状态由 0 变 1 会使定时器复位。

输入触点 T33 的步骤如下（附图 1-9）：
a. 在位逻辑指令中选择常开触点；
b. 按住鼠标左键将触点拖到第 3 个程序段中；
c. 单击触点上方的"???"，输入地址：T33；
d. 按回车键确认。

输入线圈 M0.0 的步骤如下：
a. 在位逻辑指令中选择输出线圈；
b. 按住鼠标左键将输出线圈拖到第三个程序段中；
c. 双击线圈上方的"???"，输入地址：M0.0；
d. 按回车键确认。

（4）存储例子程序

在输入完以上 3 个程序段后，就已经完成了整个例子程序。当存储程序时，也创建了一个包括 S7-200 CPU 类型及其他参数在内的一个项目。

保存项目：

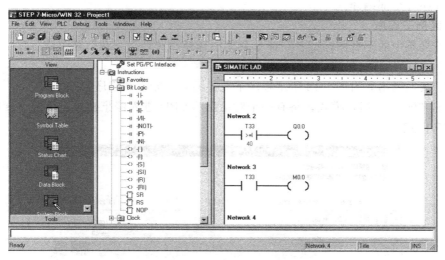

附图 1-9　Step7-Micro/Win 定时器指令应用举例

① 在菜单条中选择菜单命令 文件＞保存；
② 在 Save As 对话框中，如附图 1-10 所示，输入项目名；

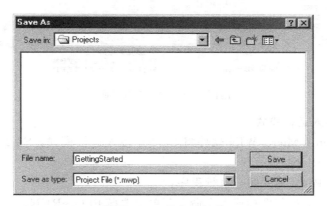

附图 1-10　程序的保存

③ 点击 Save 存储项目。

项目存储之后，可以下载程序到 S7-200。

6. 程序编译

编写好的程序，先进行编译，再下载到 PLC 里。程序编译时，观察软件下方"总错误数目"提示。

① 当"总错误数目：0"时，可下载 PLC 程序。
② 当"总错误数目：1……"时，请检查编写的程序，直到总错误数目为 0 时，才能下载 PLC 程序。如附图 1-11 所示。

附图 1-11　系统错误提示

注意：菜单中的"编译"系统进行主程序的编译。"全部编译"系统进行主程序、子程序、中断程序等全部编译。

7. 下载例子程序

点击工具条中的下载图标或者在命令菜单中选择"文件＞下载"来下载程序。具体操作如下。

点击下载，弹出如附图 1-12 所示程序下载界面，开始下载程序到 S7-200。

如果 S7-200 处于运行模式，将有一个对话提示 CPU 进入停止模式。单击 Yes 将 S7-200 置于 STOP 模式。

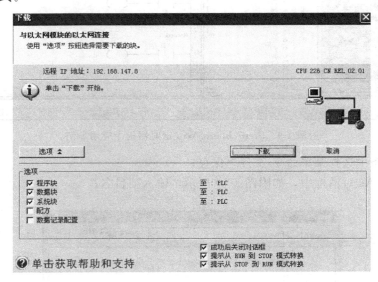

附图 1-12　程序下载界面

8. 将 S7-200 转入运行模式

如果想通过 Step 7-Micro/WIN 软件将 S7-200 转入运行模式，S7-200 的模式开关必须设置为 TERM 或者 RUN。

当 S7-200 处于 RUN 模式时，执行程序：

a. 单击工具条中的运行图标或者在命令菜单中选择 PLC＞RUN；

b. 弹出如附图 1-13 所示运行模式切换确认界面，点击 Yes 切换模式。

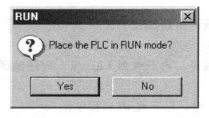

附图 1-13　将 S7-200 转入运行模式

当 S7-200 转入运行模式后，CPU 将执行程序使 Q0.0 的 LED 指示灯时亮时灭。

到此，已经完成了第一个 S7-200 程序的编制和下载。

另外，可以通过选择"调试＞开始程序状态监控"来监控程序。Setp 7-Micro/WIN 显示执行结果。要想终止程序，可以单击 STOP 图标或选择菜单命令 PLC＞STOP，将 S7-200 置于 STOP 模式。

附录 2 S7-200 指令一览表

1. S7-200 的基本指令、步进梯形图指令

助记符称谓	功能	回路表示和对象软件	助记符称谓	功能	回路表示和对象软件
[LD] 取	运算开始 a 接点	—┤ SYMSTC ├—○—	[SET] 置位	线圈动作 保持指令	—┤ ├— SET YMS
[LDI] 取反	运算开始 b 接点	—┤/SYMSTC├—○—	[RST] 复位	解除线圈动 作保持指令	—┤ ├— RST YMSTCD
[LDP] 取脉冲	上升沿检出 运算开始	—┤↑SYMSTC├—○—	[PLS] 上升沿脉冲	线圈上升沿 输出指令	—┤ ├— PLS YM
[LDF] 取脉冲	下降沿检出 运算开始	—┤↓SYMSTC├—○—	[PLF] 下降沿脉冲	线圈下降沿 输出指令	—┤ ├— PLF YM
[AND] 与	串联连接 a 接点	—┤ ├—┤SYMSTC├—○—	[MC] 主控	公共串联接点 用线圈驱动	—┤ ├— MC N YM
[ANI] 或	串联连接 b 接点	—┤ ├—┤/SYMSTC├—○—	[MCR] 主控复位	公共串联接点 用解除指令	—┤ ├— MCR N
[ANDP] 与脉冲	上升沿检出 串联连接	—┤ ├—┤↑SYMSTC├—○—	[MPS] 进栈	运算存储	
[ANDF] 与脉冲	下升沿检出 串联连接	—┤ ├—┤↓SYMSTC├—○—	[MRD] 读栈	存储读出	MPS —┤ ├—○ MRD —┤ ├—○ MPP —┤ ├—○
[OR] 或	并联连接 A 接点	—┤ ├— └┤SYMSTC├┘	[MPP] 出栈	存储读出 和复位	

续表

助记符称谓	功能	回路表示和对象软件	助记符称谓	功能	回路表示和对象软件
[ORI] 或非	并联连接 B接点	SYMSTC	[INV] 反转	运算结果取反	INC
[ORP] 或脉冲	上升沿检出并联连接	SYMSTC	[NOP] 空操作	无动作	消除程序或留出空间
[ORF] 或脉冲	下升沿检出并联连接	SYMSTC	[END] 结束	程序结束	程序结束返回到0步
[ANB] 回路块与	回路块之间串联连接		[STL] 步进梯形图	步进梯形图开始	S
[ORB] 回路块或	回路块之间并联连接		[RET] 返回	步进梯形图结束	RET
[OUT] 输出	线圈驱动指令	YMSTC			

2. 应用指令

类别	FNC No.	助记符	功能	D指令	P指令	备注	类别	FNC No.	助记符	功能	D指令	P指令	备注
程序流程	00	CJ	条件跳跃	—	○		四则、逻辑运算	20	ADD	二进制加法	○	○	
	01	CALL	调用子程序	—	○			21	SUB	二进制减法	○	○	
	02	SRET	子程序返回	—	—			22	MUL	二进制乘法	○	○	
	03	IRET	中断返回	—	—			23	DIV	二进制除法	○	○	
	04	EI	中断许可	—	—			24	INC	二进制加1	○	○	
	05	DI	中断禁止	—	—			25	DEC	二进制减1	○	○	
	06	FEND	主程序结束	—	—			26	WAND	逻辑字与	○	○	
	07	WDT	监视定时器	—	○			27	WOR	逻辑字或	○	○	
	08	FOR	循环范围开始	—	—			28	WXOR	逻辑字异或	○	○	
	09	NEXT	循环范围结束	—	—			29					
传送、比较	10	CMP	比较	○	○		循环与移位	30					
	11	ZCP	区间比较	○	○			31					
	12	MOV	传送	○	○			32					
	13							33					
	14							34	SFTR	位右移	—	○	
	15	BMOV	批次传送	—	○			35	SFTL	位左移	—	○	
	16							36					
	17							37					
	18	BCD	转换	○	○			38	SFWR	带进位写入	—	○	
	19	BIN	二进制转换	○	○			39	SFRD	带进位读出	—	○	

续表

类别	FNC No.	助记符	功能	D指令	P指令	备注	类别	FNC No.	助记符	功能	D指令	P指令	备注
数据处理	40	ZRST	批次复位	—	○		外部设备 I/O	70					
	41	DECO	解码	—	○			71					
	42	ENCO	漏码	—	○			72	DSW	数字式开关	—	—	
	43							73					
	44							74	SEGL	断码分别表示			
	45							75					
	46							76					
	47							77					
	48							78	FROM	读出	○	○	
	49							79	TO	写入	○	○	
高速处理	50	REF	输入输出刷新	—	○		外围设备 SER	80	RS	串行数据传送	—	○	
	51							81	PRUN	8进制位传送	○	○	
	52	MTR	矩阵输入	—	—			82	ASCI	HEX → ASCII 转换		○	
	53	HSCS	比较置位(高速计数器)	○				83	HEX	ASCII → HEX 转换		○	
	54	HSCR	比较复位(高速计数器)	○				84	CCD	校验码		○	
	55							85	VRRD	电位器读出		○	
	56	SPD	脉冲密度	—	—			86	VRSC	电位器刻度		○	
	57	PLSY	脉冲输出	○	—			87					
	58	PWM	脉冲调制	—	—			88	PID	PID运算			
	59	PLSR	带加速脉冲输出	○	—			89					
方便指令	60	IST	初始化状态	—	—		定位	155	ABS	ABS当前值读出	○	—	
	61							156	ZRN	原点复位	○	—	
	62	ABSD	凸轮控制(绝对方式)	○	—			157	PLSV	可调脉冲输出	○	—	
	63	INCD	凸轮控制(相对方式)	—	—			158	DRVI	相对定位	○	—	
	64							159	DRVA	绝对定位	○	—	
	65						时针运算	160	TCMP	时针数据比较	—	○	
	66	ALT	交替输出	—	○			161	TZCP	时针数据区间比较	—	○	
	67	RAMP	斜坡信号	—	—			162	TADD	时针数据加法	—	○	
	68							163	TSUB	时针数据减法	—	○	
	69							166	TRD	时针数据读出	—	○	
								167	TWR	时针数据写入	—	○	
								169	HOUR	长时间检测	○	—	
							外部设备	176	RD3A	A/D数据读出 (FX0N-3A)	—	○	
								177	WR3A	A/D数据写入 (FX0N-3A)	—	○	

续表

类别	FNC No.	助记符	功能	D指令	P指令	备注	类别	FNC No.	助记符	功能	D指令	P指令	备注
接点比较	224	LD=	(S1)=(S2)	○	—		接点比较	236	AND<>	(S1)≠(S2)	○	—	
	225	LD>	(S1)>(S2)	○	—			237	AND≤	(S1)≤(S2)	○	—	
	226	LD<	(S1)<(S2)	○	—			238	AND≥	(S1)≥(S2)	○	—	
	228	LD<>	(S1)≠(S2)	○	—			240	OR=	(S1)=(S2)	○	—	
	229	LD<=	(S1)≤(S2)	○	—			241	OR>	(S1)>(S2)	○	—	
	230	LD>=	(S1)≥(S2)	○	—			242	OR<	(S1)<(S2)	○	—	
	232	AND=	(S1)=(S2)	○	—			244	OR<>	(S1)≠(S2)	○	—	
	233	AND>	(S1)>(S2)	○	—			245	OR≤	(S1)≤(S2)	○	—	
	234	AND<	(S1)<(S2)	○	—			246	OR≥	(S1)≥(S2)	○	—	

附录3 特殊辅助继电器和数据寄存器表

为了便于读者方便查找，下面将 FX 特殊辅助继电器和数据寄存器分类列表。

1. PLC 状态（M8000~M8009，D8000~D8009）

PLC 状态继电器（M8000~M8009）和状态数据寄存器（D8000~D8009）见附表-1。

附表-1 PLC 状态继电器（M8000~M8009）和状态数据寄存器（D8000~D8009）

地址号·名称	动作·功能	地址号·名称	寄存器的内容
[M]8000 运行监控 a 接点	RUN 时常开	(D)8000 监视定时器	初始值 200ms
[M]8001 运行监控 b 接点	RUN 时常闭	(D)8001 PLC 类型和版本	26
[M]8002 初始脉冲 a 接点	RUN 后输出一个扫描周期的 ON	(D)8002 存储器容量	0008=8K 步
[M]8003 初始脉冲 b 接点	RUN 后输出一个扫描周期的 OFF	(D)8003 寄存器类型	02H=存储盒(PROTECT OFF) 0AH=存储盒(PROTECT ON) 10H=PLC 内置 EEPROM
[M]8004 出错发生	当 M8060~M8067 中任意一个处于 ON 时动作(M8062 除外)	(D)8004 出错特殊 M 的编号	M8060~M8067
[M]8005		(D)8005	
[M]8006		(D)8006	
[M]8007		(D)8007	
[M]8008		(D)8008	
[M]8009		(D)8009	

2. PLC 时钟（M8010~M8019，D8010~D8019）

PLC 时钟继电器（M8010~M8019）和时钟数据寄存器（D8010~M8019）见附表-2。

3. PLC 标志（M8020~M8029，D8020~D8029）

PLC 标志继电器（M8020~M8029）和标志数据寄存器（D8020~D8029），见附表-3。

4. PLC 模式（M8030~M8039，D8030~D8039）

PLC 模式继电器（M8030~M8039）和模式数据寄存器（D8030~D8039）见附表-4。

附表-2　PLC 时钟继电器（M8010～M8019）和时钟数据寄存器（D8010～M8019）

地址号·名称	动作·功能	地址号·名称	寄存器的内容
[M]8010		[D]8010 扫描时间当前值（单位 0.1ms）	含恒定扫描等待时间
[M]8011　10ms 时钟	以 10ms 为周期振荡 占空比 50%	[D]8011 最小扫描时间（单位 0.1ms）	
[M]8012　100ms 时钟	以 100ms 为周期振荡 占空比 50%	[D]8012 最大扫描时间（单位 0.1ms）	
[M]8013　1s 时钟	以 1s 为周期振荡 占空比 50%	[D]8013s	0～59s（实时时钟用）
[M]8014　1min 时钟	以 10min 为周期振荡 占空比 50%	[D]8014min	0～59min（实时时钟用）
[M]8015	计时停止和预置	[D]8015h	0～23h（实时时钟用）
[M]8016	停止显示时间	[D]8016d	1～31d（实时时钟用）
[M]8017	±30s 修正	[D]8017 月	1～12 月（实时时钟用）
[M]8018	安装检测实时时钟（RTC）	[D]8018y	公历两位（实时时钟用）
[M]8019	RTC 出错	[D]8019 星期	0(日)～6(六)（实时时钟用）

附表-3　PLC 标志继电器（M8020～M8029）和标志数据寄存器（D8020～D8029）

地址号·名称	动作·功能	地址号·名称	寄存器的内容
[M]8020 原点标志	加减运算结果为 0 时	[D]8020	X000～X017 的输入滤波数值 0～15（初始值为 10ms）
[M]8021 借位标志	减法运算结果小于负的最大值时	[D]8021	
[M]8022 进位标志	加法运算结果发生进位时，换位结果溢出发生时	[D]8022	
[M]8023		[D]8023	
[M]8024		[D]8024	
[M]8025		[D]8025	
[M]8026		[D]8026	
[M]8027		[D]8027	
[M]8028		[D]8028	Z0(Z)寄存器内容
[M]8029 指令执行结束标志		[D]8029	V0(V)寄存器内容

附表-4　PLC 模式继电器（M8030～M8039）和模式数据寄存器（D8030～D8039）

地址号·名称	动作·功能	地址号·名称	寄存器的内容
[M]8030		[D]8030	模拟电位器 VR1
[M]8031 非保持存储器全部清除	当 PLC 从 STOP→RUN 时，将软元件的 ON/OFF 映像和当前值全清零 特殊寄存和文件寄存器不清除	[D]8031	模拟电位器 VR2
[M]8032 保持存储器全清除		[D]8032	
[M]8033 存储保持停止	映像存储区保持	[D]803	
[M]8034 所有输出禁止	当 PLC 从 STOP→RUN 时，外部输出全部 OFF	[D]8034	
[M]8035 强制运行模式	将 PC 的外部输出接点全部置于 OFF 状态	[D]8035	
[M]8036 强制运行指令		[D]8036	
[M]8037 强制停止指令		[D]8037	
[M]8038 参数设定	通信参数设定标志（简易 PC 间链接定用）	[D]8038	
[M]8039 恒定扫描模式	当 M8039 变为 ON 时，PC 直至 D8039 指定的扫描时间到达后才执行循环运算	[D]8039 恒定扫描时间	初始值 0ms（以 1ms 为单位）当电源 ON 时，系统 ROM 传送）能够通过程序进行更改

5. PLC 步进阶梯（M8040~M8049，D8040~D8049）

PLC 步进阶梯继电器（M8040~M8049）步进阶梯数据寄存器（D8040~D8049）见附表-5。

附表-5　PLC 步进阶梯继电器（M8040~M8049）步进阶梯数据寄存器（D8040~D8049）

地址号·名称	动作·功能	地址号·名称	寄存器的内容
M8040 转移禁止	M8040 动时禁止状态之间的转移	[D]8040 ON 状态地址号码 1	将状态 S0~S899 的动作中的状态最小地址号保存入 D8040 中将紧随其后的 ON 状态地址号保存入 D8041 中以下依此顺序保存 8 点元件,将其中最大元件保存入 D8047 中
M8041 转移开始	自动运行时能够进行初始状态开始的转移	[D]8041 ON 状态地址号码 2	
M8042 起动脉冲	对应起动输入的脉冲输出	[D]8042 ON 状态地址号码 3	
M8043 回归完成	在原点回归模式的结束状态时动作	[D]8043 ON 状态地址号码 4	
M8044 原点条件	检测出机械原点时动作	[D]8044 ON 状态地址号码 1	
M8045 所有输出复位禁止	在模式变换时,所有输出复位禁止	[D]8045 ON 状态地址号码 5	
M8046 STL 状态动作	M8047 动作中时,当 S0~S899 中有任何元件变为 NO 时动作	[D]8046 ON 状态地址号码 6	
M8047 STL 监控有效	驱动此 M 时,D8040~D8047 有效	[D]8047 ON 状态地址号码 7	
[M]8048		[D]8048	
[M]8049		[D]8049	

6. PLC 禁止中断（M8050~M8059，D8050~D8059）

PLC 禁止中断继电器（M8050~M8059）和数据寄存器（D8050~D8059）见附表-6。

附表-6　PLC 禁止中断继电器（M8050~M8059）和数据寄存器（D8050~D8059）

地址号·名称	动作·功能	地址号·名称	寄存器的内容
[M]8050(输入中断) 100□禁止		[D]8050	
[M]8051(输入中断) 110□禁止	执行 FNC04(EI)指令后,即使中断许可,但是当此 M 动作时,对应的输入中断和定时器中断将无法单独动作 例如当 M8050 处于 ON 状态时,禁止中断 100□	[D]8051	
[M]8052(输入中断) 120□禁止		[D]8052	未使用
[M]8053(输入中断) 130□禁止		[D]8053	
[M]8054(输入中断) 140□禁止		[D]8054	
[M]8055(输入中断) 150□禁止		[D]8055	
[M]8056		[D]8056	
[M]8057		[D]8057	
[M]8058		[D]8058	
[M]8059		[D]8059	

7. PLC 错误检测（M8060~M8069，D8060~8069）

PLC 错误检测继电器（M8060~M8069）和数据寄存器（D8060~8069）见附表-7。

8. 通信接口寄存器

PLC 通信与采样跟踪继电器（M8070~M8099，M8120~M8129）和数据寄存器（D8070~D8098，D8120~D8129）见附表-8。

9. 高速处理与定位控制（M8130~M8149，D8130~D8149）

PLC 高速处理和定位控制继电器（M8130~M8149）和数据寄存器（D8130~D8149），见附表-9。

附表-7　PLC错误检测继电器（M8060～M8069）和数据寄存器（D8060～8069）

地址号·名称	动作·功能	地址号·名称	寄存器的内容
[M]8060		[D]8060	
[M]8061 PLC硬件错误	PLC停止	[D]8061 PLC硬件出错的代码编号	
[M]8062		[D]8062	
[M]8063 并联连接,通信适配器出错	PLC继续运行,当STOP→RUN时清除	[D]8063 链接、通信出错的代码编号	
[M]8064 参数出错	PLC停止	[D]8064 参数出错的代码编号	
[M]8065 语法出错	PLC停止	[D]8065 语法出错的代码编号	
[M]8066 回路错误	PLC停止	[D]8066 回路错误的代码编号	
[M]8067 运算错误	PLC停止当STOP→RUN时清除	[D]8067 运算错误的代码编号	
[M]8068 运算错误锁存	M8067的锁存	[D]8068 运算出错发生步	保持步号
[M]8069		[D]8069 N8065～M8067的出错步编号	当STOP→RUN时清除

附表-8　PLC通信继电器和数据寄存器

地址号·名称	动作·功能	地址号·名称	寄存器内容
[M]8070 并联连接主站说明	主站时ON,当STOP→RUN时清除	[D]8070 并联链接错误判断时间	初始值500ms
[M]8071 并联连接子站说明	主站时ON,当STOP→RUN时清除	[D]8071	
[M]8072 并联连接运转时ON	运转中ON	[D]8072	
[M]8073 主站/子站设定不良	M8070/M8071设定不良时ON	[D]8073	
[M]8120		[D]8120 通信格式	停电EEPROM保持
[M]8121	RS-232C发送等待中	[D]8121 站号设定	
[M]8122	RS-232C发送标志	[D]8122 传送数据余数	RS-232C
[M]8123	RS-232C接收结束标志	[D]8123 接收数据数	
[M]8124	RS-232C载波接收中	[D]8124 起始符(STX)	
[M]8126	全局信号	[D]8126 终止符(ETX)	
[M]8127	通信请求握手信号	[D]8127 通信请求用起始号指定	RS485通信用
[M]8128	通信请求错误标志	[D]8128 通信请求数据数指定	
[M]8129	接通请求字/字节变换或超时判断	[D]8129 超时判断时间	停电EEPROM保持

10. 扩展功能及其他

PLC扩展功能及其他继电器和数据寄存器,见附表-10。

11. 变址寄存器当前值和脉冲捕捉继电器（附表-11、附表-12）

12. 内部增/减型计数器和高速计数方向

内部增/减型计数器计数方向（M8200～M8234）见附表-13,高速计数器计数方向（M8235～M8255,D8235～D8255）见附表-14。

附表-9 PLC 高速处理、定位控制继电器和数据寄存器

地址号·名称	动作·功能	地址号·名称	寄存器内容
		[D]8136 Y0,Y1 的脉冲数累计	[D]8136 存储低位
		[D]8137 Y0,Y1 的脉冲数累计	[D]8137 存储高位
[M]8140 CLR 信号输出功能有效	FNC156(ZRN)	[D]8140 Y0 脉冲数	[D]8140 存储低位
[M]8141		[D]8141 Y0 脉冲数	[D]8141 存储高位
[M]8142		[D]8142 Y1 脉冲数	[D]8142 存储低位
[M]8143		[D]8143 Y1 脉冲数	[D]8143 存储高位
[M]8144		[D]8144	
[M]8145	Y0 脉冲输出禁止	[D]8145 执行时的偏置速度	FNC158(DRVI),FNC159(DRVA)
[M]8146	Y1 脉冲输出禁止	[D]8146(低位)	FNC158(DRVI),FNC159(DRVA)执行时的最高速度
[M]8147 Y0 脉冲输出中	(Busy/Ready)	[D]8147(高位)	
[M]8148 Y1 脉冲输出中	(Busy/Ready)	[D]8148	
[M]8149		[D]8149	FNC158(DRVI),FNC159(DRVA)执行时的加减速时间

附表-10 扩展功能及其他

地址号	功能	地址号
D8158	FFXIN-5DM 用控制元件(D)	
D8159	FFXIN-5DM 用控制元件(M)	
M8161	8 位处理模式	(D)8161
M8162	高速并联连接模式	(D)8162

附表-11 变址寄存器当前值寄存器

地址号	功能	地址号	功能
[D]8180		[D]8190	Z5 寄存器内容
[D]8181		[D]8191	V5 寄存器内容
[D]8182	Z1 寄存器内容	[D]8192	Z6 寄存器内容
[D]8183	V1 寄存器内容	[D]8193	V6 寄存器内容
[D]8184	Z2 寄存器内容	[D]8194	Z7 寄存器内容
[D]8185	V2 寄存器内容	[D]8195	V7 寄存器内容
[D]8186	Z3 寄存器内容	[D]8196	
[D]8187	V3 寄存器内容	[D]8197	
[D]8188	Z4 寄存器内容	[D]8198	
[D]8189	V4 寄存器内容	[D]8199	

附表-12 脉冲捕捉继电器

地址号	功能	地址号	功能
M8170	输出 X000 脉冲捕捉	M8175	输出 X005 脉冲捕捉
M8171	输出 X001 脉冲捕捉		
M8172	输出 X002 脉冲捕捉		
M8173	输出 X003 脉冲捕捉		
M8174	输出 X004 脉冲捕捉		

附表-13 增/减型计数器计数方向

地址号	对象计数器地址号	功能
[M]8200	C200	
[M]8201	C201	当 M8□□□ 为 ON 时,其对应的 C□□□ 变成减型计数模式,为 OFF 时 M8□□□ 时,计数器以增型计数方式进行计数
⋮	⋮	
[M]8233	C233	
[M]8234	C234	

附表-14 高速计数器计数方向

地址号	对象计数器地址号	功能
[M]8235	C235	
[M]8236	C236	
[M]8237	C237	
[M]8238	C238	
[M]8239	C239	当 M8□□□ 为 ON 时,其对应的 C□□□ 变成减型计数模式,为 OFF 时 M8□□□ 时,计数器以增型计数方式进行计数
[M]8240	C240	
[M]8241	C241	
[M]8242	C242	
[M]8243	C243	
[M]8244	C244	
[M]8245	C245	
[M]8246	C246	
[M]8247	C247	
[M]8248	C248	对应单相双输入计数器,C□□□ 减小/增加时,M8□□□ 相应为 ON/OFF。
[M]8249	C249	
[M]8250	C250	
[M]8251	C251	
[M]8252	C252	
[M]8253	C253	对应双相计数器,C□□□ 减小/增加时,M8□□□ 相应为 ON/OFF。
[M]8254	C254	
[M]8255	C255	

13. 错码一览表

可编程序控制器的程序错误出现时,特殊数据寄存器 D8060~D8067 中存入错误与其处置方法,见附表-15。

附表-15　错码一览表

区分	错误	错误内容	处理方法
硬件出错 M8061 (D8061)运行停止	0000	无异常	
	6101	RAM 错误	检查扩展电缆的连接是否正确
	6102	运算回路出错	
	6103	I/O 线出错（M8069 启动时）	
	6104	（扩展单元 24V 下降（M8069ON 时）	
	6105	监视计时器出错	运算时间超时 D8000 的值，请检查程序
并联线路通信出错 M8063(D8063)	0000	无异常	检查双方的可编程序控制器的电源是否 ON，以及适配器与可编程序控制器间的连接、线路适配器的连接是否正确
	6301	奇偶校检出错、溢出出错、成帧出错	
	6302	通信字符错误	
	6303	通信数据的和不一致	
	6304	数据格式错误	
	6305	指令错误	
	6306	监视计时超出	
	6307~6311	无	
	6312	并联线路字符错误	
	6313	并联线路和数错误	
	6314	并联线路格式错误	
参数出错 M8064 (D8064)运行停止	0000	无异常	将可程序控制器置于 STOP 设定正确值
	6401	程序和数不一致	
	6402	存储容量设定错误	
	6403	保持区域设定错误	
	6404	注释区段设定错误	
	6405	滤波寄存器区段设定错误	
	6409	其他设定错误	
语法出错 M8065 (D8065)运行停止	0000	无异常	程序作成时，检查每次命令的使用方法是否正确，出现错误时请用程序模式修改命令
	6501	命令-软元件符号-地址号的组合错误	
	6502	设定值前没有 OUT T,OUTC	
	6503	1　OUT T,OUTC 之后没有设定值 2　应用命令操作数不足	
	6504	1　标号重复 2　中继输入及高速计数器输入重复	
	6505	超出软件地址范围	
	6506	使用未定义命令	
	6507	卷标编号(P)定义错误	
	6508	中继输入(I)定义错误	
	6509	其他	
	6510	MC 的插入号码大小方面错误	
	6511	中继输入与高速计数器入重复	

续表

区分	错误	错误内容	处理方法
电路出错 M8066 (D8066)运行停止	0000	无异常	
	6601	LD,LDI 的连续使用次数在 9 次以上	
	6602	1 无 LD,LDI 命令。无线圈。LD、LDI 和 ANB、ORB 的关系不对 2 SE、RET、MCR、P（指针）、I（中继）、EI、DI、SERT、IRET、FOR、NEXT、FEND、END 没有和线接上 3 忘记 MPP	
	6603	MPS 的连续使用次数在 12 次以上	
	6604	MPSMRD,MPP 的关系不对	
	6605	1 SET 的连续使用次数在 9 次以上 2 STL 内有 MC,MCR,I(中继),SRET 3 STL 外有 RET 或无 RET 指令	
	6606	1 无 P(指示器),I(中继) 2 STL IRET 3 在主程序中有 I(中继),STL IRET 4 子程序与中继程序中有 STL RET MC MCR	
	6607	1 FORNEXT 关系不对,嵌套在 6 层以上 2 FOR~NEXT 间有 STL,RET,MC,MCR,IRET,SRET,FEND,END 指令	
	6608	1 MC 与 MCR 的关系不对 2 无 MCR NO 3 MC~MCR 间有 SRET,IRET,I(中继)	
	6609	其他	作为电路块的整体在命令组合错误,以及成对有命令关系错误时产生这种不良现象。程序模式中,请将命令的相互关系修改正确
	6610	LD,LDI 连续使用次数在 9 次以上	
	6611	对于 LD,LDI 命令 ANB。ORB 命令数多	
	6612	对于 LD,LDI 命令 ANB。ORB 命令数小	
	6613	MPS 连续使用次数在 12 次以上	
	6614	忘记 MPS	
	6615	忘记 MPP	
	6616	MPS-MRD,MPP 间的线圈遗忘或关系不对	
	6617	应从线开始的命令 STL,RET,MCR,P,I,DI,EI,FOR,NEXT,SRET,IRND,END,未连接总线	
	6618	只用主程序使用的命令在主程序以外（中继、子程序）STL MC,MCR	
	6619	在 FOR-NEXT 间不能使用的命令 STL RET MC MCR I IRET	
	6620	FOR-NEXT 嵌套超出	
	6621	FOR-NEXT 数的关系不对	
	6622	无 NEXT 命令	
	6623	无 MC 命令	
	6624	无 MCR 命令	
	6625	STL 的连续使用次数在 9 次以上	
	6626	在 STL-RET 间有不能使用的命令 MC MCR I SRET IRET	
	6627	无 P,I	
	6628	有在主程序内主程序不能不能使用的命令,I,SRET,IRET	
	6629	无 P,I	
	6630	无 SRET,IRET 命令	
	6631	有 SRET 不能使用的地方	
	6632	有 FEND 不能使用的地方	

续表

区分	错误	错误内容	处理方法	
运算出错 M8067 (D8067)运行停止	0000	无异常	此为运算执行中发生错误,请重新检查程序或应用命令操作数内容,不发生语法,电路错误,但因以下理由也会发生运算错误 例如:T200Z 本身虽然不是错误,但作为运算结果 z=100 的话,就变为 T300,单元号码超出	
	6701	1 无 CJ,CALL 的转移地址 2 END 命令以后有标号码 3 FOR-NEXT 间与子程序间有单独的标号		
	6702	CALL 的嵌套级在 6 次以上		
	6703	中继的嵌套级在 3 次以上		
	6704	FOR-NEXT 的嵌套在 6 次以上		
	6705	应用命令的操作数在对应软件以外		
	6706	应用命令的操作数地址号码范围与数据值超出		
	6707	寄存器没有设定参数访问文件寄范围		
	6708	FROM/TO 命令错误		
	6709	其他(IRET,SRET 遗忘,FOR~NEXT 关系不正确)		
	6730	采样时间(T_s)在对象范围外($T_s<0$)	停止 PID 运算	控制参数的设定值与 PID 运算中出现错误。请检查参数内容
	6732	输入滤波常数(a<0 或≤a)		
	6733	比例增益(Kp)对象范围外(Kp<0)		
	6734	积分时间(TI)在对象范围外(TI<0)		
	6735	微分时间(T1)在对象范围外(KD<0 或≤a)		
	6736	微分时间(TD)在对象范围外(TD<0)		
	6740	采样时间(T_s)≤扫描周期	将运算数据作为最大值,继续进行运算	
	6742	测定值变化量溢出($\Delta PV<-32768$ 或 $32768<\Delta PV$)		
	6743	偏差溢出(EV<-32768 或 32768<EV)		
	6744	积分计算值溢出		
	6745	微分增益(KP)溢出导致微分值溢出。		
	6746	微分计算值溢出		
	6747	PID 运算结果溢出	自整定结束	
	K6750	自整定结果不对	自整定继续	
	K6751	自整定动作方向不一致	自整定结束	
	K6752	自整定动作不良		

参 考 文 献

[1] 王积伟，章宏甲，黄谊.液压与气压传动.2版.北京：机械工业出版社，2005.
[2] 杜玉红，杨文志.液压与气压传动综合实验.武汉：华中科技大学出版社，2009.
[3] 冯清秀，邓星钟.机电传动控制.5版.武汉：华中科技大学出版社，2011.
[4] 李国兴，牛雪娟.单片机基础与应用.杭州：浙江大学出版社，2013.
[5] 李朝青.单片机原理及接口技术.3版.北京：北京航天航空大学出版社，2005.
[6] 王慧.计算机控制系统.3版.北京：化学工业出版社，2011.
[7] 俞竹青.机电一体化系统设计.北京：电子工业出版社，2011.
[8] 龚仲华，杨红霞.机电一体化技术与系统.北京：人民邮电出版社，2011.
[9] 陈山，朱莉，牛雪娟.变频器基础及使用教程.北京：化学工业出版社，2013.
[10] 刘极峰.机器人技术基础.北京：高等教育出版社，2006.
[11] 孙树栋.工业机器人技术基础.西安：西北工业大学出版社，2006.
[12] 殷际英，何广平.关节型机器人.北京：化学工业出版社，2003.
[13] 张毅，罗元，郑太雄.移动机器人技术及其应用.北京：电子工业出版社，2007.
[14] 徐世许.可编程控制器原理·应用·网络.2版.合肥：中国科学技术大学出版社，2008.
[15] 向晓汉，刘摇摇.西门子S7-200PLC完全精通教程.北京：化学工业出版社，2012.
[16] 高安邦，石磊，张晓辉.西门子S7-200/300/400系列PLC自学手册.北京：中国电力出版社，2012.